全国中等农业学校教材

家畜外科及产科学

第二版

甘肃省畜牧学校　主编

兽医专业用

中国农业出版社

第二版编写者

主　编　孟庆寿（甘肃省畜牧学校）
编　者　方德俊（丹东农业学校）
　　　　陈传新（商丘农业学校）
　　　　谢文寿（龙岩农业学校）
　　　　许炳树（南充农业学校）
主　审　秦和生（甘肃农业大学）
审　稿　王保正（周口农业学校）

第二版说明

本教材初版于1979年。时至今日，由于畜牧业商品经济的发展，畜牧业生产方式、畜禽结构、使役状况等均已发生了巨大变化，随着教育改革的不断深入，本教材的内容已不能完全适应教学和生产的需要。根据全国中等农校教材规划及全国中等农业学校教材编审出版规定，按照新制定的兽医专业教学计划和教学大纲重新进行了编写。

这次编写中增加了妊娠、生殖完善了产科学部分，书名改为《家畜外科及产科学》。由于教学总学时较前有所减少，将全书内容调整为外科手术、外科疾病及产科学，共计三篇十五章。删除了炎症，将其治疗中的实用部分并入有关疾病中讲授，减少了马、骡体系中部分疾病，增加了牛、猪及其他动物的疾病和手术，加强了外科手术及产科学的内容，突出了本教材"实践性"和"实用性"强的特点。此外，每章后增加了复习思考题，并将实践技能考核项目及实习指导一并编入本书，从而使学生和广大兽医临床工作者进一步提高和防治外科、产科疾病的能力。

本教材第二版是由甘肃省畜牧学校副教授孟庆寿主编，并编写第三、八、十二章。丹东农业学校高级讲师方德俊编写第一、七、十一章。商丘农业学校高级讲师陈传新编写第二、四、五、六章。龙岩农业学校高级讲师谢文寿编写第十三、十四章。南充农业学校讲师许炳树编写第九、十、十五章。承蒙甘肃农业大学秦和生教授校阅审定，周口农业学校高级讲师王保正校阅并参加审定会议指导。书中插图由甘肃省畜牧学校孟庆寿副教授绘制，在此一并致谢。

本教材是全国中等农业学校兽医专业使用的全国统编教材。内容简明扼要，文字精练，理论联系实际，反映了国内外兽医科学的技术成就，也可供农业、职业学校及畜牧兽医科技人员学习参考用书，由于编者水平所限，错误之处在所难免，恳切希望各校教师及读者提出宝贵意见，以便进一步完善提高。

编　者

1993年12月

第一版说明

本书由黑龙江省畜牧兽医学校（主编）、甘肃省畜牧学校、青海省湟源畜牧兽医学校、内蒙古锡盟畜牧兽医学校、山西省畜牧兽医学校、湖南省长沙农业学校和广东省高州农业学校负责编写。

本书分为三篇，第一篇叙述了家畜外科手术的一般理论和基本技术，以及常用手术的局部解剖和手术方法。第二篇叙述了外科疾病的基础理论知识，重点介绍了炎症、损伤及外科感染。另外按畜体部位，对常发的外科病的病因、症状、诊断、治疗和预防等，分别作了论述。在第三篇中重点介绍了难产的助产，及常见产科病的病因、症状及防治措施。

按照中等农业学校畜牧兽医（兽医）专业教学计划的规定，以及各地区家畜种类分布，自然地理条件和发病情况的差异，在编写时尽量照顾大多数地区，并在内容上适当增加，以便各校结合本地区具体情况进行取舍，还可自行补充地方性的内容。

本书承蒙甘肃农业大学秦和生教授、东北农学院汪世昌副教授校阅并参加审定会议指导。又蒙甘肃省畜牧学校孟庆寿、黑龙江省畜牧兽医学校荀志仁同志绘制书中插图，谨此致谢。

由于编者水平所限，特别生产实际资料缺乏，教学经验不足，错误之处，在所难免，我们恳切希望各校教师、临床兽医，提出宝贵意见。

编　者

1979年1月

第一版编写者

主　编　邵洪信　刘振忠（黑龙江省畜牧兽医学校）
编　者　孟庆寿（甘肃省畜牧学校）
李希竑（青海省湟源畜牧学校）
张鸿喜（锡盟畜牧兽医学校）
曾广成（山西省畜牧兽医学校）
柏　坚（长沙农业学校）
李文超（高州农业学校）
主　审　秦和生（甘肃农业大学）
汪世昌（东北农学院）

目　录

第二篇　外科疾病

第三篇 产科学

实 习 指 导

绪　言

家畜外科及产科学是兽医专业中的一门实践性很强的综合性兽医临床课。它是研究家畜外科及产科疾病的发生、发展规律，采用手术及其它医疗措施来防治外科及产科疾病，从而保障及促进畜牧业发展的一门科学。本课程包括家畜外科手术学、家畜外科学及家畜产科学。

家畜外科手术学：主要研究外科手术的基本理论、基本操作技术、各部位及器官的局部解剖以及在畜体的器官、组织上进行手术的科学。这一学科不仅是兽医临床课的基础，而且还为畜牧兽医基础学科，生物学科提供研究手段。因此它是提高畜牧业生产，发展生物科学不可缺少的一门学科。

家畜外科学：主要是研究家畜外科疾病的发生与发展规律、症状及其防治措施的科学。

家畜产科学：主要是研究家畜产科生理、怀孕期疾病、分娩期疾病及产后疾病的发生、发展规律、症状、诊断及其防治措施的科学。

家畜外科及产科学是以家畜解剖生理学、病理学、药理学及兽医微生物学为基础。本学科是在家畜解剖生理学的基础上发展起来的，只有熟练掌握解剖生理学知识，才能准确地实施外科手术及治疗外、产科疾病。家畜外科及产科学与兽医微生物学、家畜病理学、兽医药理学的关系又是相当密切，如防腐与无菌、麻醉技术、外、产科疾病的病原微生物、发病机制、病理变化及各种药物疗法等内容，都是兽医微生物学、病理学、药理学在家畜外科及产科学中的具体应用和发展。

家畜外科及产科学与其它兽医临床学科的关系更为密切，特别是和兽医临床诊断学、家畜内科学的联系更为广泛。现在人们不仅用手术的方法去诊治外、产科疾病，而且还广泛用于内科疾病的诊断及治疗。如严重的肠阻塞、肠变位、皱胃变位及扭转等疾病，有时必须用手术的方法才能挽救患畜的生命。本学科与家畜传染病学的联系也比较多，如厌气性细菌、腐败菌、坏死杆菌、放线菌及破伤风梭菌感染等内容，是传染病学与本学科共同关注的问题。又如布氏杆菌病（牛、羊、猪）、沙门氏杆菌病、胎体弧菌病（牛）、病毒性下痢（牛）、结核病（牛）等，都直接危害着胎儿，引起家畜流产、子宫内膜炎及不育症等疾病。另外，传染病学的不少诊断和治疗方法，在诊治外、产科疾病中发挥了重要的作用。某些寄生虫病如混睛虫病、腱炎等病症，也是必须采用外科学的方法去进行治疗。

既然家畜外科及产科学与兽医其它学科有着密切的关系，我们就应当努力学习与掌握这些学科的知识，以便更好的诊治外、产科疾病。这不仅有利于外、产科学的发展，而且本学科的新技术、新成果，也丰富了其它兽医学科的内容。因此本学科与其它兽医学是一个互相依存、互相促进、共同发展的有机整体。

祖国的兽医外科学有着悠久的历史。早在《周礼》中就记有外科病疗法、去势及配种等内容。《内经》成了祖国医学的基础，提出了预防为主的指导思想。秦汉时期《神农本草经》中提到“桐叶治猪疮”的疗法。汉代已用草制马鞋护蹄。

三国时代著名外科学家华佗改进了去势术，又经历代人的更新，使我国母猪卵巢摘除术享誉全球。晋朝葛洪著《肘后备急方》、北魏贾思勰著《齐民要术》记载了家畜外科病疗法、掏结术及马流产的病因。唐、宋时代李石著《司牧安骥集》、王愈著《番牧纂验方》及《安骥集》收集了丰富的外科临床经验和复杂的手术方法。《使疗录》记有当时用醇麻醉做马肺切除术。元、明时代卞宝（卞管勾）著《痊骥通玄论》、杨时乔等著《马书》、喻本元及喻本亨著《元亨疗马集》，都阐述了外科病防治法如十二巧治术．开喉术、划鼻术、四肢病、风湿病及混睛虫病。清朝及中华民国时代，我国兽医外科学发展极为缓慢。北洋军阀开办了北洋马医学堂，开始传播西兽医及兽医外科学知识和技术。国民党统治时期不少院校设立了畜牧兽医学系，但兽医外科学的发展只能处于起步状态。新中国成立以后，家畜外科及产科学同其它科学一样，获得了突飞猛进地发展。我国各级农牧院校、科研机构内相继建立了家畜外科及产科学教研室或研究室，成立了全国兽医外科、产科学及小动物疾病方面的学术团体，各省有关部门、院校也设立了相应学术组织或机构。在科研、生产及培养人才方面都取得了丰硕的成果！

在建设有中国特色的社会主义基本路线指引下，广大兽医工作者广泛开展了TDP、激光、动物麻醉剂、生物粘合剂、免疫去势、动物微粒植皮、家畜眼底照相及牛黄培植原理的探讨及其临床应用的研究，并取得了突破性的进展。这些成果都为家畜外科及产科病的预防与治疗，开辟了广阔的前景。

学习本课程时我们必须应用辩证唯物主义和历史唯物主义的观点阐明家畜外科及产科疾病的发生、发展及转归的规律，以便正确地认识家畜外科及产科疾病的本质，提出防治家畜外科及产科疾病的本质，提出防治家畜外科及产科疾病的措施，把本学科的学术水平提到新的水平。

学习本课程时我们必须树立全心全意为人民服务的思想，确立良好的职业道德，刻苦钻研技术，精益求精，努力掌握为人民服务的本领。在工作中充分发挥个人的主观能动性，克服困难、创造条件，很好地完成本职工作。同时我们还要树立谦虚谨慎、努力进取及认真负责的工作作风，不断地创新！

学习本课程时我们必须贯彻理论联系实际的原则。本课程具有较高的理论性和较强的实践性，是前人实践经验和理论的总结，我们必须学习它、掌握它，用它指导我们的临床工作。另外，人们的认识来源于实践，这种认识还要在实践中受到检验和提高。因此，我们除了学习本课程以外，更重要的是在实践中锻炼提高，在临床工作中不断学习，以便在临床实践中有所发现、有所创新，使本学科的内容更加充实，并对兽医学的发展做出贡献！

学习本课程时我们必须树立整体观念，即在诊治家畜外、产科疾病时，不仅注意局部病变，而且要观察全身的反应。我们要做到局部与全身治疗相结合，提高外、产科疾病的治愈率。相反，假如我们缺乏整体观念，只从单一的器官、因素出发，主观片面的诊治疾病，就会贻误病情，严重时还会导致病畜的死亡。

在学习本课程时我们还必须注意外、产科基本功的训练。因此我们应牢固掌握本课程的基本理论、基本知识和基本技术。只有具备了坚实而又系统的外、产科学的理论基础，才能在复杂的临床工作中独立思考，抓住主要矛盾，解决家畜外科及产科学中的疑难问题。同时我们还要确立防重于治的指导思想，平时要加强家畜的饲养管理，预防外、产科疾病的发生。

复习思考题

1.家畜外科及产科学的概念。

2.家畜外科及产科学的内容。

3.本课程与兽医基础课及临床课的关系。

4.试述新中国成立后兽医外科及产科学的发展。

5.学习本课程应该树立哪些观点？

第一篇　外科手术

第一章　手术基本操作技术

第一节　保　定

采用人为的方法来控制动物的活动叫保定。其目的是保护人、畜安全，便于诊疗工作的顺利进行。

实施保定时，应根据动物种类、个体特性、神经类型及手术部位的不同，选用适当的保定方法；所用的保定方法应安全可靠、简便易行。

一、牛的保定法

（一）柱栏保定法

1.四柱栏保定法

用四根木柱或钢管制成。同侧前后柱间以横木（钢管）连接，前柱前方设一单柱，两前和两后柱间均设有可动的横杆或皮带，穿过柱上铁环，以防牛的进退。头绳系于单柱上，最后吊挂胸、腹绳（图1—1）。

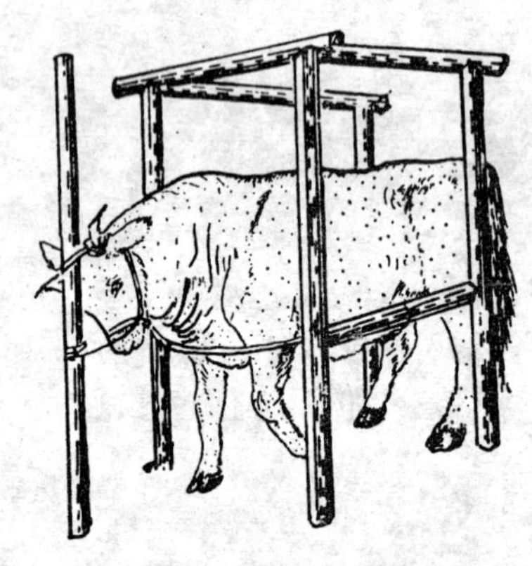

图1—1　牛四柱栏保定法

2.六柱栏保定法　同马的六柱栏保定，但牛用的六柱栏比马用的规格要大些。

（二）倒卧保定法

1.藏族倒牛法　取圆绳一条，将绳的中央部分曲折置于右侧胸壁，引两绳端经胸腹下和背部返回右胸壁，穿过曲折部向上折曲成双围绳，将两围绳分开，前者置胸部，后者置于腹部，使绳中央的曲折部分位于胸腹部上1/3处。一人用鼻钳固定头部，另外两人于牛的两侧各执胸、腹围绳的游离端用力向下拉绳，牛即产生不适感而自然倒地（图1—2）。

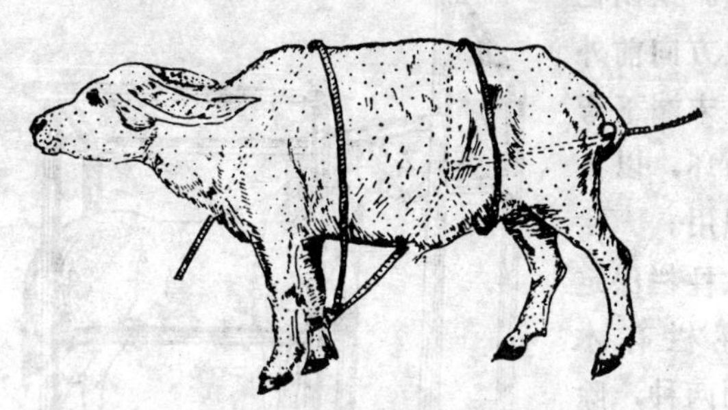

图1—2　藏族倒牛法

2.提肢倒牛法　将一条长绳折成一长一短，在折转处作一套结，套在倒卧侧前肢系部，将绳从胸下由对侧向上绕过肩峰部，长绳由倒卧侧绕腹部一周，扭一结而向后拉。倒牛时，一人索缰绳并按住牛角，一人拉短绳，二人拉长绳，将牛向前牵，拉紧短绳提起前肢并向下压，二人拉长绳用力向后牵引，牛即倒卧（图1—3）。

二、马的保定法

（一）柱栏保定法

1.四柱栏保定法　同牛的四柱栏保定，其胸腹带均为特

图 1—3 提肢倒牛法

制的扁绳。铁制栏的前柱上方向前外方伸出，末端下弯并设有吊环，以备结系缰绳用。

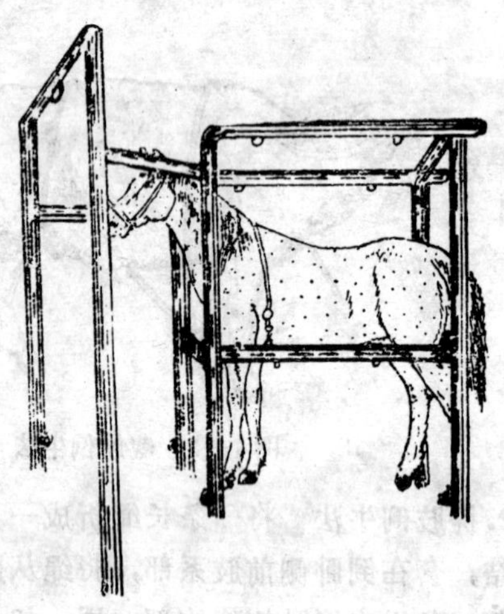

图 1—4 马六柱栏保定法

2.六柱栏保定法 六柱栏有木制、铁制两种，除设胸、臀绳（或铁链）外，还有压颈绳和胸、腹吊带，以防马的进、退和跳、卧，柱上设活钩，以便紧急时解脱（图1—4）。

3.头部保定法 先摘掉马笼头，取一条长约6m、宽约3—4cm的扁绳，将绳中央部分挂在颈部，于下颌中央处结扣；将头左侧绳端绕过鼻梁至右侧，置于右侧绳端的下方，再将左绳端迂回颊绳后方从其内侧穿过，并从鼻梁绳内侧自上向下抽出绳端，拉紧后系于右侧柱栏铁环上；右侧绳端从下颌处拉向左侧，再从颌下绳内侧由上向下抽出绳端，拉紧系于左侧柱栏铁环上。为固定牢靠，可用麻绳穿过柱栏上梁铁环，其一端系于鼻梁绳上，另一端从左或右侧柱栏铁环穿出后，返回头部从鼻梁绳内侧穿出，拉紧系于同侧柱栏下方铁环上；再取一绳系于鼻梁绳上，向下牵引拉紧，系于另一侧柱栏下方的铁环上。解除保定时，将项绳向马头前方一拉，即可全部解脱（图1—5）。

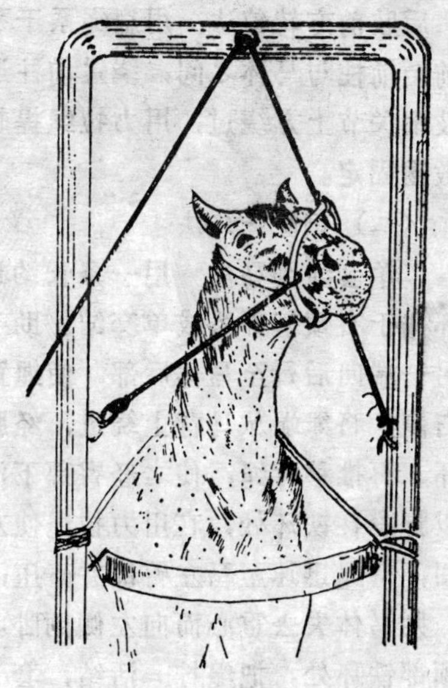

图1—5　头部保定法

4.四肢转位保定法

前肢前方转位法：用扁绳系于系部或掌下部，牵绳至同侧前柱的外侧，越过柱栏下横木，由内往外自上而下绕到该柱外侧，再返回保定肢的掌部，自掌后向掌前回转，提拉绳端即可将该前肢牵至前柱外侧，用绳将该肢再缠绕一周，压于腕关节上方。

后肢后方转位法：用扁绳系于跖部下端或系部，拉绳经同侧后柱后方上行，越过柱栏下横木，由内往外自上而下绕到后柱外侧，再返回跖部并从内向外将绳回转，牵引绳端则保定肢即被提到后柱外侧，用绳缠绕1—2圈后，压于跟腱上方。

后肢前方转位法：用扁绳系于系部，引绳经马腹侧平行向前至前柱与马体之间，绕过前柱返回到两后肢间，再从保定肢跗关节上方绕过，用力拉绳提起后肢至横木处并用绳缠绕数圈固定。

（二）倒卧保定法

1.单套绳倒马法　用一条长约10m的粗圆绳，一端套以铁环并于右颈基部系成单套结。助手牵住马头。保定者持圆绳另一端向后行至马体后部，使绳置于两后肢间，拉绳转向马右侧，将绳端从马背上绕过，经腹下抽出，穿过颈基部的铁环，再推移背绳，使之经臀部下滑至左后肢系部，保定者以脚蹬住铁环处，在用力拉绳使左后肢尽量前提至胸下的瞬间，持绳迅速至马左臀部并下压；保定马头的助手密切配合，则马体失去重心而向左侧倒卧。保定者用力拉绳使后蹄至颈部铁环处，把绳拧一活结，套于系部拉紧，再将绳穿过铁环拉出一个活套，套在另一后肢系部拉紧，使两后蹄达同一位置，再作一活套，套住两个系部拉紧，最后用剩余绳段经跖部、左臀和背部作一围绳固定，绳端交助手拉住，使马

图1—6　单套绳倒马法

呈半仰卧姿势（图1—6）。

2.双套绳倒马法　用长约15m的粗圆绳一条，于绳中央处系一双套结，依颈围大小拉出长、短两个绳套，各套入一个铁环。引双绳套至鬐甲前上方并用木棒连接固定。再将绳的两游离端通过两前肢间和两后肢间，由跗关节上方分别绕到其前方，从内向外各绕过原绳拉向颈部，穿过铁环后，再拉向马体后方。最后将跗关节上方绳套移至系部，由助手两人拉紧绳端一齐用力，马即坐下随之倒卧。助手压住马头。拉紧绳端并分别用猪蹄结缚住后肢系部，再将绳的两游离端插入铁环并引向后方，经腹下和两后肢间再向前折转，从跗关节上方向前拉即可（图1—7）。解除保定时，先解开系部绳结，再将鬐甲部连接绳套的木棒拉出即可。

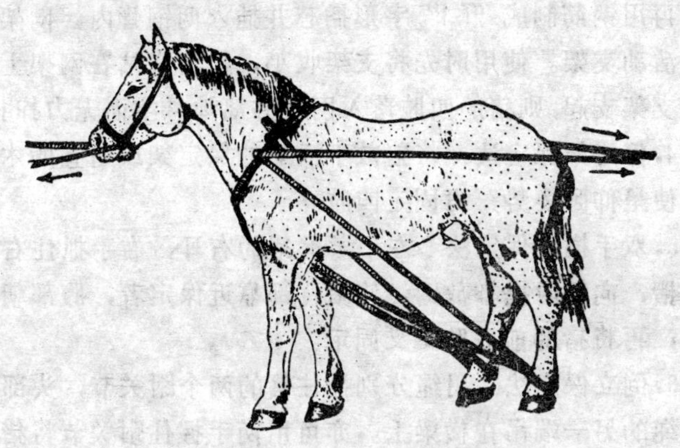

图1—7　双套绳倒马法

三、猪的保定法

1.站立保定法　先抓住猪尾、猪耳或猪的后肢，再作进一步保定。亦可用绳的一端作一活套或用鼻捻棒绳套自鼻部下滑，套入上颌犬齿并勒紧或向一侧捻紧即可固定（图1—8）。

图1—8　猪绳套保定法

2.提举保定法　紧握猪的双耳提起，使前肢悬空，并以双膝夹住猪的背胸或腰腹部即可。

3.网架保定法　取两根粗钢管，其间用绳织成担架式网架，再用钢筋制成“冂”字形插芯并插入两钢管内，网架下可设活动支架。使用时先将支架收平，把猪牵站在网架上，再将支架支起，则猪的四肢落入网孔并离地悬空而无力挣扎。

4.保定架保定法　将猪放于活动的保定架或适宜的木槽内，使呈仰卧姿势，再固定四肢。

5.双手横卧保定法　左手紧握猪的右耳，右手抓住右膝前皱褶，向怀内提举放倒，使猪背部靠近保定者，腹部朝向术者，再将猪的前后肢交叉固定。

6.倒立保定法　用绳分别拴住猪的两个跗关节，头部朝下，绳的另一端吊在横梁上。亦可用两手握住跗关节将猪提起，使头部朝下，腹部朝前，保定者以两腿夹住猪背部即可固定。

四、其它动物保定法

（一）羊的保定法

1.站立保定法　保定者手握羊角或羊耳即可，必要时可用两腿夹住羊的肩部或胸部；亦可面向羊尾，骑于羊背上，双手握住两侧膝前皱褶提起后躯进行保定。

2.倒卧保定法　保定者用右手提起羊的右后肢，左手握右膝前皱褶部，同时以左膝抵于羊的臀部，左手突然上提，在右手配合下将羊放倒，再用绳缚住四肢；亦可用两手分别握住卧侧前臂和小腿部，并以两臂肘部压住卧对侧的肘后和膝前即能保定。如是有角羊，可一手把持羊角，另手握住卧侧小腿部作倒卧保定。

（二）犬的保定法　犬的保定应请饲养或调教人员协助，重点是保定口部，以防咬伤。

1.扎口法　用布条或绷带作成猪蹄结，套于犬口后颜面部勒紧，将带子经下颌部拉绕至耳后，在枕后颈部打结固定即可。

2.犬夹仰卧保定法　先用犬夹夹住犬的颈部并使其呈仰卧姿势，再将犬夹紧按于地，分开犬的两后肢，保定者以脚踩住犬的小腿部，亦可用绳拴住两后肢。

（三）猫的保定法

1.抓猫　保定者以右手抓住猫的颈背部皮肤，提起使四肢及爪悬空，以防抓伤或咬伤。

2.帆布袋保定法　将猫装进袋内，露出头部，在猫颈部抽紧袋口绳（勿影响呼吸）。亦可将猫的头、颈和胸部装进袋内，在其腰部抽紧袋口绳，再适当固定两后肢。头部装入袋内保定法，时间不宜过长，以防发生窒息。

五、手术台保定法　手术台有木制和铁制两种，其规格和型号各地不一。手术台的台面能竖起和翻倒放平，有的还能升降、倾斜至一定位置。使用时，先将台面竖起，使马或牛靠近手术台拴好缰绳或头绳，用围绳将施术家畜靠紧台面，再装好胸腹带，最后翻倒台面（用人力或手摇式、电动和电动液压式等动力传动系统），使其平躺于台面上，固定好四肢即可。手术结束按逆顺序解除保定。

此外尚有用于猪、羊、犬、猫等动物的各种形式的小动物手术台。

六、保定的注意事项

（一）要熟练掌握各种保定方法的操作程序，动作敏捷、沉着细心，不可鲁莽从事。

（二）要熟悉和了解被保定动物的习性，注意有无恶癖，以便选择适宜的保定方法，必要时可选用两种以上的方法妥善保定。

（三）保定前要检查动物有无软骨症、疝以及其它易在保定中发生意外伤害的疾病。

（四）保定前要仔细检查所用的绳索、器械。保定时所有绳结必须是活结，便于解脱。

（五）倒卧保定时，应选择平坦而松软的地面，防止倒卧时发生骨折和内脏器官破裂等。牛侧卧保定时切勿突然翻转，以防胃肠变位。

第二节 消 毒

临床上采用物理或化学的方法来杀灭微生物或抑制微生物生命活动的措施，称谓消毒。用物理方法消毒常称灭菌。消毒是严格遵守无菌操作原则、防止感染、保证手术成功和提高治愈率的关键。

消毒包括无菌法和防腐法。用物理、化学或机械方法杀灭微生物、防止创伤感染的措施叫无菌法；应用化学药品或抗生素来杀灭或抑制微生物生命活动的措施叫防腐法。临床上常联合使用无菌法和防腐法，以达到消毒的目的。

一、手术器械的消毒

（一）器械消毒前的准备　每次手术所用的器械均需严格消毒。消毒前，金属器械要用纱布擦去油脂，彻底擦净；并详细检查器械，以保证刀、剪锋利、转轴灵活；各种钳和镊子闭合紧密、锁扣开闭可靠；再用纱布包住刀刃，缝合针及注射针头用纱布包好，以备消毒。

（二）手术器械消毒方法

1.煮沸灭菌法　先在煮沸消毒器内的器械盘上铺好纱布，按顺序放入器械，其上再覆盖一块纱布，然后把镊子或器械钳子放入，最后加蒸馏水至淹没全部器械，加热煮沸后维持30分钟。

灭菌完毕打开锅盖，用镊子或器械钳子取出覆盖的纱布铺在消毒过的器械盘内；再取出器械依次摆在该盘内，将锅内盘底的纱布取出盖在器械上面；最后把器械盘盖盖好。

煮沸灭菌时，应保证煮沸灭菌的时间，为防止器械生锈并提高沸点，可向常水中加碳酸钠（成为2％浓度）或氢氧化钠（成0.25％浓度），其灭菌时间是煮沸后分别维持10分钟和5分钟。

2.高压蒸汽灭菌法　将准备好的手术器械分别用消毒巾包好，依次放入高压灭菌器的盛物桶内，按规定加入开水，再盖好上盖，旋紧螺丝，加热至6.8kg/cm^2，金属器械要维持25分钟，敷料及其它物品应维持30分钟。灭菌完毕，停止加热，待气压自然下降后，开启上盖，取出灭菌物品备用。

煮沸和高压蒸汽灭菌时，事先应检查并保证灭菌器性能完好，设专人操作、看管，要确保安全。

3.化学药品消毒法　将擦拭干净的手术器械放于0.1%新洁尔灭或1—2%煤酚皂或1%甲醛等溶液中，浸泡30分钟即可。使用前必须用灭菌生理盐水冲洗。手术中用过的器械，也常用此法消毒后继续使用。临床上还常用石炭酸20g、甘油266ml、酒精26ml、蒸馏水加至1000ml或石炭酸11g、甲醛溶液20ml、碳酸氢钠10g、蒸馏水加至1000ml配成溶液浸泡30分钟进行消毒。此两种液体不损害器械的锋利性。

4.火焰灭菌法　主要用于大型或紧急使用的器械及搪瓷盘等的消毒。大型或紧急使用的器械用镊子夹取酒精棉球点燃烧烤即可；搪瓷盘擦净后，倒入95%酒精适量，点燃后转动使均匀燃烧。此法消毒的器械冷却后方可使用；刃性器械禁止用火焰消毒。

二、敷料及其它物品的消毒

（一）敷料的制备与消毒　手术所用敷料包括棉球、纱布棉垫、止血纱布、吸水棉球、绷带及创巾等。

1.棉球　把脱脂棉展开，将其一片撕成3—4cm的小块，团揉成球或一一塞入拳内压紧成球后，放入广口瓶或搪瓷缸内倒入2—5%碘酊或75%酒精，即分别成为碘酊棉球和酒精棉球。

2.纱布棉垫　用一层纱布铺平，放上一层脱脂棉，再覆盖一层纱布压平，制成适当大小并重叠在一起，用纸包好或放入贮槽内。

3.止血纱布　大的40×40cm，小的15×20cm，折叠起来用纸包好放入贮槽。

4.吸水棉球　将10×10cm的方形纱布，沿对角线剪开，每块的毛边折向上面，放上棉花及纱布碎块，把两对角打结包成球形，剪去多余的纱布头，放入贮槽。吸水棉球多用于吸取创内渗出液和手术创内的血液及渗出液。

5.创巾（手术巾） 即用白布制成的大于手术区域的布块，中间开以20cm长的窗洞，主要用于隔离术野。

消毒方法 将装有敷料的贮槽，打开周围及底部窗孔，放入高压灭菌器内灭菌。灭菌结束，取出贮槽及时关闭所有窗孔，保存备用。如无贮槽可将敷料分别装入布袋内灭菌。

（二）注射器的消毒 常用煮沸灭菌法。消毒前，应注意检查针筒与活塞是否合适，再分别包好；金属注射器必须将橡胶活塞放松并与玻璃管分开包好。消毒时，将消毒巾包好的注射器包放入煮沸灭菌器内，加冷水后煮沸并维持10—15分钟即可。消毒后，用灭菌的敷料钳或镊子取出，配套安装好备用。

（三）橡胶制品的消毒 乳胶手套、橡皮围裙、输液胶管可用高压蒸汽或煮沸灭菌。高压蒸汽灭菌前，橡胶手套内撒匀滑石粉，手套口外翻6—7cm，每副手套附一小包滑石粉，用双层纱布或消毒巾包好，灭菌30分钟即可。煮沸灭菌时，水中勿放碱性药物，包好的胶手套勿接触锅壁或金属器械，以免变质和损坏，并应在水沸后放入，继续煮沸5—10分钟。

（四）手术衣的消毒 手术衣应事先洗净晒干叠好，用消毒巾或纸包起来，放入高压灭菌器内灭菌30分钟即可。

三、手术场地的消毒

（一）手术室及其消毒 手术室内采光要良好，并应配备无影手术灯或其它照明设施；面积不应小于30—40m^2，要配置相应的清洗间、器械物品消毒间，要有取暖和上、下水设备。手术室的地面、墙壁等要便于冲刷消毒；室内应设保定栏、手术台、器械台和保定用具等，其它陈设不要繁杂。

手术室的消毒可用0.1%新洁尔灭、3%石炭酸、2%煤酚皂等溶液，对保定栏、手术台、地面和墙壁及空间进行喷洒或喷雾消毒。最好按1w/m³安装紫外线灯1—2支，其距地面勿超过3m，施术前照射1小时进行空间、设施的消毒。

（二）室外手术场地的消毒　室外施行手术时，要选择平坦、避风的场地。地面要清扫干净，用清水洒湿，再用消毒药液喷洒消毒，最后在地面上铺以塑料布或油布或草席均可。

四、施术动物的准备和手术部位的消毒

（一）施术动物的准备　手术前应刷拭畜体，必要时可用水洗刷动物体表，再用湿布顺毛流擦拭干净，最后用消毒药喷洒动物体表。

（二）手术部位的消毒　皮肤及被毛内存有大量微生物，是手术创感染的主要来源之一，术部消毒是保证无菌、防止感染的重要措施。

1.术部除毛　依切口大小和方向确定手术区后，用剪毛剪逆毛流依次剪除术区内的被毛，并用温水涂肥皂刷洗、浸软被毛，再顺毛流剃净。亦可用现配制的7%硫化钠溶液（皮肤较薄或被毛稀少处为减轻刺激，可加甘油10—15ml）涂于剪毛后的区域，待被毛呈糊状后拭去并用水洗净。

2.术部消毒　除毛后，用肥皂水或0.5%氨水清洗脱脂；再用清水洗净并用灭菌纱布擦干；而后涂5%碘酊，方法是由中心向外周依次涂擦，感染创是由外周向中心涂擦；碘酊干燥后用75%酒精棉球擦拭脱碘，方法同上。

3.术野隔离　术部消毒后覆盖创巾并用巾钳将其固定于术部周围皮肤上，以隔离切口以外的皮肤被毛，减少污染机会。创巾宁大勿小，遮盖范围越大越好。

五、施术人员的准备与消毒

（一）施术人员消毒前的准备　施术人员术前均应穿灭菌手术衣，戴手术帽及口罩。穿手术衣的方法见图1—9。

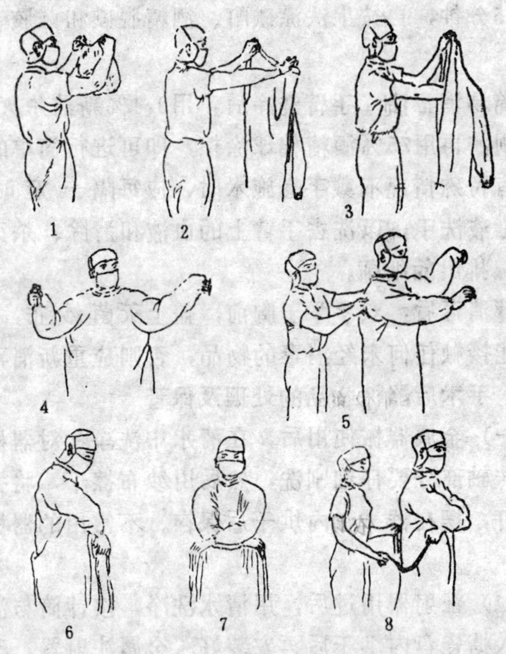

图1—9　穿手术衣的顺序

若术者手臂有创伤，可涂碘酊后贴敷胶布作保护。将衣袖卷至肘关节以上，修剪并磨光指甲，用肥皂水充分刷洗手臂，洗净后用毛巾擦干。

（二）手臂的消毒

1.氨水消毒法　用0.5%氨水（系指100ml水中加10%氨水 5ml）刷洗浸泡2—3分钟，用灭菌纱布擦干；再在装有0.1%新洁尔灭溶液的泡手桶内浸泡擦洗 2—3 分钟，擦干；

用2%碘酊涂擦指甲周围、指间及关节皱纹处，碘酊干后用75%酒精棉球擦去碘酊；最后戴灭菌乳胶手套，等待施术。

2.酒精消毒法　手臂洗净后，浸入盛有75%酒精的泡手桶内3—5分钟，再按上法涂碘酊、酒精脱碘和戴胶手套，以待施术。

3.简易消毒法　手臂洗净后，用0.1%新洁尔灭溶液浸泡、洗刷，再用75%酒精棉球涂擦，即可进行简单的手术。

遇有特殊情况不戴手套施术时，应每隔一定时间，重复用消毒液洗手，以洗去手臂上的血液和清除、杀灭从皮脂腺、汗腺排出的细菌。

手臂消毒后，双手举于胸前，盖上灭菌纱布，等待施术，不能接触任何未经消毒的物品，否则应重新消毒。

六、手术后器械物品的处理及保管

（一）金属器械使用后，在清水中洗净，对器械的齿纹及关节转轴部分要仔细刷洗，然后用纱布擦干，将关节转轴部分打开，摆在器械盘内烘干后保存。不常用的器械涂油后保存。

（二）注射器用过后，用清水洗净，按针筒与活塞号码依次放入搪瓷盘内烘干后再安装好。金属注射器，洗净烘干后，放松活塞安装好保存。注射针头用清水反复冲洗干净（针孔要通畅，针尖保持锋利），烘干后保存。

（三）用过的乳胶手套、橡皮围裙和输液胶管等，在0.1%新洁尔灭溶液中浸泡30分钟，用清水洗净，晒干后撒布滑石粉，置干燥处保存。

（四）敷料用过后，先用冷水浸泡并洗去血迹，再用清水漂洗干净，晒干后重新包好灭菌，备用。被脓汁污染的敷料不可回收利用。

第三节 麻　醉

施行手术时，使动物失去局部或全身的知觉、意识暂时性的抑制或消失的方法叫麻醉。

手术时损伤神经会引起疼痛，这时动物的高级神经系统是一种不良刺激，当此种刺激非常强烈又时间较久时，则将严重影响机体的生活机能，同时必然引起动物的强烈反抗，给施术造成困难；严重时导致创口感染而影响愈合，并有引起术后出血及创伤性休克的危险。因此，麻醉是保证手术安全进行的基础，也是防止手术并发病及促进手术创第一期愈合的必要措施。

现代兽医外科的麻醉方法种类繁多，如药物麻醉、电针麻醉、激光麻醉等，目前仍以药物麻醉应用最广泛。根据麻醉剂对机体的作用不同，可分为全身麻醉与局部麻醉。

选用麻醉方法时，应考虑麻醉的安全性，家畜的种类、神经类型、性情好坏及手术的繁简等因素。一般来说猪较敏感，反刍动物敏感度最低。机体各种不同的组织对疼痛刺激的敏感度也不同，较敏感的除神经组织外，尚有骨膜、精索、腹膜、脑膜、皮肤、口腔、角膜、阴道和肛门等，疏松结缔组织、脂肪组织、肌膜、肌肉及软骨和骨组织等较不敏感。总之，施术时，局部麻醉能达目的者，就无须施行全身麻醉。

一、全身麻醉　全身麻醉是用全身麻醉剂，使动物中枢神经系统发生抑制，呈肌肉松弛，对外界刺激的反应减弱或消失，但生命中枢的功能仍然保持。

根据麻醉程度，全身麻醉分为浅麻醉和深麻醉。前者是动物呈欲睡状态，各种反射活动降低或部分消失，茫然站立，头颈下垂，肌肉轻微松弛；后者是动物进入昏睡状态，瞳孔缩小，各种反射活动消失，将舌拉出口腔不能自动缩回，肌肉松弛，心跳变慢，呼吸慢而深，雄性者阴茎脱出。介于二者之间的称中麻醉。临床上可利用不同的药物剂量来控制麻醉的深度。药量适当，对动物并无危险；若药量过大，则可抑制呼吸、心跳等生命中枢而危及生命。因此，施行麻醉时，要注意控制药物剂量，必要时，可配合局部麻醉。一般来说小手术多用浅麻醉，大手术常用中麻醉或深麻醉。

近年来，动物化学保定药的研究进展迅速，其中复方合剂，如保定宁、846合剂等较二甲苯胺噻唑（静松灵）等更具有高效低毒的药理效应，已形成发展趋向。临床上，水合氯醛等传统的动物全身麻醉药物已逐渐被上述新药所取代。

（一）马的麻醉方法

1.保定宁麻醉法　保定宁是国产二甲苯胺噻唑与乙二胺四乙酸等量合并后制成的一种兽用麻醉复合剂。

用药方法与剂量：骡、马0.8—1.2mg/kg，驴2—3mg/kg，肌肉注射，中等体型的家畜肌肉注射量2.5—3.0ml（1.09—1.39mg/kg），可维持30—40分钟；注射4ml，约维持2小时，以后根据麻醉表现可按半量（2ml）进行追加麻醉。

麻醉现象：注射后5—10分钟即出现精神沉郁、对外界刺激反应迟钝、站立不稳，随后痛觉和角膜反射消失、耳耷头低、下唇松弛、舌软如绵拉出后不能缩回、瞳孔散大，但意识、听觉和肛门、眼睑反射不见消失。

麻醉后，心跳减慢、呼吸加快，体温下降0.2—2℃，无其它不良反应。

2.二甲苯胺噻唑麻醉法　国产的二甲苯胺噻唑又称静松灵，对马有很强的镇静、镇痛和肌松作用。

用药剂量、方法及麻醉效果：按1—2mg/kg 肌肉注射时，可行站立手术；超过此剂量，马即倒卧。以1mg/kg静脉注射时，通常呈倒卧熟睡状态，可进行各种大手术。麻醉可维持1小时以上，但镇痛作用仅为半小时左右，故需要时可在上次给药后20—30分钟，再连续用药。

驴的肌肉注射量是3—5mg/kg，按常规剂量4mg/kg用药时，麻醉可维持20—110分钟。

（二）牛的麻醉方法

1.846合剂麻醉法　国产麻醉复合剂速眠新简称846合剂，是由高效镇痛药盐酸二氢埃托啡（DHE）和强安定镇静、肌松药保定宁及氟哌啶醇经正交试验选取的最优组合制成，具有用法简便、剂量小、适用范围广、价格低廉（仅是氯胺酮药价的1/17—1/20）等优点。

用药剂量、方法及麻醉效果：按0.6ml/100kg 肌肉注射，5—10分钟即平稳进入麻醉状态，持续40—80分钟；剂量增至4ml/100kg，除麻醉时间延长外，无明显不良反应。

2.二甲苯胺噻唑麻醉法　国产的二甲苯胺噻唑与国外的二甲苯胺噻嗪（隆朋）有相同的作用和特点，而其毒性更低，是广泛用于牛等多种动物的一种镇静、肌松麻醉剂。

用药剂量、方法及麻醉效果：二甲苯胺噻唑的剂量因品种及个体差异而稍有不同，一般是0.2—0.4mg/kg，肌肉注射，注射后20分钟内出现镇静和麻醉现象并迅速达到高峰。主要呈现精神沉郁、活动减少、头颈下垂、眼半闭、唇下垂、大量流涎，少数牛可见舌松弛并伸出口外，绝大多数牛呈站立不稳、俯卧、嗜睡或熟睡状态。俯卧时，头部多扭向躯体一侧，全身肌肉松弛，躯干及四肢上部针刺无痛觉，意识并未完全丧失。一般麻醉可维持60—120分钟。

用药量过大，可出现一定程度的毒性反应，如按0.6mg/kg 以上的剂量使用，则出现呼吸困难、心跳减弱、腹部臌胀等不良反应，但是一般不造成严重后果，于2小时后可逐渐恢复正常。

（三）羊的麻醉方法

1.846合剂麻醉法　羊使用846合剂麻醉时，可按0.02—0.1ml/kg 肌肉注射，经3—10分钟即平稳进入麻醉状态，持续时间为2—3小时。麻醉期内，羊的唾液稍多外，无其它异常。

2.二甲苯胺噻唑麻醉法　羊二甲苯胺噻唑麻醉的剂量是1mg/kg 肌肉注射，麻醉现象与牛相同；若剂量超过7mg/kg，即发生中毒死亡。

（四）猪的麻醉方法

1.二甲苯胺噻唑与氯胺酮复合麻醉法　用二甲苯胺噻唑，按2mg/kg，氯胺酮按7mg/kg，混合肌肉注射。

2.保定宁与氯丙嗪复合麻醉法　保定宁按0.38ml/kg，氯丙嗪按0.25ml/kg，使用前两药混合并加1倍量的生理盐水，猪耳静脉注射，麻醉可持续1小时。必要时可配合0.5—1%盐酸普鲁卡因局部浸润麻醉。

3.氯仿（三氯甲烷）吸入麻醉法　用棉球浸上氯仿固定于两鼻孔间，一般每头猪5—10ml 即可，手术中可随时滴加氯仿。如有吸入麻醉用的口罩更为方便。本法具有进入麻醉快、苏醒快、兴奋期短、镇痛效果好、麻醉可靠等优点。麻醉表现为瞳孔缩小，肢体放松，呈睡眠状态。

4.硫喷妥钠麻醉法　硫喷妥钠按10—15mg/kg，用前以生理盐水配成3—6%溶液，猪耳静脉注射。注射后数秒至1分钟就进入麻醉期，麻醉持续时间为20—40分钟。术中追加用药时，个别猪有肌肉颤抖现象。

5.戊巴比妥钠或苯巴比妥钠麻醉法　将戊巴比妥钠或苯巴比妥钠配成2—5%溶液，按0.01g/kg的剂量静脉注射或腹腔注射。注射后即呈现麻醉状态，腹腔注射后10分钟出现麻醉表现，麻醉可维持30—90分钟或更长。

（五）其它动物的麻醉方法

1.犬的麻醉方法

846合剂麻醉法：846合剂用于犬的剂量是0.04—0.3ml/kg，肌肉注射，给药3—10分钟即平稳进入麻醉状态，可持续90分钟。麻醉期内犬的声反射和角膜反射不消失，饱食犬有呕吐和排便现象。

二甲苯胺噻唑麻醉法：二甲苯胺噻唑按3.97mg/kg肌肉注射，5分钟左右进入麻醉状态，麻醉可持续100分钟，配合盐酸普鲁卡因局部麻醉效果最佳，对犬进行组织切开、止血、牵拉内脏和缝合，均表现安静无痛。

2.猫的麻醉方法

846合剂麻醉法：846合剂用于猫的剂量是0.194—0.33ml/kg，给药3—10分钟即平稳进入麻醉状态，可维持90—120分钟。个别猫虽然是绝食后手术，但仍有呕吐和排便现象。

3.鹿的麻醉方法　鹿的麻醉目前多用盐酸二氢埃托啡(DHE)与二甲苯胺噻唑经优选配比制成的复合剂——眠乃宁。给药剂量，梅花鹿1.5—2.5ml/头，马鹿2—3ml/头，均采用麻醉枪枪击或用注射器打飞针法进行肌肉注射，多数动物在给药后5—10分钟倒卧，由于是肌肉松弛致四肢不支而缓慢倒卧于地，故不损伤鹿茸，麻醉可维持2小时左右。若用药后15分钟内仍未击倒，表明药量不足，应予以追加给药量。眠乃宁具有效果确实、安全、量小、价格低廉等优点。

二、局部麻醉 局部麻醉是使用局部麻醉剂有选择地暂时性阻断手术区域的疼痛传导及神经末梢失去接受刺激的能力，以便于施行手术的一种措施。

局部麻醉具有安全、无麻醉后并发症、机体恢复快、操作简便和适用范围广等优点。大手术时，常配合镇静药物或全身麻醉。

常用的局部麻醉剂是盐酸普鲁卡因。其毒性较小，对感觉神经有亲和力，能使之失去感觉与传导刺激的作用。本品药效迅速，注入组织内1—3分钟即发生作用，可维持45—90分钟左右。依目的和使用方法不同，其常用浓度是0.5—5%。应用时，为延长麻醉时间、减少毒性反应、控制创口出血，可向本品100ml内加入0.1%肾上腺素0.3—1ml。

本品渗透能力较弱，多不用于表面麻醉。

兽医临床中，常用的局部麻醉方法有：

（一）*表面麻醉* 即用局部麻醉剂与组织表面的神经末梢直接接触，使之失去痛觉的方法。主要用于口、鼻、阴道、直肠、膀胱等粘膜和眼结膜、角膜，有时也用于胸、腹膜的麻醉。

1.眼结膜、角膜的麻醉 用点眼法将药液滴入结膜囊内即可。首选药物是地卡因，具有效果完全、血管不收缩、结膜不苍白、瞳孔不散大等优点。用时配成1%浓度，用后即废弃。亦可用可卡因，但无上述优点。盐酸普鲁卡因的弥散、穿透能力较差，用3—5%浓度时，每3分钟应点眼一次，根据需要可点3—5次。

2.口、鼻粘膜的麻醉　用浸有1%地卡因溶液或3—5%盐酸普鲁卡因溶液的棉球或纱布块涂擦口、鼻粘膜，亦可用上述药液喷雾。

（二）浸润麻醉　即将局部麻醉剂注射于皮下、粘膜下及深部组织以麻醉感觉神经末梢或神经干，使之失去感觉和传导刺激能力的方法。本法操作简便，效果可靠，较为安全，但用于感染部位时，细菌或毒素可随药液向周围扩散。本法可用于各种动物，但犬较敏感，应特别注意。浸润麻醉常用的方法有：

1.皮肤及皮下结缔组织的麻醉法

直线麻醉法：在欲行切口的一端将针头刺入皮下沿切口方向推进到所需深度，边抽针边注入药液，拔出针头在切口另端作同样操作。药量依切口长度而定。本法适于切开皮肤或体表手术。

菱形麻醉法：用于术野较小的手术，如圆锯术、食道切开术等。在欲行切口的两侧中间各定一个针刺点A、B，切口两端定为C、D，即成一个菱形区。麻醉时由A点进针至C点，边退针边注药液，针退至A点后再刺向D点，边退针边注药液。B点注射方法同A点（图1—10）。

扇形麻醉法：用于术野较大、切口较长的手术，如开腹术等。在欲作切口的两侧各选一刺针点，针刺入皮下并推向切口的一端，边退针边注药液，针退至刺入点后再依次改变角度刺向切口边缘，退针注药，直至到切口另一端止。以同样方法麻醉切口另一侧。每侧进针数依切口长度而定，一般需4—6针（图1—11）。

多角形麻醉法：用于横径较宽的术野，如肿瘤切除术

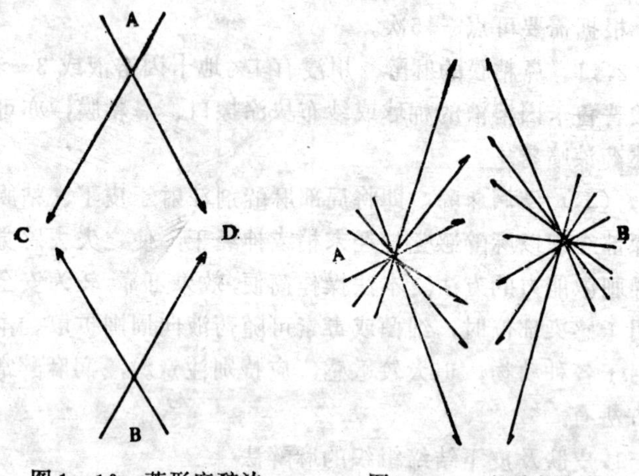

图 1—10　菱形麻醉法　　　　图 1—11　扇形麻醉法

等。先在病灶周围选数个刺针点，使针刺入后能达到病灶基部，再以扇形麻醉法将药液注于切口周围的皮下组织内，使手术区域形成一个环形封锁区，故亦称封锁浸润麻醉法（图 1—12）。

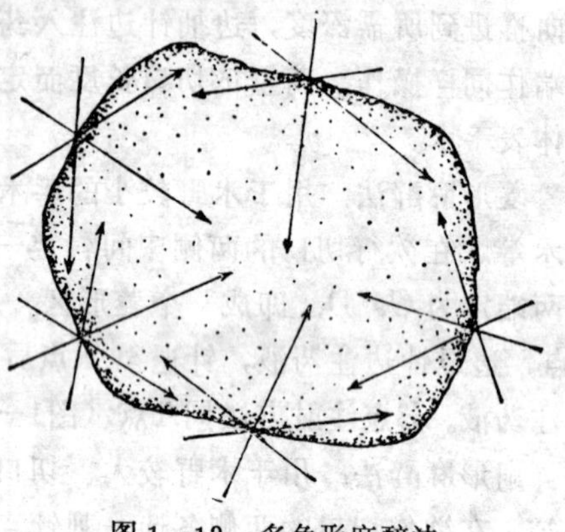

图 1—12　多角形麻醉法

2. 深部组织麻醉法　开腹术等深部组织手术时，为使皮下、肌肉、筋膜及其间的结缔组织都达到麻醉，可采取锥形或分层注射法将药液注射于各层组织之间。具体的操作方法，同于上述各种麻醉法。根据具体情况选用（图1—13）。

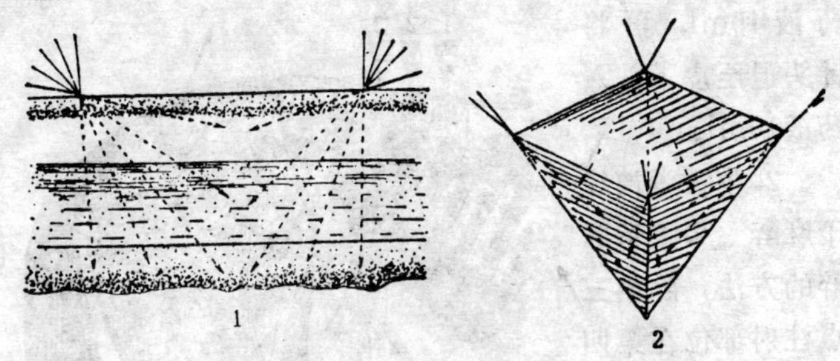

图 1—13　深部组织麻醉法

1.分层麻醉　2.锥形麻醉

浸润麻醉常用2%盐酸普鲁卡因溶液，注射后5—10分钟即可产生麻醉作用。

（三）传导麻醉　即将局部麻醉剂注射于神经干的周围，使该神经失去接受和传导刺激的能力，进而使所支配的区域失去感觉，以利施术。临床上最常用的是腰旁神经干传导麻醉，简称腰旁麻醉。

1.马腰旁神经干麻醉　在欲施行手术的体侧分三点注射：第一点是麻醉第18肋间神经（最后胸神经的腹侧支），部位是在第一腰椎横突游离端前角下方，先垂直进针达腰椎横突游离端前角骨面，再将针头移向横突前缘向下刺入0.5—0.7cm；第二点是麻醉髂腹下神经（第一腰神经的腹侧支），部位在第二腰椎横突游离端后角下方，先垂直进针达该处骨面，再将针头移向横突后缘向下刺入0.7—1cm；第三点是麻醉髂腹股沟神经，部位在第三腰椎横突游离端后角下方，先垂直进针至该处骨面，再将针头移向横突后缘向下刺入0.7—1cm（图1—14）。

腰旁麻醉均使用3%盐酸普鲁卡因溶液，三个注射点都是在进针部位注入药液10ml，再将针头退至皮下注入药液10ml。

2.牛腰旁神经干麻醉　牛腰旁麻醉的方法，除第三点注射部位在第四腰椎横突游离端前角下方之外，其余两个注射点及用药、剂量、注射方法等均与马相同（图1—15）。

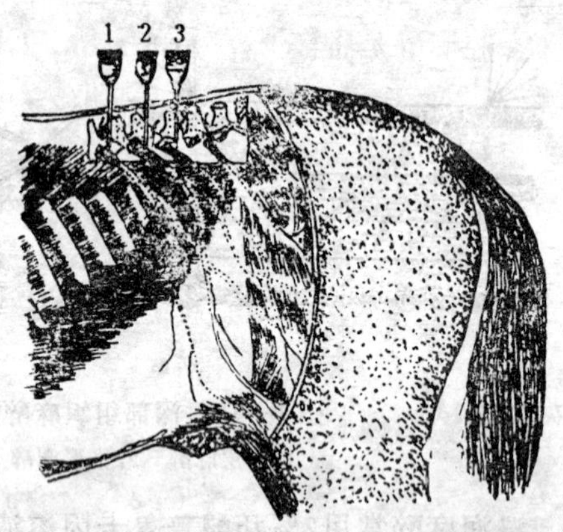

图1—14　马腰旁神经干麻醉部位

1.第一注射点　2.第二注射点　3.第三注射点

腰旁麻醉，注射药液15分钟后发生作用，可维持1—2小时，此麻醉法常用于腹腔手术，能使家畜呈站立姿势。

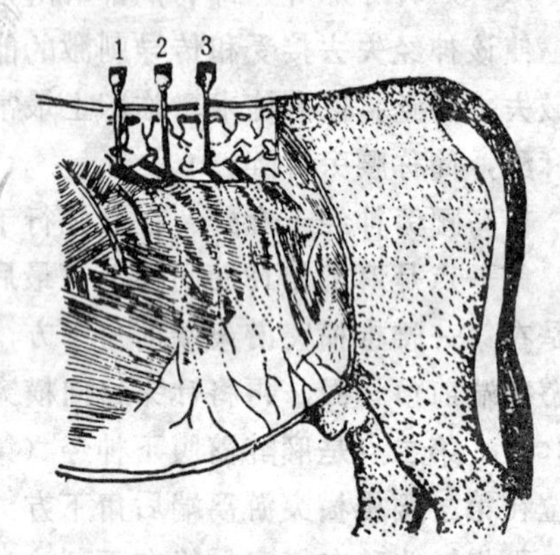

图1—15　牛的腰旁麻醉部位

1.第一注射点　2.第二注射点　3.第三注射点

（四）脊髓麻醉　脊髓麻醉常用于腹腔、乳房及生殖器官等手术。包括硬膜外腔麻醉和蜘蛛膜下腔麻醉两种方法，前者最常应用。

硬膜外腔为椎管内骨膜与脊髓硬膜之间的空隙，腔内有半液体状的脂肪。硬膜外腔麻醉是将麻醉剂注入该腔内，使经由此腔的脊神经（包括腰神经、荐神经及尾神经）失去传导能力（图1—16)。

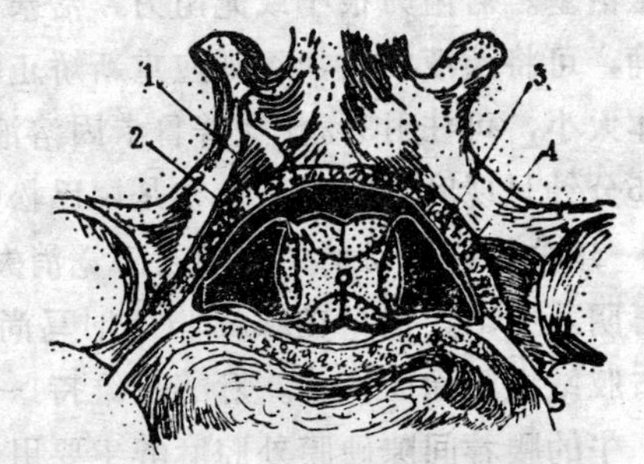

图1—16　马的脊椎脊髓横断面

1.硬膜外腔　2.硬膜　3.蜘蛛膜下腔　4.蜘蛛膜　5.脊神经

1.腰荐部硬膜外腔麻醉法　马的腰荐部硬膜外腔麻醉适用于包皮、阴茎、臀部、阴道、直肠及后肢的手术。注射部位在两髂骨内角的连线与背中线的交点上，即第六腰椎和第一荐椎的间隙内（图1—17）。麻醉方法：马妥善保定于柱栏内，局部常规消毒后，术者用18号麻醉针于注射部位垂直刺入（进针深度依马体大小及膘情而定，马、骡约7cm，驴约5cm）。当刺穿椎间韧带时，有刺 破窗户 纸样的感觉，阻力随之骤减，即达注射部位；接上穿有药液的玻璃注射器，

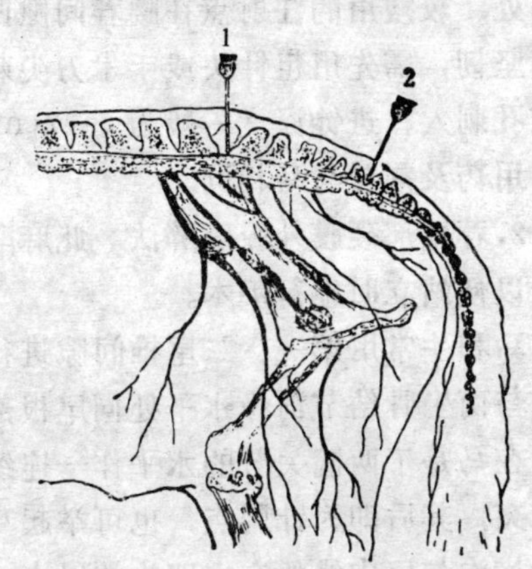

图1—17　马硬膜外腔麻醉部位

1.腰荐间隙硬膜外腔麻醉部位
2.荐尾间隙硬膜外腔麻醉部位

按压活塞。若阻力很小或无阻力，活塞自动下降，表示部位正确，可将药液注入，否则应重新矫正针头位置；用药量依马体大小，可注射3%盐酸普鲁卡因溶液20—30ml。注药后3—5分钟呈现麻醉状态：最初是尾巴松弛无力、活动减少，待5—15分钟，活动消失；随之感觉消失，肛门、阴户松弛，公畜阴茎脱出。剂量在25ml以下时马尚能站立，超过25ml，则后肢站立不稳而倒地。麻醉可维持1—3小时。

牛的腰荐间隙硬膜外腔麻醉主要用于腹腔手术、难产的手术助产、直肠或阴道或子宫脱出的整复术、乳房及后肢手术等。注射部位在两髂骨外角连线与背中线交点后方2—3cm处，较瘦用的注射点在腰荐间隙凹陷内的正中点。牛皮厚而坚韧，需先用粗针头或手术刀尖刺穿，再用18号麻醉针沿该孔刺入，进针深度一般为4—7cm。进针正确与否的判断、用药及剂量与马相同。

2.荐尾部硬膜外腔麻醉法　此麻醉法的目的是麻醉荐神经，以便站立时施行手术。

马和牛常用第一、二尾椎间隙进行麻醉，在牛是位于尾中线与两坐骨结节前缘水平处同尾根部所作横线交点的凹陷处；在马是于两髋关节的水平作一连线，沿此线找出第一尾椎棘突，其后即为针刺点，也可举起马尾，在屈曲的背侧出现的横沟与尾中线的交点即为注射点。操作时，术者站在畜体后方，稍抬尾巴，将针垂直刺入皮肤后，再以45°—65°角向前刺入，当穿破椎间韧带时，略向左右移动，使针头保持在硬膜外腔内（图1—17）。刺入深度牛为2—4cm，马为2—5cm，注射2%盐酸普鲁卡因溶液15—20ml，3—15分钟后产生麻醉作用，可维持60—90分钟。

三、麻醉的注意事项

（一）麻醉前，应进行健康检查，了解整体状态，以便选择适宜的麻醉方法。全身麻醉要绝食，牛应绝食24—36小时，停止饮水12小时，以防麻醉后发生瘤胃臌气，甚至误咽和窒息。

（二）麻醉操作要正确，严格控制药量。麻醉过程中要随时观察，监测动物的呼吸、循环、反射功能及脉搏、体温变化，发现不良反应，要立即停药，以防中毒。

（三）麻醉过程中，药量过大，出现呼吸、循环系统机能紊乱，如呼吸浅表、间歇，脉搏细弱而节律不齐，瞳孔散大等症状时，要及时抢救。可注射苯甲酸钠咖啡因、樟脑磺酸钠、氧化樟脑等中枢兴奋剂；若呼吸停止，可打开口腔，以每分钟20次的频率拉舌或压迫胸壁进行人工呼吸，促使呼吸恢复。一般情况下静脉注射麻醉剂发生中毒很难解救，临床上务必谨慎。

（四）麻醉后，动物开始苏醒时，其头部常先抬起，护理员应注意保护，以防摔伤或致脑震荡。开始挣扎站立时，应及时扶持头颈并提尾抬起后躯，至自行保持站立时为止，以免发生骨折等损伤。寒冷季节，当麻醉伴有出汗或体温降低时，应注意保温，防止动物发生感冒。

第四节 组织分离

组织分离就是用机械方法把原来完整的组织分离开，以完成手术目的。

组织分离是造成手术通路、显露病变部位和除去病变组织的重要手术步骤。正确而合理的组织分离是手术成功、提高治愈率的必要条件。

根据组织的不同，分为软组织分离法和硬组织分离法。皮肤、粘膜、浆膜、结缔组织、肌肉、血管及神经组织的分离属于软组织分离；骨、软骨、角、蹄壁等的分离属硬组织分离。

一、常用外科器械及其使用方法

（一）手术刀　主要用于切割组织。要求锋利、无锈、使用方便。常用的手术刀有两种：

1.活刀柄式手术刀　由刀柄和刀片两部分组成，刀片可拆卸和更换。刀片依用途不同而有多种形状，而刀柄还可用作钝性分离。刀柄和刀片要配合适当，18号以下的刀片形状特殊，可配3、5、7、9号刀柄；19号以上的刀片可配4、6、8号刀柄。此种手术刀锋利，但易折断，故常用于分离皮肤以下的软组织，不宜用于深部组织和硬组织。

2.固定刀柄式手术刀（连柄手术刀）　刀柄和刀片为一体，刀的形状有圆刃、尖刃、弯刃和球头（钝头）等数种。此种刀坚固、耐用。刀刃用钝后，须磨锋利再用。

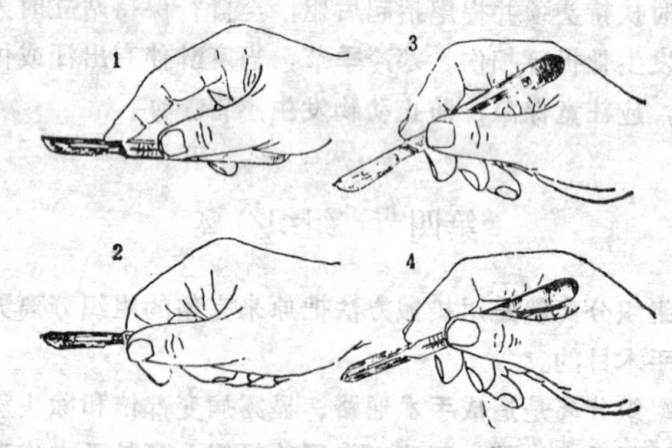

图1—18　执刀法

1.弹琴式　2.拳握式　3.执笔式　4.反挑式

手术刀的持刀法有多种（图1—18），不论用哪种方法，均应持刀稳妥、有力，并能准确掌握切割深度和运刀距离。

执笔式持刀法：即如执钢笔的方法。本法用力轻而灵活，操作精细，常用于切割短、小的切口，分离血管、神经、切开腹膜等较细微的手术操作。

弹琴式持刀法：即如拿提琴弓式的方法。适用于切开皮肤或粘膜等组织。

餐刀式持刀法：用拇指、中指及无名指执刀，食指压刀背，如拿刀切食物的方法。此持刀法切割有力，多用于切割较硬而厚的组织。

支柱式持刀法：以掌心握刀柄，拇指为支柱的执刀法。适用于不安定动物手术。

拳握式持刀法：即以手掌拳握刀柄的方法。此执刀法强而有力，适用于粗硬而厚的组织或切口距离较长之时。

此外，还有反挑式执刀法，即执笔式持刀时，将刀刃朝上进行切割的方法。适用于切开腹膜、腔洞、脓肿、腔体或管状脏器等。

（二）手术剪　主要用于剪断软组织、缝线、敷料及钝性分离组织之时。按其形状分为直剪、弯剪、膝状剪等。直剪用于外向式剪开，弯剪用于内向式剪开。直剪与弯剪有钝、尖头之分。钝头剪又分单、双钝头，用于剪开腱膜、腹膜等组织，以防误伤深部组织或脏器。尖头剪用于剪断和分离细微组织。此外，尚分剪毛剪、敷料剪、拆线剪和眼科剪等。

正确的持剪法是拇指与无名指伸入柄环内，食指压在关节部，中指固定无名指侧的剪柄，以利于手术剪的张开和咬合的操作（图1—19）。

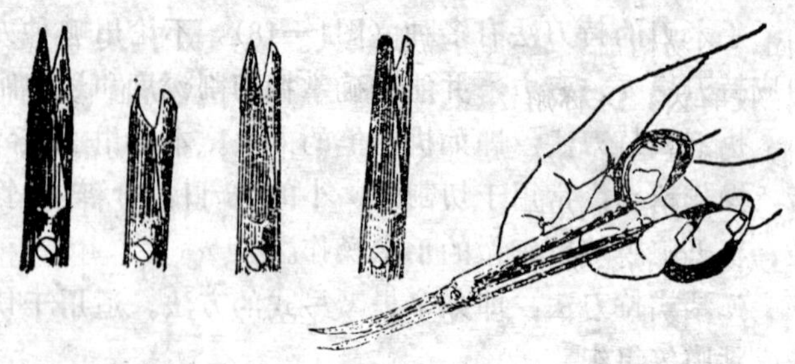

图1—19　手术剪及持剪方法

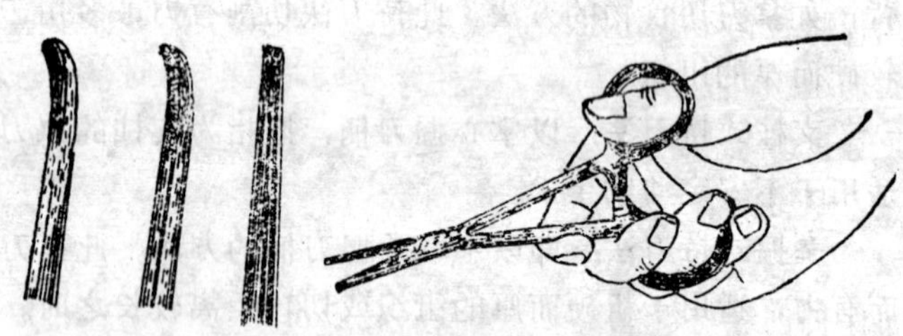

图1—20　止血钳及持钳法

（三）止血钳　主要用于钳夹损伤之血管和组织。亦可用于分离组织、协助缝合、结扎打结等。止血钳分直形和弯形、有齿与无齿等基本形式（图1—20）。直钳用于浅表组织止血，弯钳用于深部组织止血，有齿钳用于钳夹或牵拉较硬或光滑组织，无齿钳用于钳夹一般组织。此外还有用于精细手术或微血管止血的蚊式止血钳和适于夹持肥厚组织或较大血管的麦粒式止血钳。

持止血钳的方法与持剪刀法相同。

（四）手术镊子　用于夹持或提起组织以利分离或缝合，亦用于夹取敷料等。镊子的规格、大小、长短不同，分有钩与无钩两类。有钩镊子尖部有唇头钩，又称外科镊、组织镊或鼠齿镊，用于夹持皮肤、筋膜等较坚韧的组织，夹持牢固，不易滑脱，但损伤组织较大。无钩镊子尖部无唇头钩，仅有齿，又称解剖镊、敷料镊，用于夹持血管、神经、粘膜、肠壁等脆弱柔软组织，损伤组织小，但易滑脱。

持镊子的方法有两种：拳握式用于夹持敷料、深部止血、处理创伤、涂布消毒药等；以拇指与食指、中指相对捏持镊子中段的持镊法，即稳妥又灵活。

（五）扩创钩　用于扩开创口，充分显露术野及深部组织。依用途不同，其形状和规格各异（图1—21）。有齿钝钩和板状拉钩不损伤组织，使用较多，常用于扩开深部创口及脆弱组织。腹壁拉钩用于扩开腹壁切口。使用时，除选择大小适度外，两侧拉力要均等对称，并按术者意图与指令牵拉，紧密配合手术进程随时调整，显露术野；严禁用力过猛或随意牵拉，以免损伤组织；必要时可于扩创钩下衬垫湿纱布保护创缘与创壁组织。

（六）巾钳　又称帕巾钳、创布钳，用于固定手术巾。使用时将手术巾连同皮肤一起用巾钳夹住并扣紧锁止牙即可。其执法同止血钳。

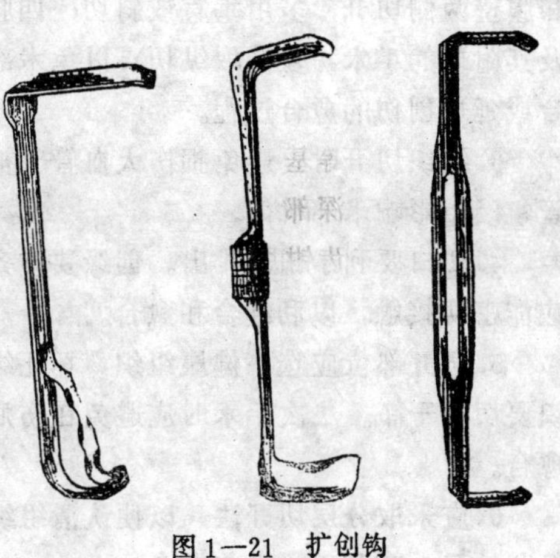

图1—21　扩创钩

（七）其它器械　除上述常规器械外，还有组织钳、舌钳、肠钳、海绵钳、器械钳、锐匙和锐环及探针等。

二、组织切开法

（一）组织切开的形状　合理的组织切开应根据手术部位的解剖生理学特点和手术目的而定。切开的形状有直线形、棱形、T字形、十字形、V字形、U字形及圆形等数种。

直线切开是最常用的一种方法，损伤组织小、易于愈合。棱形、圆形切开，主要用于切除病变组织或过多的皮肤（如肿瘤、瘘及乳房切除等）。T形和十字形切开，多用于充分显露深部组织或切除脓肿之时。U字形及圆形切开主要用于圆锯术。V字形切开主要用于皮肤成形术。

（二）组织切开的原则

1.组织切开的大小要适当，以便于显露或除去某些组织、器官为宜。

2.组织切开时，应根据组织张力选择切开的方向（躯干和腹壁两侧切开，多用垂直或斜切；四肢、颈部、躯干中线及其附近的手术，多采取纵切），以免术部张力过大而难于缝合或延迟创伤的愈合过程。

3.组织切开时要避免损伤大血管、神经和腺体的输出管，以免影响术部机能。

4.切口要利于创液排出。创缘要整齐，两侧创缘、创壁应能密切接触，以利缝合和愈合。

5.切开部位应选在健康组织，坏死组织及已被感染的组织要切除干净。二次手术时应避免在伤疤处切开，以免影响愈合。

6.应采取分层切开法，以便认清组织构造，避免损伤血管和神经，有利于止血与缝合。

（三）软组织切开法

1.皮肤切开法　在预定切口的两侧，术者用拇指和食指将皮肤撑紧并固定（图1—22）或由术者及助手各用一手分别压住切口的一侧，使皮肤撑紧（图1—23）。对阴囊皮肤及较松软的组织，可用手紧握或撑紧后，再在预定切口位置切开。

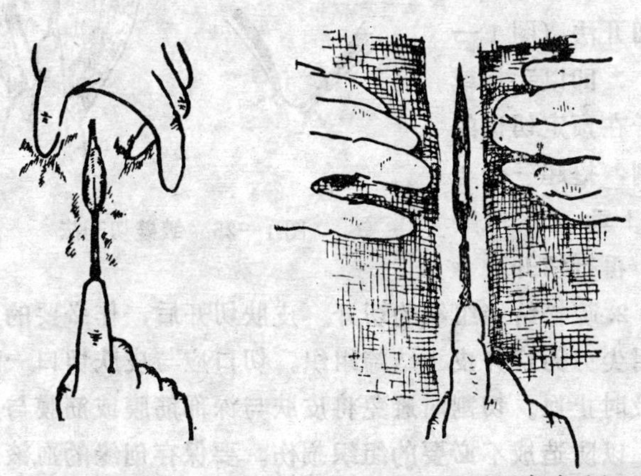

图1—22　单手固定皮肤切开法　　图1—23　双手固定皮肤切开法

采取上述紧张切开法，下刀时先用刀尖在切口上角垂直刺透皮肤，然后将刀刃倾斜约45°角按预定切口的方向、长度，一次切透皮肤并运刀至切口下角，最后使刀刃与皮肤垂直而提出（图1—24），防止切口两端呈斜坡或多次重复运刀使切口呈锯齿状，造成不必要的组织损

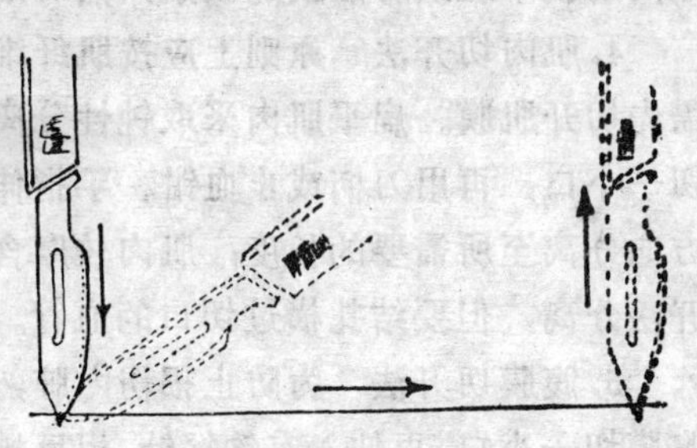

图1—24　皮肤切口运刀方法

伤，影响愈合。

为避免损伤切口下面的大血管、大神经、分泌管和重要器官，可用皱襞切开法（图1—25），即以手指或镊子在预定切口的两侧，提起一个与切口垂直的皱襞后，再行切开。

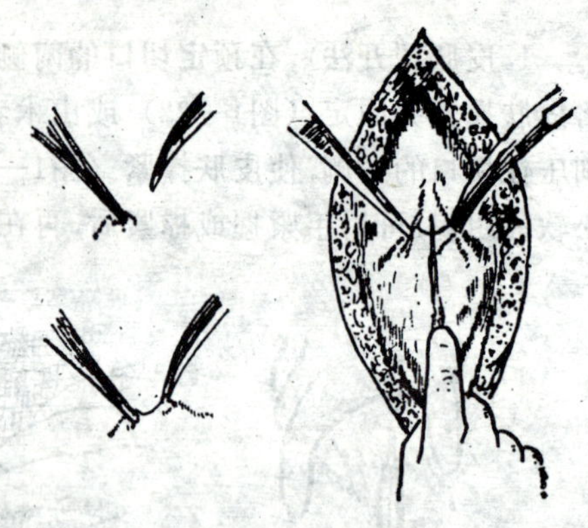

图1—25 皱襞切开法

2.疏松结缔组织的切开 皮肤切开后，作必要的止血，再用尖刃刀切开皮下结缔组织。切口应与皮肤切口一致，并要及时止血。切割时避免将皮肤与深部筋膜或筋膜与肌肉分离，以防造成不必要的组织损伤。要保存创缘的血液供应，防止缝合后留有潜在的空隙，造成渗出液积存而影响愈合。

3.筋膜切开法 为防止筋膜下的血管和神经受损伤，应先用镊子将筋膜提起切一小口，用弯剪或止血钳伸入切口，分离筋膜下组织与筋膜的联系，然后用手术剪剪开。

4.肌肉切开法 原则上应按肌纤维的方向分离，分离前需先切开肌膜。扁平肌肉采取钝性分离法，即沿肌纤维方向切一小口，再用刀柄或止血钳、手指伸入切口，按肌纤维的方向分离至所需要的长度；肌肉较厚含腱质较多时，须用切开法分离，但要结扎横过切口的血管。

5.腹膜切开法 为防止损伤内脏，应先用皱襞切开法将腹膜切一小口，再伸入有钩探针，用反挑式运刀法切开或用手术剪剪开腹膜。亦可伸入食、中二指，用刀或剪沿二指之间切、剪开（图1—26）。切口长度应小于腹壁切口，以利于缝合。

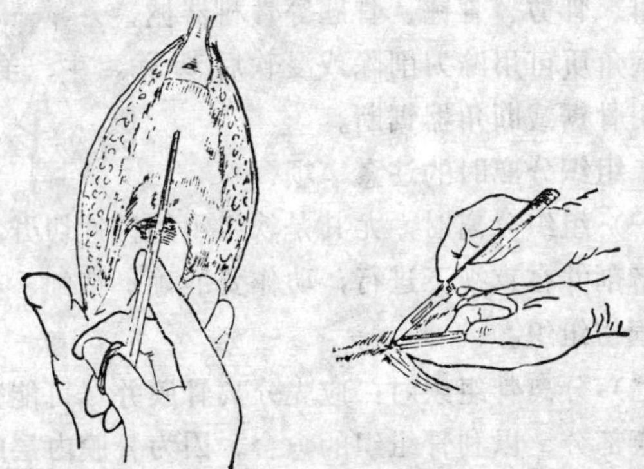

图1—26　腹膜切开法

三、组织分离法

（一）软组织分离法

1.裂断法　即用手指、镊子、止血钳等将组织撕断的方法。主要用于疏松结缔组织、肌肉组织等的分离。

2.捻断法　即用手指或器械固定索状组织或有蒂的赘生物、肿瘤等组织基部，再用力捻转游离部，使其离断的方法。公畜去势时常用此法捻断精索。

3.结扎法　即用细而结实的线绳或尼龙丝结扎于基部较细或有蒂的组织基部，使其下部组织的血液循环停止并呈干性坏死而自行脱落的方法。常用于肿瘤及睾丸的摘除。操作时须用外科结，并要保持结的紧张度。

4.烙断法　即用各种烧烙器断离组织的方法。用于除去病变组织、有蒂的肿瘤、睾丸及绵羊的断尾。

5.绞断法　即用绞断器将某部位的所有组织同时绞断的方法，常用于难产时的截胎手术。

（二）硬组织分离法　骨组织的分离，应根据疾病种类和治疗方法的不同，分别使用圆锯、线锯、板锯、骨钻、骨凿、骨钳、骨剪、骨锤、骨匙等骨科器械。

蹄壁角质可用蹄刀削除或浸软后切除。牛、羊等的断角，可用骨锯或断角器锯断。

四、组织分离时的注意事项

（一）组织分离时，尤其是软组织的锐性切开，必须熟悉局部解剖并在直视下进行，动作要准确、精细、熟练，避免过多损伤组织。

（二）分离骨组织时，应先分离骨膜并尽可能完善地保存其健康部分，以利骨组织的愈合。因为骨膜内层的成纤维细胞在病理情况下，可变为成骨细胞参与骨的修复。骨组织分离时，应防止引起骨裂或骨片、骨屑遗留创内，但健康大骨片不宜除去，以参与骨组织的修复愈合。骨断端应修整、磨光，以免损伤周围组织。

第五节　止　　血

止血是手术和急救、治疗损伤过程中采取的防止血液丧失的基本操作技术。妥善的止血，能保证术部的清晰度有利于手术和治疗的顺利进行，可以避免误伤重要器官，并能促进创伤愈合。迅速可靠的止血，能防止因失血过多导致机体抵抗力降低乃至危及生命的不良后果。所以，手术时要采取积极有效的止血措施，减少出血。

一、出血的种类

（一）动脉出血　出血呈喷射状，色鲜红，一般不能自行停止，必须采取有效的止血措施，方能达到止血目的。

（二）静脉出血　出血呈缓慢均匀泉涌状，色暗红。小静脉出血可自然或经压迫而止血，较大静脉出血不能自然停止，须采取止血措施。

（三）毛细血管出血　多呈点滴状渗出，出血的血管不易看清。一般可自然停止或经压迫而止血。

（四）实质性出血　见于实质器官的手术或损伤时，为混合性出血。不能自然停止，易产生大失血而危及生命，应采取必要的止血措施。

二、出血的预防　施行手术时，为避免术中出血过多，宜采取有效的预防措施。

（一）输血　手术前输入同种相合血液，马、牛可输入500—1000ml，猪、羊可输入50—100ml。输血有增加血液凝固性、反射的引起血管痉挛性收缩、增加抗体和血量等作用。

（二）注射止血药物　手术前可注射止血药物，如：肌肉注射0.3%凝血质注射液，马、牛 10—20ml；肌肉注射止血敏注射液，马、牛 1.25—2.5g，猪、羊 0.25—0.5g；肌肉注射安络血注射液，马、牛30—60mg，猪、羊5—10mg；肌肉注射维生素K_3注射液，马、牛100—400mg，猪、羊2—10mg。

（三）绞压法　用止血带、绞压器、绷带、胶皮管等，紧紧缠于术部的近心端，暂时阻止血液循环，达到止血目的。此种止血方法常用于四肢下部、尾及阴茎的手术。

三、止血的方法　手术过程中的止血方法很多，常用的有：

（一）压迫止血法　用止血纱布或纱布棉球压迫出血部位片刻，可使毛细血管出血和小静脉出血停止，大血管出血经压迫可暂时止血，有利于采取其它止血措施；深在部位出血，可用钳夹纱布压迫止血。操作时，只能按压出血部位，不能擦拭，以防损伤组织或擦掉血管断端的凝血块，发生再次出血。

（二）止血钳止血法　较大血管出血，在辨清血管断端后，可用无钩止血钳前端夹住断端并扣紧止血钳压迫或捻转，即能使血管断端闭合。小静脉钳夹数分钟后取下止血钳；较大血管断端钳夹时间应稍长或予以结扎；急救性的钳夹止血，止血钳可留存数小时或1—2天。钳夹方向应与血管纵轴垂直（图1—27），钳夹组织勿过多。

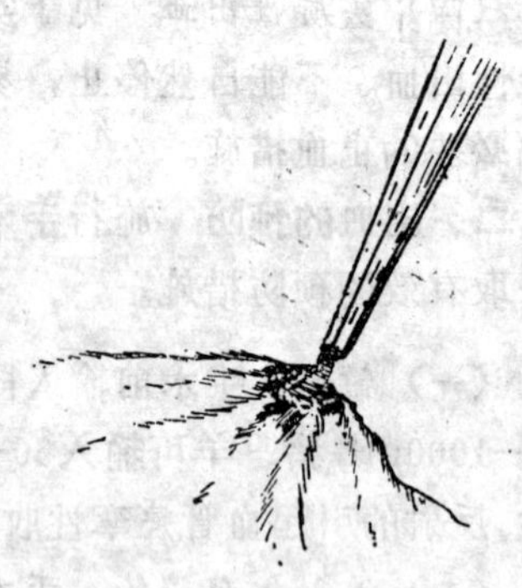

图1—27　钳夹止血法

（三）结扎止血法　结扎止血效果确实、可靠，是手术中重要的止血方法。适用于明显可见的血管断端止血，操作方法（图1—28），

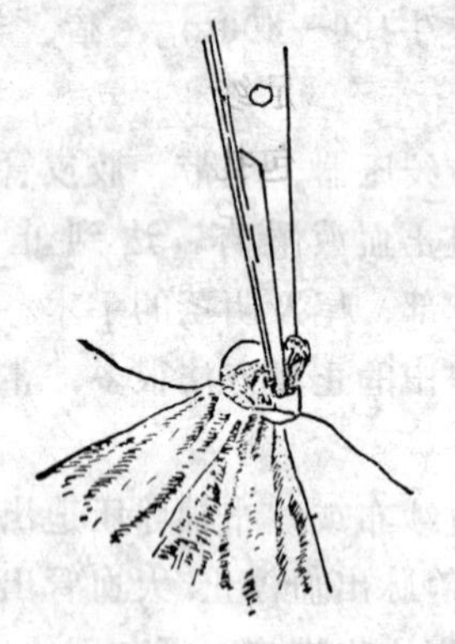

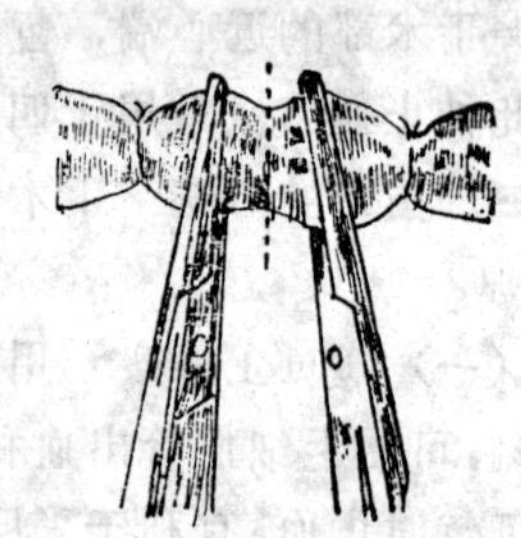

图1—28　血管断端结扎法

先用止血钳夹住血管断端，用适当粗细的缝线结扎打好第一道结后，取下止血钳，将线稍拉紧，无出血时再打第二道结并剪去多余的缝线。

血管缝合结扎可按（图1—29）所示进行。对于横过切口的完整大血管，可先于切口两侧1cm处分别结扎，再从中间切断。若遇较大神经，切勿结扎、切断，可将其剥离至切口一侧即可。

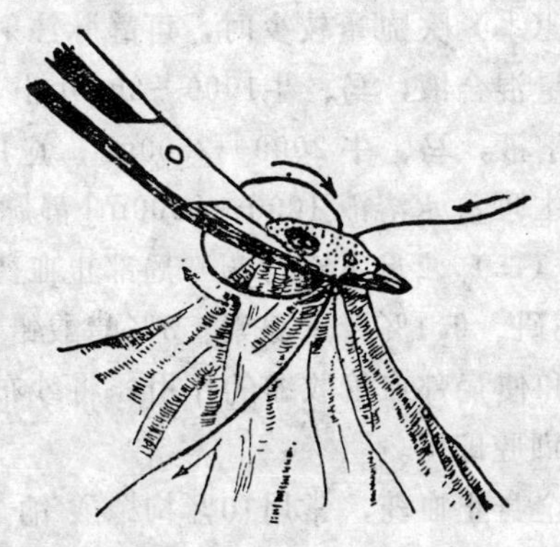

图1—29　血管缝合结扎法

（四）填塞止血法　用灭菌纱布块填塞于出血的腔洞内，以达到压迫止血的目的。对较深的部位出血，如摘除某组织后形成的空腔出血，鼻腔、阴道手术后及拔牙后的出血等，常用此法止血。为保证效果，应填足纱布以产生足够的压力，必要时作暂时性缝合固定或压迫包扎，所用纱布可浸止血药物。填塞纱布可保留数小时或1—3天。

（五）缝合止血法　即利用缝合使创缘、创壁紧密接触产生压力而止血的方法。常用于弥漫性出血和实质器官出血的止血。

（六）烧烙止血法　即用烧热的烙铁或电烧烙器直接烫烙手术创面，使血管断端收缩封闭而止血，多用于大面积的毛细血管出血。

四、急性失血的急救　对于损伤或手术中引起的急性失血，应及时采取止血措施，以防危及家畜生命。

（一）输血　即按输血操作规程输入适量的同种相合血液，这是大失血时效果最好的措施。

（二）失血量较少时，可静脉注射5%葡萄糖与2%氯化钠等量混合液，马、牛1000—2000ml；亦可用10%血液生理盐水溶液，马、牛 2000—2500ml；应用 6%右旋糖酐（中分子）生理盐水溶液 1000—2000ml 静脉滴注亦可。

（三）应用止血药物　局部止血药，如3%三氯化铁、3%明矾、0.1%肾上腺素、3%醋酸铅等溶液，有促进血液凝固和使局部血管收缩的作用，将纱布浸透上述某一药液后填塞创腔即可。

全身止血药，常用10%枸橼酸钠 100ml、10%氯化钙 100—200ml静脉注射；也可用凝血质、维生素 K_3 等肌肉注射，均能增强血液的凝固性，促进血管收缩而止血。

第六节　缝　　合

缝合是将被分离的组织予以对合和固定的方法，其目的在于促进止血、减少组织紧张度、防止创口哆开，保护创伤免受感染，为组织再生创造良好条件，以期加速创伤的愈合。

一、缝合器材及使用方法

（一）持针钳　用以夹持缝合针缝合致密组织或深部组织，用其持针稳妥有利，便于缝合，持针钳持针法见图1—30。常用的持针钳有三种。

使用持针钳时，要夹住缝合针的后1/3处，缝合皮肤、深层肌肉多用拳握式持钳。

缝合软组织和表层创口时多用徒手持针法。

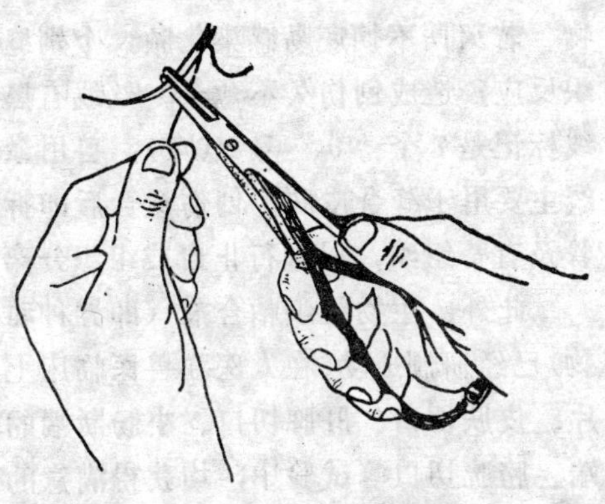

图1—30 持针钳持针法

（二）缝合针 缝针的式样和型号有多种。其针尖部有圆形和三棱形两种。圆形针穿透组织时的阻力大，但穿过后的针孔能自行封闭，多用于胃肠及其它软组织的缝合。三棱针锐利，易于穿透组织，但针孔呈三角形裂痕，损伤组织较重，仅用于缝合皮肤等致密组织。

针孔有普通针孔和弹簧针孔。弹簧针孔多为两个连续针孔，将缝线压入针孔即可。普通针孔同于一般缝衣针，须将缝线穿入针孔方可。

（三）缝线 用于缝合组织和结扎血管。分为可吸收缝线和不吸收缝线两类。前者以羊肠线使用最广，后者以丝线应用最多。

1.羊肠线 由羊肠衣制成。其优点是可被吸收、不留异物。缺点是经组织液浸湿后易松弛，线结易滑脱；由于是异体蛋白，有时能引起较重的组织反应；价格也较高。主要用于皮肤以外的各种组织的埋没缝合。

2.丝线 是由蚕丝制成的最常用的一种缝线。其表面光滑、加工致密、粗细均匀、强度一致，灭菌后张力不减，组织反应小，愈合后瘢痕小；但不被吸收，成为组织内的异物，若灭菌不彻底易感染化脓，个别缝线附近产生强烈的组织反应，造成创伤久不愈合。丝线有黑、白两种，最细的丝线标记是7个“0”号（0/7），兽用最粗的丝线是18号。丝线主要用于缝合皮肤，创伤愈合后即拆除；也常用于结扎血管及有蒂组织，以进行止血或组织分离。

此外，生物组织粘合剂（即异种动物纤维蛋白原复合物）已经研制成功，在人医和兽医临床上，已用于粘合游离皮片、皮肤切口、肝脾切口、小肠断端的端端吻合以及神经断端、膀胱切口等试验中，均获得满意的效果。其较缝线缝合具有操作简单、创缘对合整齐、炎症反应轻、愈合快、瘢痕少、平整美观、价格低廉等优点。用生物组织粘合剂代替缝线粘合各种组织切口时，只需滴入少量粘合剂迅速对合创缘、创壁，一般情况下轻压创缘10—20—30秒钟即可，较缝线缝合可节省4/5的时间。此种粘合剂，术后3天即被吸收。

二、打结 打结即利用打结技术作成结扣（线结），以固定缝线，防止松脱。是缝合中最重要的操作之一，是占用全部手术时间中最长的操作环节。正确、稳妥、熟练地打结，可防止结扎线松脱造成创口哆开和继发性出血，并能缩短手术时间，提高手术的成功率。

（一）结的种类 线结有六种（图1—31）。

1.单结 即结扎线仅交叉一次。此结易于滑脱，用于欲切除组织的结扎和临时结扎小血管。

2.平结（方结） 由两个单结构成（图1—31，1）。是手术中最常应用的一种结，其结扣平坦，压迫局部轻，拉力愈大，结扣愈紧，不易滑脱。操作时两端用力须均匀，以免形成滑结。平结多用于结扎较小的血管和各种缝合的打结。

3.外科结　即打第一道结时多绕一次，增大摩擦面，第二道结如同平结只交叉一次（图1—31，2）。此结不易滑脱，多用于结扎大血管和张力较大的组织，如疝孔闭锁、皮肤缝合的打结等。

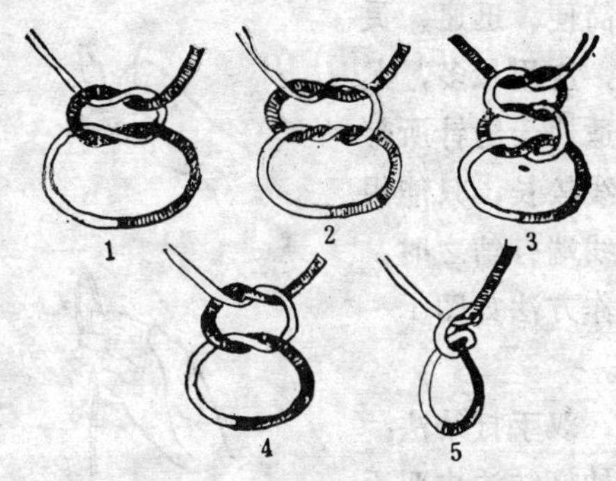

图1—31　线结的种类

1.平结　2.外科结　3.三重结　4.十字结　5.滑结

4.三重结（三叠结）　又称加强结，是在平结基础上加一个单结，共三道结（图1—31，3）。比平结更牢固，用于结扎大血管、张力大的组织的缝合打结和肠线缝合时的打结等。

5.十字结（假结、妇女结、死结）　此结形如平结，唯第二道结的交叉形式与平结相反（图1—31，4）。此结在组织张力大时易滑脱，手术时勿用此结。

6.滑结　打平结时两端用力不均，两线一直一屈，固定不牢，只拉紧一条线时则成滑结（图1—31，5）。此结极易滑脱，危险甚大，应予避免。

（二）打结方法　有徒手打结和持钳式打结两类。无论用哪种方法打结，平时应多作练习，以求熟练和正确。一定要在第一道结打稳后再打第二道结。并且用力要均匀。

1.徒手打结

单手打结法：通常用左手操作，即线结在右手配合下由左手单独完成打结操作的全过程。用右手操作亦可。此法操作简便、迅速、灵活，应用最多，尤其适用于缝针所带缝线较长，只能用短线端打结之时，操作方法如图1—32。

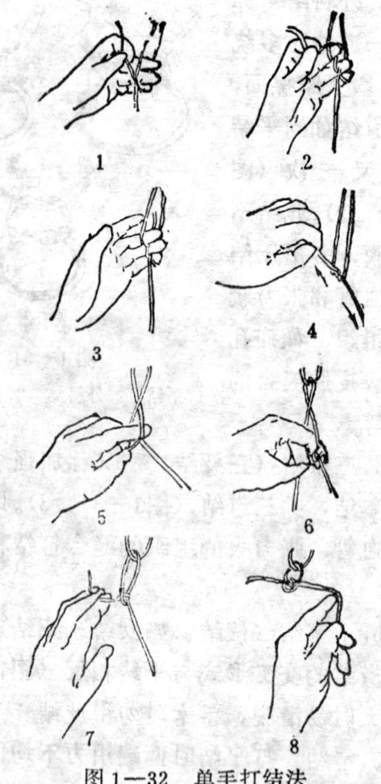

图1—32 单手打结法

双手打结法：此种打结法由双手操作完成，结扣较稳固，多用于间断缝合的打结（图1—33）。

外科结打结法：用打平结的方法绕好第一道结，随即右手食指由结圈内挑过右手拇指与中指所持缝线并拉紧，则成为绕两圈的结扣，再打好第二道平结并且拉紧即可（图1—34）。

2.器械打结　当线头短徒手打结不便或深部组织缝合结扎时，可用止血钳或外科镊子操作结系（图1—35）。此法简单灵活，易于掌握。

三、缝合的原则

（一）缝合用的持针钳、缝针、缝线要准备充分并应与被缝合组织的特点相适应。

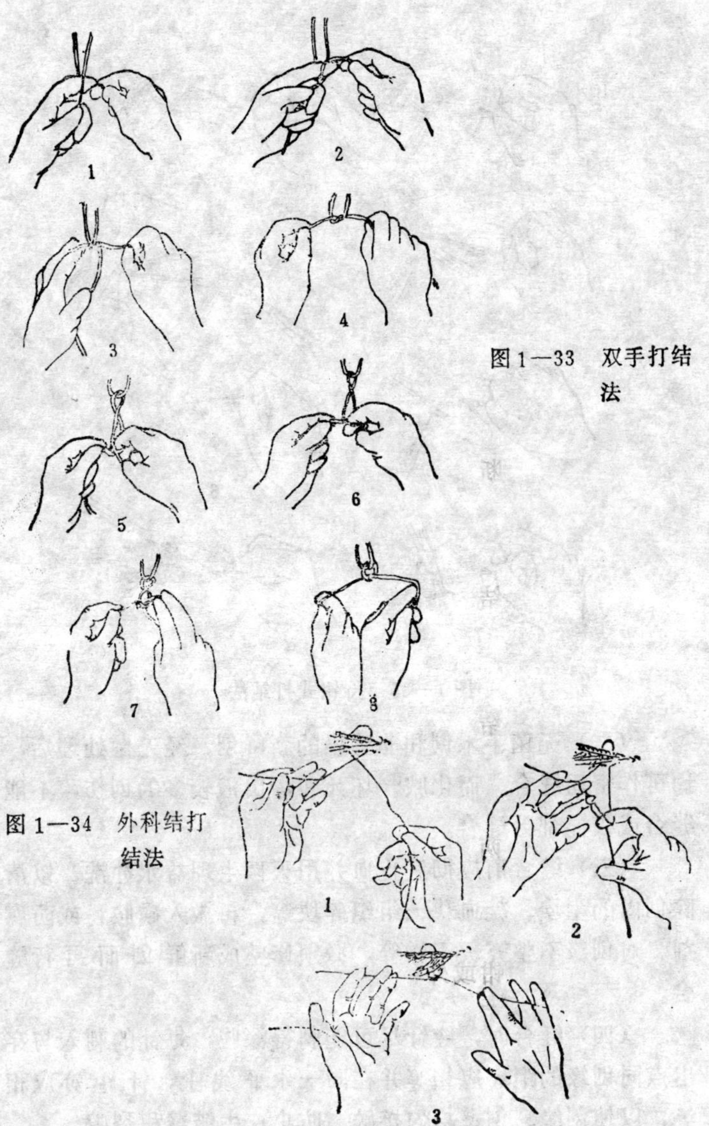

图 1—33　双手打结法

图 1—34　外科结打结法

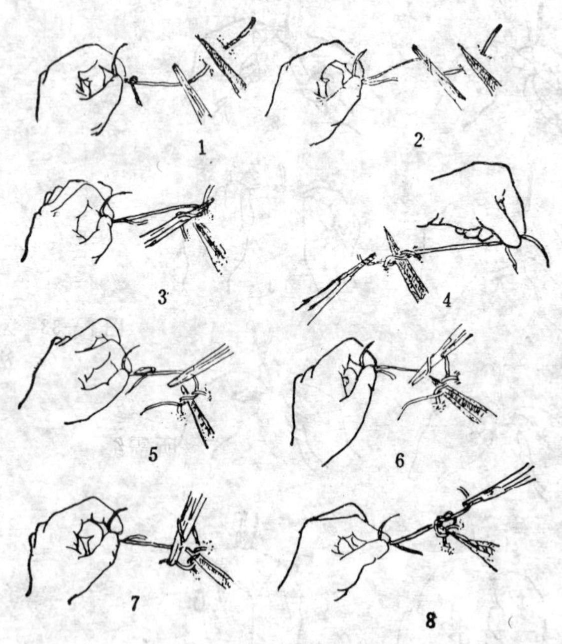

图 1—35　持钳式打结法

（二）无菌手术创和非感染的新鲜创，经无菌处理后，均可作密闭缝合。而化脓、坏死和渗出液较多的创伤，不能缝合或仅能部分缝合。

（三）缝合前应彻底止血并用灭菌生理盐水冲洗，以清除创内的尘埃、凝血块、组织碎块等，再撒入磺胺粉或防腐剂。对创缘不整齐、干燥等，必须修整成新鲜创面再行缝合。

（四）缝合时，缝针尽可能刺得深些，每针的刺入与穿出点同创缘的距离应相等并在同一水平线上，针距亦应相等，以使创缘、创壁均匀接触，防止产生皱襞和裂隙。

（五）打结时不得过度牵拉组织，结扎要松紧适度 过紧会使创缘内翻或外翻；过松不利两侧创缘密切接触，均将影响愈合。所有线结必须置于创缘的一侧。

（六）缝合时必须严格遵守无菌操作规则。

四、缝合的种类及缝合技术 缝合方法可分为间断缝合和连续缝合两大类。缝合操作一般是由右向左或由上向下进行。

（一）间断缝合法 即每缝一针打一次结。多用于张力大组织的缝合。优点是个别缝线断裂，不会影响全部缝合效果。

1.结节缝合法 是手术中最常用、最基本的缝合形式。缝合时，可每缝一针即打结，亦可将所需缝合的针数都穿过创部留足缝线，最后依次打结。用于皮肤、肌肉、腱膜和筋膜等组织的缝合（图1—36）。

2.减张缝合法 适用于张力大的组织缝合，可减少组织张力，以免缝线勒断针孔之间的组织或将缝线拉断。减张缝合常与结节缝合一起应用。操作时，先在距创缘较远处（2—4 cm）作几针等距离的结节缝合

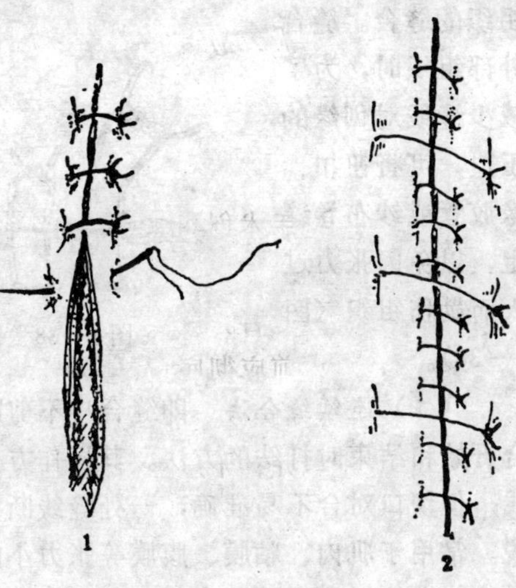

图1—36 间断缝合法
1.结节缝合 2.减张缝合

（减张），缝线两端可系缚纱布卷或橡胶管等，借以支持其张力（此即为圆枕缝合），其间再作几针结节缝合即可（图1—36）。

3．8字形缝合　此种缝合法多用于腱或由数层组织构成的深创的缝合（图1—37）。

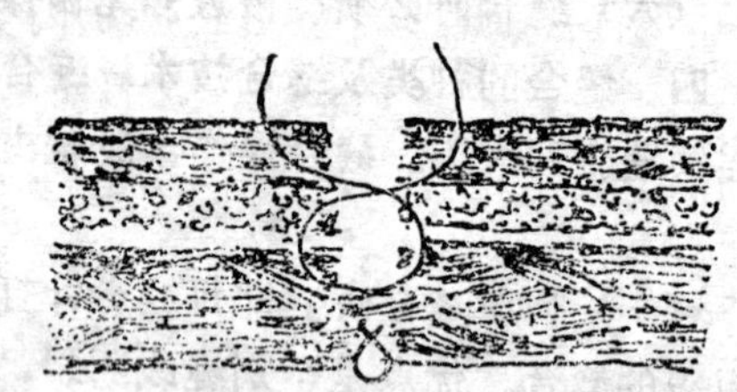

图1—37　8字形缝合

4．钮孔状缝合　其作用与减张缝合相同。本法既可用于外部组织的缝合，也可用于内部组织的缝合。缝合外部组织时，为了减少缝线对创缘的压迫，可将钮扣、橡胶管或纱布卷缝上，以免因张力过大而勒伤组织（图1—38）。

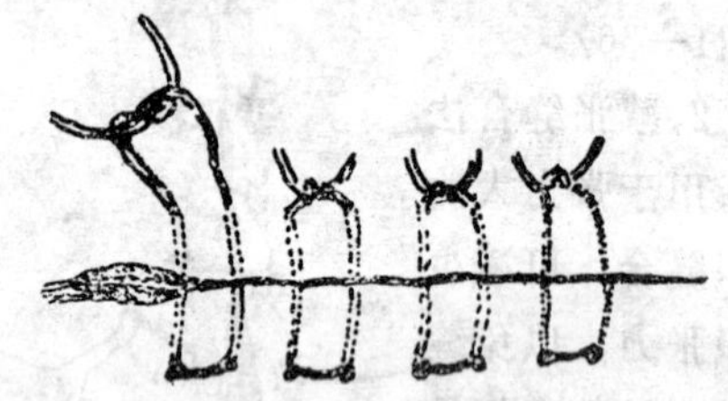

图1—38　钮孔状缝合

（二）连续缝合法　即缝合中不剪断缝线结扎、仅在缝合开始和结束时打结的方法。其操作方便，节省时间和缝线；但切口对合不易准确，一处缝线断裂可使全部缝线松脱。常用于肌肉、粘膜、腹膜等张力小的组织的缝合。

1．螺旋形缝合　即由创口一端开始缝合，第一针打结后以螺旋状继续缝合至创口另一端，最后一针将缝线折转，线头留在带缝针的缝线的对侧创缘，打结并剪断线头（图1—39）。此法常用于肌肉、胃肠、子宫粘膜、腹膜等的缝合。

2.锁扣缝合　如锁衣服扣眼式的缝合，缝线均压在创缘侧（图1—40）。多用于缝合张力小的皮肤直线形切口。

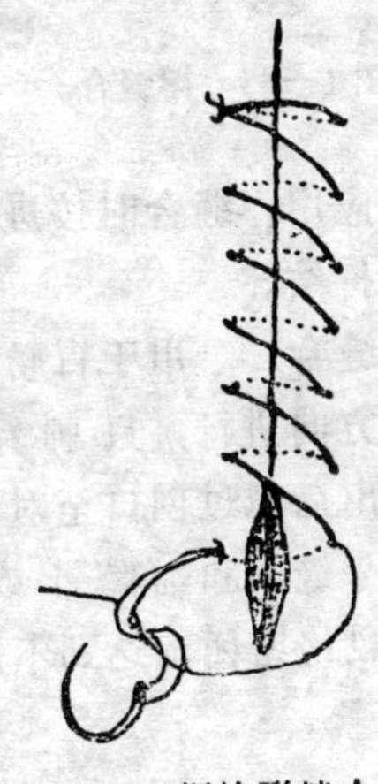

图1—39　螺旋形缝合

图1—40　锁扣缝合

3.袋口缝合　用于暂时缝合肛门或阴门，以防脱出。缝合时，距缝合孔3—4cm，沿其周围依次进针，最后适当拉紧缝线打结（图1—41）。肛门、阴门假缝合时，应留空隙，以利排便。

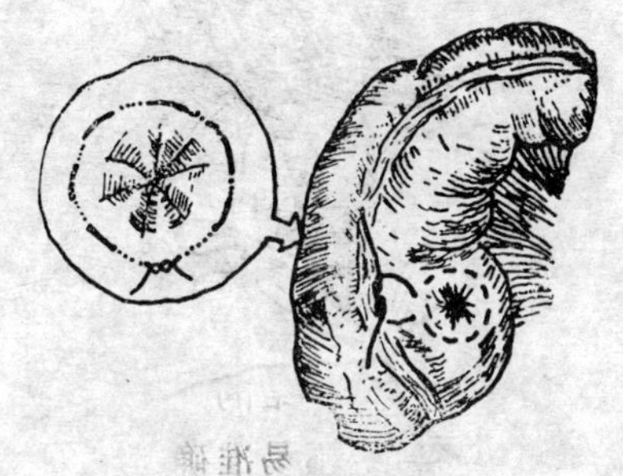

图1—41　袋口缝合

4.褥缝合　即连续水平钮孔状缝合。用于肌肉、腱膜、筋膜及阴门的缝合（图1—42）。但创缘不易密闭，易哆开。

（三）特殊缝合

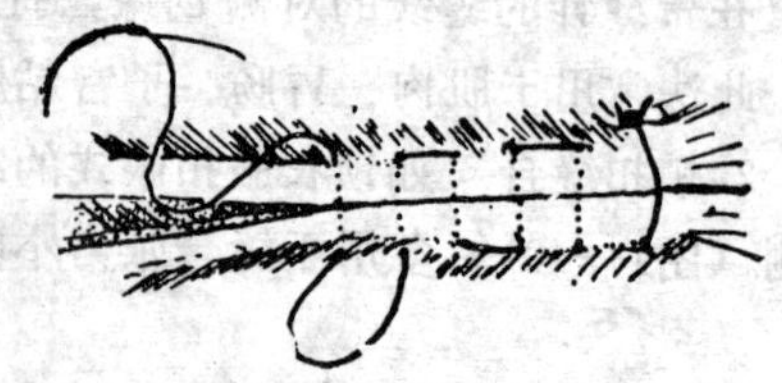

图1—42　褥缝合

1.定位缝合　较长的直线切口或形状复杂的创口，为避免创缘闭合不良或发生皱褶，可用此法。实质是结节缝合的特殊应用。缝合时按进针顺序将缝线穿好正确对合创缘，再分别打结。

2.水平褥状内翻缝合（胃肠缝合）　用于胃肠及子宫缝合。缝合进针是沿创缘两侧水平方向进行，只刺穿浆膜肌层，距创缘0.2—0.5cm，针穿出后越过创口至对侧以同样方法操作（图1—43）。常用1—2号缝线和细直针或半弯圆针。每缝一线应拉紧缝线，保证创缘密闭，达到不漏粪、不漏液、不漏气的要求。

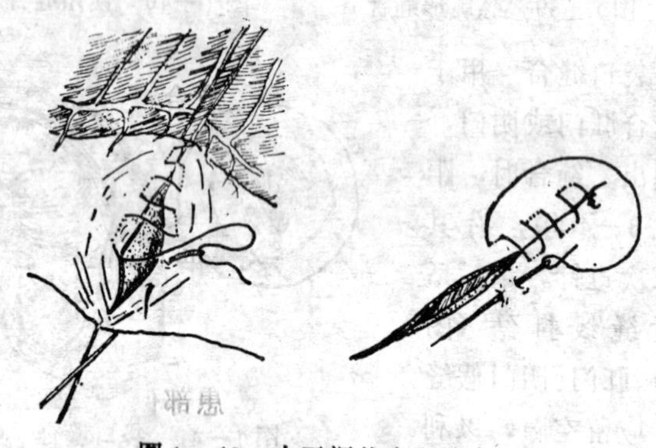

图1—43　水平褥状内翻缝合

五、缝合的注意事项

（一）单层缝合时，缝针应穿过创底，以免留有空腔，影响愈合。

（二）针的刺入孔、穿出孔与创缘距离应相等对称。缝合皮肤、肌肉、浆膜肌层时针孔距创缘分别为1—2cm、1.5—2cm、0.2—0.5cm。针距以确保创缘紧密接触为准，针数越少越好。

（三）缝合时两侧创缘应平整接合，每针缝线松紧要一致，防止内翻、外翻或产生皱褶。

（四）皮肤缝合后，应矫正创缘，防止内翻或外翻，使其均匀紧密接触，以利愈合。

（五）化脓或创液过多的创口，一般不作密闭缝合，以保证创液顺利排出。

六、拆线 拆线是指拆除皮肤缝线。拆线时间多在术后7—8天，个别可延至10—14天。拆线过早或过迟，均会影响愈合过程。

拆线时先除去绷带，用生理盐水洗净创围，尤其是针孔附近；再以5％碘酊消毒创口和缝线，75％酒精脱碘后，用镊子提起线结紧贴针眼将线剪断并随即抽出缝线。创口大或张力大的部位，可隔一针拆除一针，愈合良好后再将缝线全部拆除。拆线后要更换敷料，保护创口。

第七节 绷 带

绷带是用于动物体表的包扎材料，是辅助治疗或主要治疗的一种措施。其作用是固定敷料、患部保温、吸收创液、保护创口、防止感染、压迫患部、使创缘接近，以促进创伤愈合。

一、绷带材料及其应用 绷带材料应具有吸收、保护和固定等功能，其种类较多，常用者有：

（一）卷轴绷带　是用脱脂纱布制成，市售的长度均为6m，宽度有3、4、4.8、6、7、8cm等数种。

（二）纱布　用脱脂纱布剪成适当的方形，折叠成5—10cm^2的方块，每10块一包，灭菌后用于覆盖创口、止血、填塞创腔及吸收创液等。

（三）棉花　多用脱脂棉，常作绷带的衬垫材料。若直接接触创面，须包以纱布。若衬垫低凹处或以保温为目的时，可用普通棉花。

（四）其它材料　如白布、油布、塑料布、橡胶布、麻绳、铁丝、夹板、石膏等，主要是用于保护绷带、防水或加强固定作用等。

二、绷带的种类与操作技术

（一）卷轴绷带

1.环形带　用卷轴绷带在患部重叠缠绕4—6圈后，将绷带末端剪开打结（图1—44，1）。主要用于包扎粗细一致和较

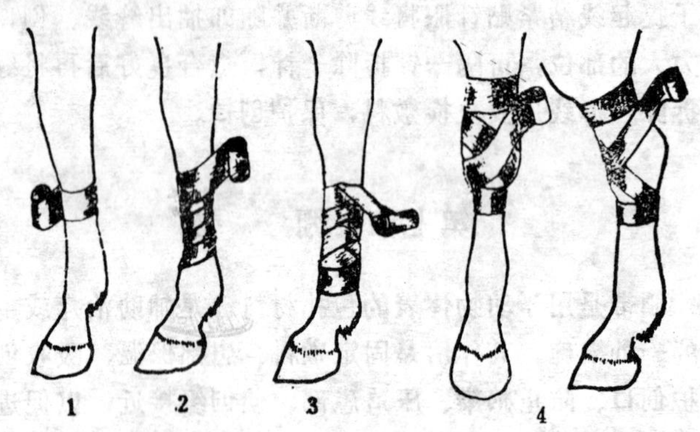

图1—44　卷轴带包扎法

1.环形带　2.螺旋带　3.折转带　4.交叉带

小的患部，如系部、掌（跖）部等。卷轴绷带的所有包扎法，均以环行带为起始和结束。

2.螺旋带　先从环形带开始，再由下向上螺旋形缠绕，每圈均压住前一圈的1/3或1/2，最后以环形带结束（图1—44，2)。螺旋带多用于掌部、跖部及尾部等。

3.折转带　类似螺旋带，但每圈缠至肢体外侧时均向下回折，再向上缠绕，最后以环形带结束。常用于臂、胫等粗细不一的部位（图1—44，3)。

4.交叉带　又称8字形带。用于关节部位的包扎。先在关节下方作一环形带，再斜向关节上部作一环形带后斜向返回关节下方，如此反复缠绕，至患部被斜向交叉的绷带包扎好为止，最后以环形带结束（图1—44，4)。

5.蹄及蹄冠绷带　用于蹄部及蹄冠的包扎。先将卷轴带的开端留出20cm交左手，右手持绷带卷并用绷带覆盖创部，缠绕一周与左手所持短端相遇后交扭，再反方向继续包扎，每次与短端相遇时，均扭缠一次，直至包扎结束，最后长端与短端打结固定（图1—45)。

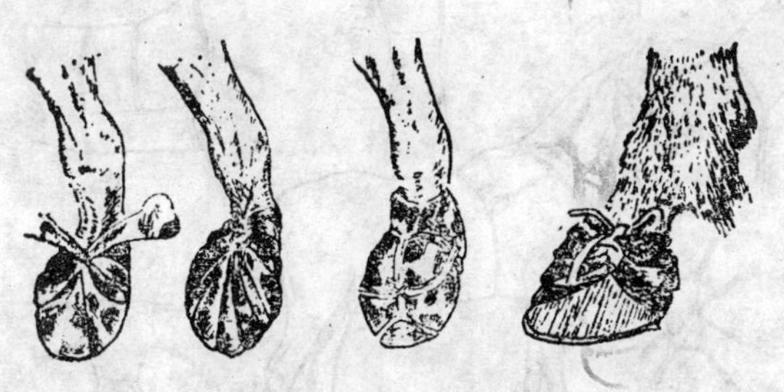

图1—45　蹄、蹄冠绷带法

6.角绷带　用于牛羊角壳脱落、角折、断角及角损伤等。先在健康角根作环行带，再缠至病角根，并以螺旋带或折转带由角根缠至角尖后，折返缠至角根，最后将绷带引向健康角根作环形带结束。

使用卷轴带的注意事项：

1.病畜须妥善保定，包扎要迅速、牢靠，松紧要适度，压迫要均匀，包扎后要平整美观。

2.四肢的绷带须按静脉血流方向由下向上缠绕。

3.绷带打结应在肢体外侧，要避开创口。

4.包扎好的绷带一般不要随意更换，化脓创必须2—3天更换一次绷带。

5.当包扎绷带过紧导致患部肿胀、疼痛甚至血液循环障碍，或包扎后创伤继续出血以及体温高、创伤发生感染等，应及时解除绷带。

（二）复绷带　即根据患部形状，用棉布或纱布缝制的绷带，其四周缝有若干布带，以便结系固定。复绷带应装着方便、固定结实。其常用的有眼绷带、顶头绷带、胸前绷带、鬐甲绷带、背腰绷带、腹绷带等（图1—46）。

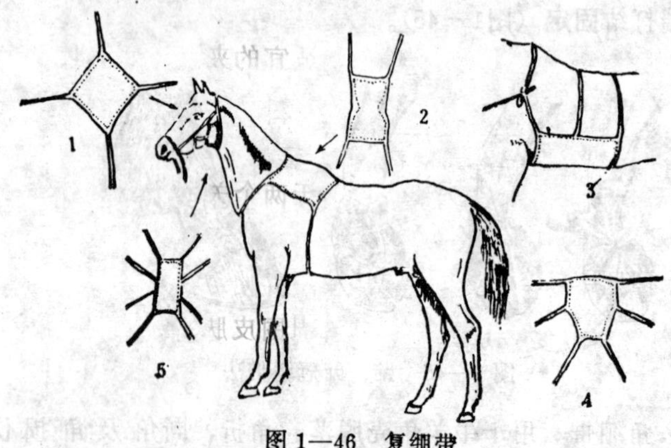

图1—46　复绷带

1.眼绷带　2.顶头绷带　3.胸前绷带　4.背腰绷带　5.鬐甲绷带

（三）结系绷带　用于身体任何部位，以保护创口和减少张力。即在圆枕缝合基础上，用数根 20cm 长10—14号缝线分别固定在两侧圆枕基部下面，敷料盖于创口上，再把两侧固定线的游离端成对打成活结，固定好缚料。亦可在缝合后，将创口分为3—5等份，于每等份的一侧，用带 30cm 长（10—14号）缝线的缝针，距创缘 3—4cm 刺入皮下，距刺入点0.5cm处穿出，越过创口至对侧作对称性的刺入、穿出，如此一一穿好后，将敷料置缝线下盖于创口上，再拉紧缝线，打活结固定（图1—47）。

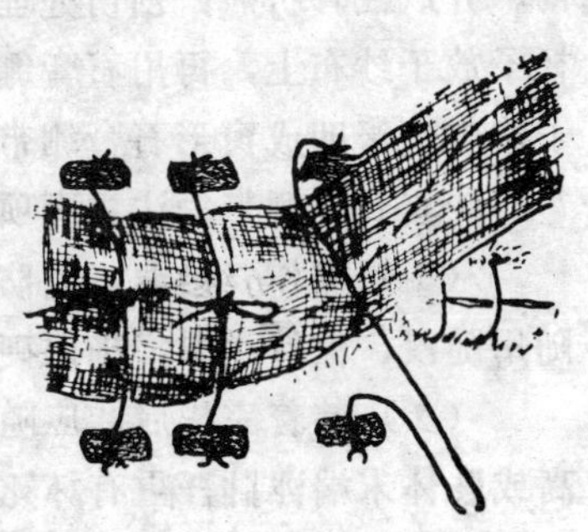

图 1—47　结系绷带

（四）固定绷带　是使患部保持安静、固定不动而装置的一种绷带。主要用于骨折、脱臼、关节疾病及肌腱断裂等的治疗。最常用的有：

1.夹板绷带　常用竹板、木板、胶合板、金属丝或金属板等材料，制成与患部大小、形状适宜的夹板。使用时，先擦净患部被毛，涂以滑石粉；用棉花垫平（骨骼突出部要垫厚些，应超过夹板上下两端），再用蛇形带固定；最后将选用的夹板放于棉花外围（夹板应长于两个关节，间距以0.5—2 cm 为宜），用绷带缠紧固定。

2.石膏绷带　先将病畜横卧保定并使之镇静或浅麻，以利整复和包扎；刷拭干净患部及其周围皮肤，涂碘酊或酒精，有创伤时应先行外科处理，备足棉花、卷轴带、夹板、石膏绷带、石膏粉及40℃的温水。

装置方法：患部先用棉花包好（方法同夹板绷带），再以螺旋带固定；再将一石膏绷带卷浸于40℃水中，至不冒气泡取出，用两手握住绷带卷两端挤出多余水分，同时浸入第二卷备用。最后用已浸好的石膏绷带螺旋式缠绕患部，边缠边均匀涂抹石膏泥，缠至骨折上方关节后，再折向下缠，如此缠绕7—8层，最后一层要将两端超出的棉花折向绷带压住，并涂石膏泥抹光。待石膏硬固后使患畜起立，保定于六柱栏内。开放性骨折时，创伤处理并覆盖纱布后，以大于创口的杯子放于纱布上，再用石膏绷带在杯子周围缠好后，取下杯子修整边缘即成窗形石膏绷带。

装置石膏绷带的注意事项：

（1）操作要迅速，以防石膏硬固。浸泡时间勿过长，随用随浸，保持水温，确保硬化效果。

（2）装着完毕后，应随时检查，若病畜不安、体温升高或肢体末端浮肿严重有坏死可能或装着松弛固定不佳时，应及时拆除，重新装置。

（3）长骨骨折石膏绷带应固定上下两个关节，以达制动目的。后期应适当运动、促进康复。

（4）病畜如无异常，石膏绷带可于骨折愈合后拆除，一般约需6—10周。

（5）拆除石膏绷带使用石膏锯、石膏剪、石膏刀及板锯等时，应注意防止伤及皮肤。

复习思考题

1.家畜保定的概念及意义，评价各种家畜的常用保定方法的优劣。

2.简述头部保定、四肢转位保定和倒卧保定的操作技术要点及其注意事项。

3.何谓消毒、灭菌、无菌法、防腐法？消毒在外科手术中有何重要意义？

4.器械消毒法的种类及其操作技术。

5.术部、术者手臂消毒的程序与方法。

6.麻醉的概念、意义及麻醉方法选择的依据，实施麻醉时应注意哪些问题？

7.如何判定深麻醉和浅麻醉？家畜常用的全身麻醉方法。

8.局部麻醉方法有几种？如何实施皮肤、皮下结缔组织及深部组织的浸润麻醉？

9.马、牛腰旁麻醉和硬膜外腔麻醉的操作技术。

10.说明软组织切开的原则及皮肤、疏松结缔组织、筋膜、肌肉和腹膜的切开方法。

11.手术中止血技术及其注意事项。

12.什么叫缝合？有何意义？怎样拆线？

13.手术中常用结的种类及打结方法。

14.缝合的原则及其注意事项。

15.缝合的种类及各种缝合技术。

16.简述卷轴带、结系绷带、固定绷带的操作技术及其注意事项。

第二章 手术前后的措施

第一节 术前准备

一、施术动物的准备

1.术前准备 这项工作是手术的基础工作。因此，术者在了解病史的基础上，对施术动物做必要的术前临床检查或实验室检查，了解患畜各系统器官的变化，对所患疾病进一步确诊。然后制定手术计划，确定保定、麻醉及手术方法，保证手术顺利进行。

2.术前治疗 根据病情及手术的种类决定术前是否采取治疗措施。但是术前给予青霉素、链霉素，能较好地预防手术创感染。当施术动物的体质较差，在施行肠胃手术及其它较大手术之前，最好给动物注射抗生素、强心剂，必要时还要输液、输血。当施术动物腹压较高并伴有胃肠臌气时，在手术前最好做瘤胃、盲肠或膀胱穿刺术，必要时给予止酵剂（酒精、鱼石脂、甲醛溶液、松节油或植物油）。术前给予止血剂以防手术中出血过多。

3.禁食 根据手术的要求，于术前应该禁食半天或一天。对倒卧保定的动物施行会阴部或腹部手术时必须禁食，以免腹压增高导致心力衰竭，使手术不能顺利进行。

4.畜体准备 动物的体表特别是四肢及尾部污物较多。因此术前应刷拭动物体表清除污物，然后向被毛喷洒1％煤

酚皂溶液 或 0.1%新洁尔灭。也可以用湿布擦拭被毛，以防止动物骚动时污物飞扬，污染术部。在动物的腹部、后躯、肛门、会阴等处施行手术时，术前给动物包扎尾绷带。会阴部的手术前，应给动物灌肠导尿，以免术中动物排粪尿，污染术部。在做四肢下部或蹄部手术之前，用1%煤酚皂溶液清洗、消毒术部及周围的被毛。

5.预防注射　当创伤严重污染、创道狭长及在四肢部位做手术时，为了预防破伤风，在非紧急手术之前二周，给施术动物注射破伤风类毒素0.5—1ml，幼畜及小动物的用量减半。在紧急手术时，给施术动物注射破伤风抗毒素，大家畜用1—2万单位，小家畜用3—4千单位。

二、拟定手术计划　在检查、分析施术动物全身症状及局部病理变化、参阅文献及观察标本的基础上，手术人员拟定手术计划，提出手术的主要环节，可能遇到的问题及其急救措施。

手术计划的内容有：手术的名称、目的、日期及手术人员的分工；手术前必须采取的防制措施，如禁食、胃肠减压、灌肠、导尿、给药的种类与方法，给动物注射破伤风类毒素或破伤风抗毒素等；所需用的手术器械、药品、敷料其它用品的种类、数量及消毒的方法、保定及麻醉的方法；手术操作过程中应注意的问题；手术过程中可能出现的问题，如大出血、休克、窒息等。应如何预防及急救；术后的饲养、护理及治疗措施。

手术人员都要参与手术计划的制定，明确手术中各自责任及相互合作，以保证手术的顺利进行。手术结束后管理器械的助手要清点器械。全体手术人员都要认真总结手术的经验教训，以便提高手术水平及治愈率。

三、施行手术的工作组织 外科手术必须在精心指挥、严密组织，协调一致的工作中，依靠集体的智慧和力量才能取得成功。为此，手术人员须要适当分工，以便在手术时尽职尽责、互相配合，完成手术任务。因此手术人员都应熟知自己的责任、手术过程、应注意的事项，以保证手术的成功。手术人员分工如下：

术者，是手术的负责人，手术的主要操作者。任务是：术前检查施术动物的病情，复习与手术有关的局部解剖标本、资料及文献，领导手术人员拟定手术计划检查手术前准备情况；指挥手术人员协调一致地做好手术，和全体工作人员共同完成手术任务；做好手术总结，提出术后饲养、护理及治疗措施。

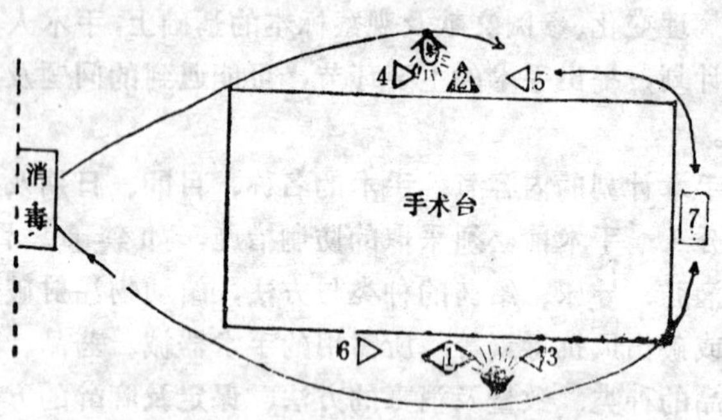

图 2—1 手术时工作人员的布置

1.术者 2.第一助手 3.第二助手 4.第三助手 5.保定员 6.巡回人员 7.器械助手

第一助手 负责麻醉、术部消毒、放置手术巾、配合术者做切开、止血、清理术野、缝合及术后处理等工作。必要时可代替术者进行手术。手术过程中第一助手站在术者对面。

第二助手　职责是做第一助手未能完成的工作。协助术者及第一助手做好动物的保定、麻醉、消毒、止血、清洁创面、牵引拉钩、解除动物的保定、术后护理及清理手术场所等项工作。手术过程中第二助手应该站在术者的左侧。

器械助手　职责是熟悉及准备所用的器械敷料、药品及消毒工作。手术过程中器械助手应将器械及时、准确地传递给术者，及时清理器械上的血迹，污物及线头。在组织缝合之前清点器械及敷料的数量，以免将其遗留在体腔或组织内。术后清洁器械并做好保管工作。手术过程中器械助手应站在术者的对面或右侧。

辅助人员　在施行较大的手术时（如肠吻合术、瘤胃切开术、腹股沟阴囊疝修补术）、还需要增加辅助人员负责保定、麻醉、供应药品及敷料。当患畜的病情恶化时，都能投入挽救患畜的工作中。使其转危为安！

在实际手术中我们可根据手术的难易程度及实际需要，安排手术人员的数量。如小的手术只要术者一人即可完成，一般的手术2—3人也可完成，只有在做大手术时才需要配套齐全的手术人员。

四、手术记录　完整的手术记录是总结手术经验，提高手术的技术水平，为临床、教学及科研服务的重要资料。因此术者或助手应该在手术过程中或手术后详细填写手术记录。其主要内容是：

病畜登记、病史、病症摘要及诊断，手术名称、日期、保定及麻醉的方法；手术部位、术式、手术用药的种类及数量；患畜病灶的病理变化与手术前的诊断是否符合；术后病畜的症状、饲养、护理及治疗措施等。

手术记录表

手术号　　　　　　　　　　　　　手术日期：　　　年　月　日

畜主姓名		畜别		性别		年龄	
初诊日期				术前诊断			
病史摘要							
术前检查							
手术名称		手术时间	时　分—时　分			术后诊断	
手术者		助手	1　2　3				
保定方法							
麻醉方法及效果							
手术方法							
术后处理							
医嘱							

兽医

第二节　术后措施

给动物做完手术，只是完成治疗工作的一部分。而大量的工作还有赖于术后及时治疗、处理。术后措施是否得当，直接影响着治疗效果。一些危重病例在手术过程中由于组织的损伤、失血、脱水等原因，使病情恶化。如果在术后能及时进行合理的治疗，细心护理，往往能较快治愈疾病。相反，某些病例病情虽轻，如果术后治疗、护理及饲养失误，轻者导致创口感染化脓，重者可致家畜死亡。因此，我们要制定合理的术后饲养、护理及治疗措施，要认真执行，方能确保患畜早日康复。

一、术后治疗措施

预防术后感染　手术创是否感染和病畜的抵抗力，手术的无菌操作以及组织损伤的程度有着密切的关系，也和术后是否采取抗感染措施有关。

术后抗感染常用的药物有磺胺类药物及抗生素类药物。磺胺类药物能抑制革兰氏阳性球菌、革兰氏阴性球菌及杆菌，但不能杀菌。可以口服、注射或外用。常用的磺胺类药物有氨苯磺胺、磺胺嘧啶钠、磺胺甲基嘧啶、磺胺二甲基嘧啶、磺胺异恶唑、磺胺甲基异恶唑及磺胺甲氧嗪等。脓血中含有对胺苯甲酸，能对抗磺胺药的抑菌作用。因此，只有在清创之后应用磺胺类药物，才能最大程度地发挥其抑菌作用。一些在生物体内能分解出对氨苯甲酸的药物（如普鲁卡因）均可降低磺胺的药效。

用抗生素类作抗感染药物时，首选药物是青霉素G，能抑制革兰氏阳性球菌及少数革兰阴性球菌。氨苄青霉素对革兰氏阳性细菌的效力略低于青霉素G，但对革兰氏阳性细菌有较强的抗菌能力，这一作用略强于氯霉素、四环素，但比卡那霉素、庆大霉素差。另外，还可依次选用红霉素、氯霉素。为了防治大肠杆菌的感染，可依次选用庆大霉素、卡那霉素、链霉素及四环素。为了防治绿脓肝菌的感染，可选用多粘菌素、庆大霉素、羧苄青霉素。为了抵抗严重的感染经常合并应用青霉素、四环素或其它广谱抗生素。为预防胃肠道手术后的炎症，选用肠道不易吸收的链霉素、卡那霉素、庆大霉素、磺胺咪等，这些药物进入肠道后在肠道内能保持较高的药物浓度，发挥显著的抗菌作用。利福霉素具有特殊的作用，不仅能杀死细胞外细菌，而且还能渗透到白细胞内，杀死细胞内的葡萄球菌，这是大多数抗生素所没有的特性。假如使用青霉素和蛋白分解酶的混合溶液灌注创口，能将青霉素的效力提高12倍，非常有利于创口的愈合。

输液　在施行较大的手术过程中由于动物失血出汗较多，引起水及电解质的紊乱，使家畜的体质下降。为了挽救患畜，提高致愈率，必须给施术动物输液、输血和使用强心剂。通常是给患畜静脉注射复方氯化钠注射液、5%葡萄糖氯化钠注射液。当手术过程时动物失血过多时，给动物输血或静注6%中分子右旋糖酐注射液，大家畜一次1000—2000ml，小家畜一次500—1000ml。当动物出现酸中毒时静注5%碳酸氢钠注射液，大家畜一次300—1000ml，小家畜50—150ml。患畜体质较弱时还要静脉注射10%—25%葡萄糖注射液适量。

维生素是机体生长代谢过程中不可缺少的重要成分。为促进上皮生长可给患畜补充维生素A；为促进骨折的愈合可给患畜补给维生素D；为纠正手术后的胃肠机能紊乱给动物补充维生素B_1及B_2；特别是维生素C能促进胶原纤维的合成，增加血管的致密度，降低血管的通透性，并有较强的还原性。因为维生素C又参与机体内的氧化还原反应。给动物补充维生素C是不可缺少的。它能促进创伤的愈合。

二、术后护理　动物被麻醉及苏醒后的一段时间内，其体温下降，这时应注意患畜的保暖，防止感冒及呼吸道感染。在术后动物还未完全苏醒，站立不稳时，要防止动物摔伤及骨折。经用药物全身麻醉的患畜，在苏醒以后的半日内，由于其吞咽能力还未完全恢复，不宜让其饮水及采食，以防误咽。术后每日全面检查患畜1—2次，主要是检查体温、呼吸、脉搏，系统检查及必要的实验室检查。以便及时掌握患畜的状况。

术后对患畜采取必要控制以防止啃咬，摩擦创口，并减轻创口的张力，减少污染。术后1—1.5日内应该限制患畜的活动。数日以后可以让患畜作适当的活动，有利于增强体质，加速创口的愈合。施行了截腱术、截指（趾）术、阴茎截断术、颈静脉结扎术的动物，为了防止术部的断裂、出血，应使动物安静。后期可适当的活动，以利术部愈合及功能恢复。对病重难以起立的患畜，应给予垫草，每天让其翻身数次，或用悬吊器具吊起，这样可防止褥疮。在腹部手术后的次日，让患畜自由活动或牵遛运动，以便促进胃肠功能的恢复，防止肠粘连。最初运动时间较短，一次10—20分钟，以后可逐渐增加运动的时间。

三、术后饲养 施术动物由于手术的刺激，组织的损伤以及饲料中营养物质的相对缺乏，均使其营养状况下降，影响创伤的愈合。因此，应该给施术后的动物补充富于蛋白质的饲料。

维生素是维持及调节机体代谢所必需的物质。而且动物所需要的维生素大部分从饲料中获得。因此，在术后应给患畜饲喂苜蓿、青草及一些块根类饲料。

在施行胃肠手术后1—3天内，禁止给动物喂草料，但可以喂一定量的半流质食物。当动物不会采食也不能采食时，可用胃管给动物投服流质食物。牛的胃肠手术后，假如其食欲已经恢复，可喂给青草、苜蓿等。适当补充精饲料。

复习思考题

1. 如何作好施术动物的术前准备？
2. 制定一套完整的手术计划。
3. 手术人员如何分工，各自的职责是什么？
4. 填写一个完整的手术记录。
5. 手术后的治疗、护理及饲养管理是什么？

第三章　外科手术

第一节　头颈部手术

一、马额窦及上颌窦圆锯术

适应症　额窦及上颌窦化脓性炎症、肿瘤、寄生虫、异物、压迫性骨折及打出4—6个上臼齿而显露手术通路等。

局部解剖

（一）额窦　额窦分为两部分，即额部额窦及鼻甲部额窦。

1.额部额窦　额部额窦是介于额骨的两骨板之间的腔体，纵的额窦隔（骨片）将额窦分为左右两部分，二者彼此不通。其前界相当于眼眶的前缘，后界相当于颞骨外突隆，旁界为眶上突的根部（如图3—1，1）。

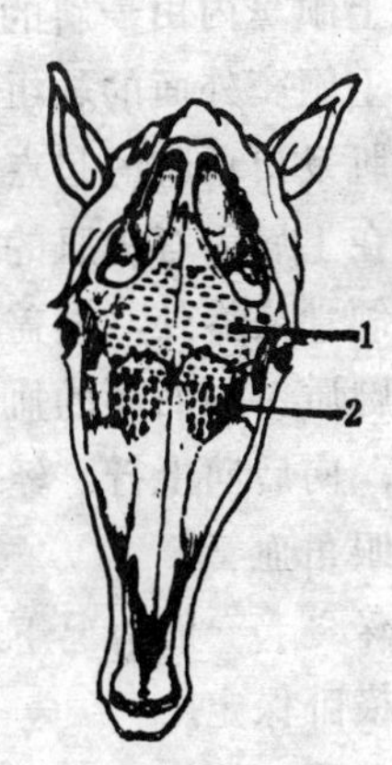

图3—1　马额窦范围
1.额部额窦　2.鼻甲部额窦

2.鼻甲部额窦　鼻甲部额窦位于鼻甲骨的后部，其顶为鼻甲骨及泪骨，底及内侧壁为薄的鼻甲骨板，前界相当于由眶下孔至内眼角所作连线前1/3与中1/3交界处，鼻甲部额窦向后则与额部额窦相通，二者无明显界线，其侧界为由鼻颌切迹至眶上缘所连的一条直线（如图3—1，2）。

额窦外面的软组织主要为骨膜、皮下筋膜及皮肤。此外，在眶上突根部有耳前动脉的分支及耳睑神经与额神经的分支；在鼻甲部额窦的前端上，有鼻唇提肌的起点及额面部血管的末梢。

额窦的内面被覆粘膜，上鼻甲骨的粘膜富有血管。

（二）上颌窦　是副鼻窦中最大的一个窦，其外侧壁由上颌骨、泪骨及颧骨构成。其内侧壁由上颌骨、下鼻甲骨及筛骨所构成。其上界为鼻泪管所经过的路线。上颌窦的底由上颌骨的齿槽部分构成。上颌窦的前界在5岁以上的马约为由眶下孔至面嵴前端所作的连线；2—3岁的马，其前界则在此连线之后约2.5cm处。上颌窦的后界为上颌粗隆（相当于眼眶的中部）。上颌窦的范围因年龄不同而有很大的变化，年龄越大，窦也越大。

上颌窦内由一斜的上颌窦隔将其分为前后二室。

上颌窦外面的软组织除了皮肤及皮肌以外，由面嵴向下为嚼肌及口角肌的起点，提鼻唇肌起于鼻骨与额骨交界处，覆盖在上唇固有提肌的外面。上唇固有提肌起于泪骨、颧骨及上颌骨交界处，覆盖在眶下孔外面，至鼻颌切迹处变为细圆的腱质。颜面部的血管在面嵴之前分出鼻血管及侧鼻血管以后，向后向上行，经过上唇固有提肌的表面，分为鼻梁血管及眼角血管。

保定　一般情况下采取柱栏内头部三角保定，必要时也可作横卧保定。

麻醉　性情温顺的马骡，局部菱形浸润麻醉即可施术。否则给以镇静后再结合局部麻醉。

手术部位　额窦圆锯孔的位置，可选用以下三个部位，临床上常选用第三个位置。

（一）马额窦开孔可选用以下三个位置。

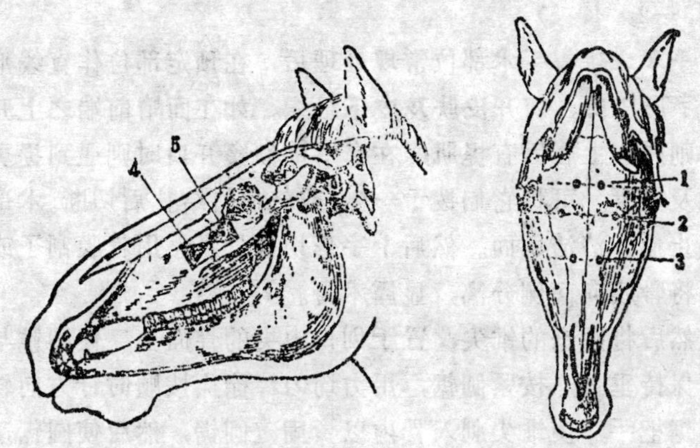

图 3—2　马额窦及上额窦圆锯术位置

1.额窦后部　2.额窦中部　3.鼻甲部额窦前部　4.前室　5.后室

1.额窦后部　在左右眼眶之间作一连线，此连线与头正中线相交，在此交点左右侧2cm处即是圆锯孔中心的位置（图3—2，1）。体形较小的马，应在上述圆锯中心点的下方1—2cm处，以防损伤颅腔。

2.额窦中部　在左右两眼内角作一连线，此线与中线相交，由相交处至眼内角连线的中点，可作为圆锯孔的中心，其左右两个开口可达额窦中部（图3—2，2）。

3.鼻甲部额窦　由眶下孔的上角至眶前缘作一与中线平行的直线，由此线的中点至头正中线作一垂线，此线的中点即是圆锯孔的中心，此孔可至鼻甲部额窦的前端（图3—2,3）。

（二）上颌窦圆锯孔的部位　由眼内角引一与面嵴平行线，由面嵴前端向头正中线作一垂线，再由眼内角至面嵴上端作一垂线。这三条线和面嵴形成一长方形。在此长方形内再作两条对角连线，即分成四个三角区，前后两个三角区即是上颌窦前室和后室的手术部位，前室部位临床上较多应用（图3—2，4、5）。

手术方法 手术部位常规处理后，在预定部位作直线形或U字形切口。切开皮肤及皮下组织。如在面嵴前端之上开孔时则遇到上唇固有提肌；在鼻甲部额窦开口时则遇到提鼻唇肌及血管。可将它们拨于一侧，或将血管结扎后切断。术部彻底止血，清洁创面。然后十字形切开骨膜，用骨膜刮子或刀柄将骨膜向两侧分离，显露术野。

然后将圆锯的锥尖，置于创口中央的骨面上，使圆锥与骨面保持垂直，按紧圆锯，用力均匀，徐徐按顺时针方向转动圆锯把手，使锥尖刺入骨内以资固定圆锯，然后使圆锯逐渐锯入骨内（图3—3）。当圆锯声音低沉而发出沙沙声时，即表示骨片将要锯透（或部分已锯透）时，取下圆锯，以免骨片掉入窦腔。用骨螺锥由骨片中心孔旋进后拔出骨片（或用止血钳取出骨片）。切除骨内膜及粘膜。在积脓时，骨内膜变肥厚，切除时会有出血，可用浸有肾上腺素的纱布压迫止

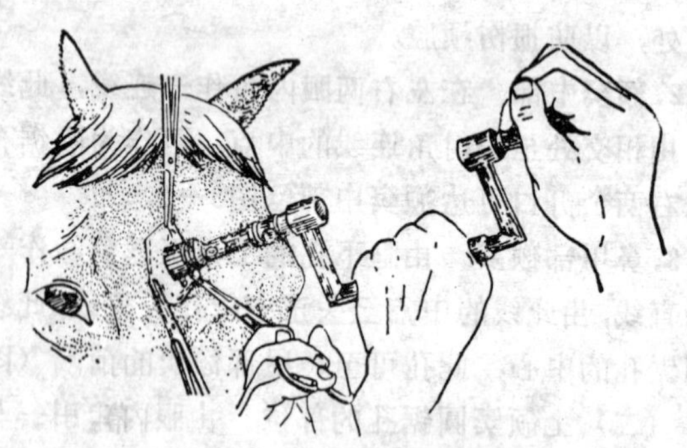

图3—3 马额窦圆锯方法

血，用球头刮刀刮削圆锯孔边缘，使其光滑。

然后取出异物，用0.1%雷夫奴尔、新洁尔灭、0.01%呋喃西林溶液、青霉素溶液，冲洗窦腔，冲洗完毕，吸出残留窦内的液体，用喷粉器喷入胺苯磺胺粉或其他消炎粉剂，用锌明胶绷带或火棉胶绷带对伤口加以保护，必要时装置引流管或填塞引流纱布条。如以诊断为目的，又无化脓时，将骨膜加以整理，用结节缝合法缝合骨膜，对皮瓣施行定位结节缝合，装置保护绷带。

术后护理 最初每日用消毒剂冲洗，以后隔日或更长一点时间冲洗，并防腐处理一次，直至化脓停止，锯孔会自行愈合。

在治疗过程中，如因病程较长，圆锯孔生长骨性肉芽组织，可根据病情，扩大圆锯孔或采取其他灵活措施。

二、绵羊多头蚴包囊摘除术

适应症 适用于多头蚴包囊（脑包虫）侵入脑腔或脑内，本病多见于绵、山羊。

局部解剖 绵羊的脑腔略呈一长方形，前部较窄，前界为两眶上孔间所作的连线，侧界为由每侧的眶上孔向后与头正中线所作的平行线，后界则为枕骨的枕嵴（图3—4）。在有角的羊，角根位于此长方形的中1/3部，或中1/3与前1/3的交界处，因此手术区域大为缩小。

颅腔上的软组织主要为骨膜、皮下组织（公羊较厚），耳肌及皮肤，此处血管较细小。

硬脑膜紧贴头盖骨的内面，它与头盖骨的骨内膜粘连在一起，因此，在头盖骨壁与硬膜之间没有硬膜外腔。

在脑腔内，大脑与小脑之间的小脑幕，在枕嵴前1.5cm处，内含有静脉窦，大脑两半球之间的大脑端位于中线上，

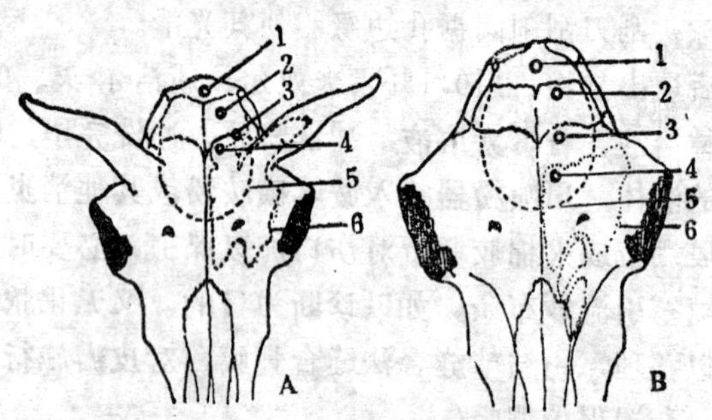

图 3—4　绵羊圆锯孔位置

1.小脑术部　2.枕叶术部　3.颞顶叶术部　4.额叶术部　5.虚线表示脑腔范围　6.虚线表示额窦范围

A.有角绵羊　B.无角绵羊

内含背纵静脉窦。施术时不可损伤这些静脉窦。这也是保证手术成功的必要条件。

手术部位　由于多头蚴包囊所在的位置不同，手术部位亦有所不同。

1.额叶部位　手术开口的前缘不超过两眶上孔之间的连线，开口的内缘距中线2—3mm，无论绵羊有角与否均在此处。这个开口因破坏额窦，操作也不方便，故临床上多不采用（图3—4，A）。

2.额顶叶部位　手术开口应在顶骨上，有角羊是在角根后缘后方约1cm处，距中线约3mm（图3—4，A）。

3.枕叶部位　手术开口的后缘应距枕骨嵴1.8cm，距中线3mm　（图3—4，B）。

4.小脑部位　手术开口应在项韧带附着点的前面（横静脉窦在枕嵴前1.5cm处，手术时应特别注意），同时应在中线上（在小脑之上的中线上无背纵静脉窦）。在此处开口能直接达到小脑的两侧（图3—4）。

术前准备　为了预防脑血管出血，可于手术前注射止血剂。手术部位常规处理。

保定　侧卧保定，尽量使羊的头盖部朝上，并对头部作可靠的固定。

麻醉　局部菱形浸润麻醉，性情不好的可肌肉注射二甲苯胺噻唑作浅麻。

手术方法　于圆锯孔部位或在骨质疏松变软的地方，作一U字形切口，切透皮肤及皮下组织，但不必切开骨膜。切口的长和宽度均为2cm左右，皮瓣的基部，应在羊只站立时位于较高的部位，开口位于较低处。分离切开的皮瓣向上翻起，作一针暂时缝合加以临时固定，彻底止血。根据骨质的软硬程度，用解剖刀或圆锯，在骨质上开孔，直径约5—8mm左右。如果切口部位准确则硬脑膜突出，其颜色为青灰色，有时脑组织也突入开口，这时可用注射针头刺入脑膜并向外挑破，针头刺入不可太深，以免引起出血。

如果包囊位于硬脑膜下时，挑破脑膜后即可发现，它是一个白色透明的囊。但包囊多在脑髓内，这时此处的脑髓也呈青灰色。但有时也是健康的，可以清楚的看到上面的血管。

在确诊包囊的位置以后，避开软脑膜上的血管，插入带有针芯的粗针头（12—16号），针头插入包囊后，抽出针芯即有液体流出。然后将针头小心地向两侧或前后移动以扩大管道，即用针头在脑髓上划出小的开口。勿损伤软脑膜上的血管，万一发生出血，可用冷的生理盐水纱布敷之。将包囊中液体吸出来一部分后，然后将囊壁吸附在针头之上，慢慢地拔出针头即可将囊壁带出（图3—5，1）。另一种方法是沿着针头伸入硬而细的小铁丝钩，拔出针头后将囊壁钩出（图3—

5，2）。也可用止血钳将囊壁夹住，并且翻转羊头，使头盖向下，这时整个包囊即随液体的外流而被脱出（图3—5，3）。

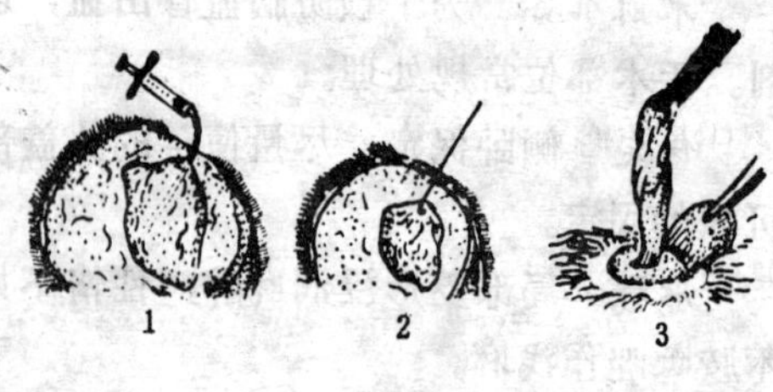

图 3—5 多头蚴包囊取出法

1.吸出法 2.钩出法 3.止血钳夹出法

包囊取出以后，彻底止血。用吸水巾吸干术部，滴入少量青霉素溶液。皮肤切口用结节缝合法缝合后，涂碘酊，装置保护绷带。

术后约30分钟左右，病羊可能出现兴奋现象，应予以注意，以防发生意外。并进行术后常规护理。

三、牛额窦圆锯术

适应症 因额窦损伤而起的额窦积脓。多头蚴包囊摘除等。

局部解剖 牛的额窦很大，几乎包括整个颅骨，并且包括头盖骨后壁的很大一部分。

额窦由一纵隔将其分为两部分，二者彼此不通。每一额窦的前界为两侧眼眶前缘的连线，侧面为额骨的外缘及眶上突的根部，后界为枕嵴。每个额窦分为一个大室及1—4个小室。大室为眼眶之后的部分，它有三个盲囊：即项盲囊，位于枕嵴之前。角盲囊即角突中的空腔。眶后盲囊位于眼眶之后、眶上管及眶上孔的下方。小室在大室之前、眼眶的内侧。额窦外面的软组织主要是骨膜、额肌及皮肤。在眼内角处有眼角动脉及颜面静脉的小支。在眶的上缘处，有角动脉及泪神经的角支，额窦内面覆盖有粘膜。

手术部位 根据牛额窦结构上的特点，圆锯孔的位置有

下列几个。

1.枕嵴之前　由角根中部与中线作一垂线，此垂线的中点即为圆锯孔的中心。此圆锯孔直接开口在项盲囊之上，可用以排除项盲囊的脓液。

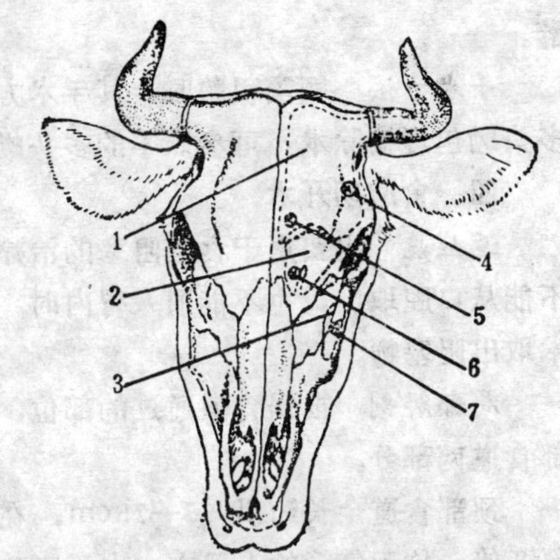

图 3—6　牛额窦、上颌窦圆锯孔位置

1.主额窦　2.副额窦　3.上颌窦　4.额窦眶后手术部位　5、6.额窦中部手术部位　7.上颌窦手术部位

2.眶上孔外侧圆锯孔　即紧贴眶上孔外侧作圆锯孔，圆锯孔的前缘不超过眶上孔的后缘。此孔可开口至眶后盲囊，可以排除眶后盲囊的脓汁。

3.通入额窦前端小室　在两侧眼眶中部作一连线，同时在每侧由眶上孔向前并向此线作一垂线，圆锯孔即在此垂线上，而圆锯孔的前缘正在此横线上，此孔开口入额窦前端的小室。

4.摘除多头蚴圆锯孔位置　由两侧眶上孔内侧作一连线，此连线与中线相交所形成的夹角内，即是圆锯孔的位置，这是通向脑腔最近的通路。牛的多头蚴包囊寄生部位多见于额叶，而此圆锯孔的位置距额叶最近。

保定　如为额窦积脓，可采取站立保定，头部实行三角保定。如为摘除多头蚴包囊，则实行倒卧保定，使患侧朝向上方，并固定头部。

麻醉　采用二甲苯噻唑全身麻醉，局部采取菱形浸润麻醉。

手术方法 额窦积脓时，其手术方法同于马的圆锯术。多头蚴包囊摘除术，可参照羊的多头蚴包囊摘除术。

四、食道切开术

适应症 主要用于食道阻塞的治疗。当食道的阻塞物既不能从口腔取出，也不能通入胃内时，应尽早实施食道切开术取出阻塞物。

局部解剖 根据食道通过的部位，可分为颈部食道和胸部食道两部分。

颈部食道全长约为65—75cm，在皮下可摸到。它从咽部开始，位于气管的上后方；由第三颈椎以下，即偏至气管左侧的上缘；由第六颈椎至胸腔入口，位于气管左侧。

由于食道在颈部各段的位置不同，所以颈部各段食道和它周围组织的关系也就不一样。

1.颈部的前1/3部 食道的背侧有喉囊、头下大直肌及颈长肌。腹侧为喉软骨及气管软骨环。两侧的神经、血管为迷走交感神经干、颈总动脉及返神经，位于气管左侧的上缘。两侧的肌肉则以颈静脉为界，上为臂头肌，下为胸头肌（此处较细）。在颈静脉分枝处有腮腺，此处皮肤很薄。

2.颈部中1/3部 食道上面为左侧颈长肌，右下侧为气管，左上侧为迷走交感神经干及颈总动脉。左侧的肌肉也是以颈静脉为界，上面为臂头肌，下面为胸头肌（此处较厚）。颈静脉及胸头肌的内侧为肩胛舌骨肌，外侧为薄的皮肤。

3.颈部下1/3部 上面为左侧颈长肌，右侧为气管，左侧及左下侧为迷走交感神经干及颈总动脉。左侧的肌肉组织同于中1/3处。但肩胛舌骨肌很薄，仅为一层腱膜，此处皮肤则较厚（图3—7）。

食道的组织结构分为四层：

1.粘膜层 粘膜呈白色，有很多纵的皱襞，在正常情况下，食道腔狭小而细。

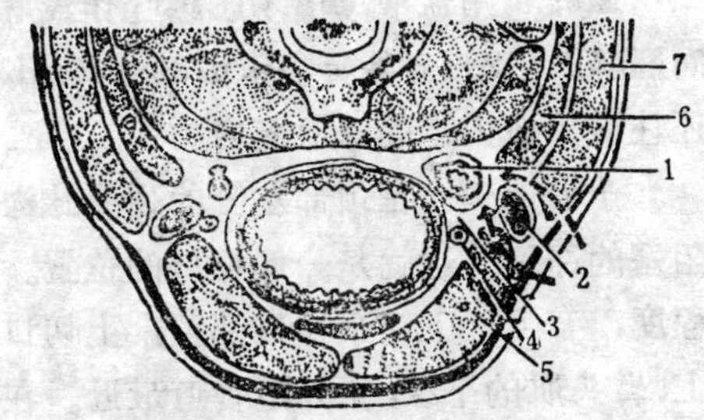

图 3—7 马颈部腹侧下1/3横断面

1.食道 2.颈静脉 3.迷走交感神经干 4.颈动脉 5.胸头肌 6.肩胛舌骨肌 7.臂头肌

2.粘膜下层 食道的粘膜下层很疏松。由于粘膜层上皱襞很大，粘膜下层又疏松，所以食道能够扩张。

3.肌肉层 食道的肌肉层为横纹肌，所以食道的颜色与颈部肌肉相似，但略深些。肌肉组织共分为二层，均为螺旋状或椭圆状。颈部食道肌肉层较薄，胸部食道肌肉层较厚，因此胸部食道的管腔也较小。于贲门部，肌肉的内层增厚形成贲门括约肌，平时关闭很紧。

4.食道外膜 为白色的结缔组织。食道、气管、血管及神经均包在颈深筋膜的气管前筋膜与气管后筋膜内。因此处结缔组织很疏松，所以此处的蜂窝织炎易于蔓延。食道外面没有浆膜，故食道切口愈合较慢。

分布到食道上的动脉为颈总动脉的小支及甲状前动脉。神经为迷走神经的返神经、舌咽神经及交感神经的分枝。

牛的食道较马的食道粗，壁较薄，而且越靠近胃处越薄。在颈部食道的前1/3与中1/3交界处，因肌肉较厚而食道较狭窄，故牛的食道阻塞多发生于此。

保定　采用右侧卧保定。

麻醉　用盐酸二甲苯胺噻唑作浅麻醉。局部施行菱形浸润麻醉。用2%盐酸普鲁卡因30—40ml，除注入皮下组织外，还注射于肌肉下的深肌膜内。

手术部位　在颈部左侧的颈静脉沟处，首先触诊，确定阻塞的部位，这就是一般切口的位置。但是根据食道受伤的程度，有上、下两个切口部位：上切口部位，是在颈静脉之上，臂头肌的下缘，此处距食道最近。在食道受损程度不大时多采用此处切口。下切口部位，是在颈静脉下方。多用于时间较久的病例，食道受损严重，为了排液方便且不致炎症侵害颈静脉，切口宜尽量作在靠近胸腔入口处。

手术方法　术部常规处理后，先用手指压迫切口下面的颈静脉，使其暴露，然后与颈静脉平行作一长12—15cm的切口（可依阻塞物的大小而定）。切开皮肤、皮下筋膜及皮肌，显露术野并彻底止血。再继续切开颈静脉之上的臂头肌（上切口时）或之下的胸头肌（下切口）的腱膜，操作时严加注意勿损伤颈静脉。根据切口部位的不同，所遇到的组织也不一样。切口在颈部的上1/3与中1/3交界处时，需要切开肩胛舌骨肌，再用钝性分离法分离深肌膜。切口若在颈的下1/3处，则需用钝性分离法分离肩胛舌骨肌的腱膜及深层筋膜。彻底止血，清洁创面，显露术野。根据食道内阻塞物找到食道。如果食道未发生阻塞，触摸其性质则柔软、中空、扁平，而且其中有呈索状的粘膜，有时尚可摸到蠕动。然后用钝性分离其周围的结缔组织，将食道拉出切口之外，在其下面垫上纱布，使食道与创口周围的组织隔离开。

按照阻塞物的大小，在食道上做一纵的切口，切口的位置应切在食道的上缘，用手术刀或手术剪一次切（剪）开食道壁的各层。用异物钳子或镊子将阻塞物取出，再用吸水巾擦拭干净唾液及分泌物。

取出阻塞物后，用灭菌生理盐水冲洗创口，用较细的缝线螺旋形缝合食道粘膜切口，再用内翻缝合法缝合食道肌肉层及其外膜。缝完后用生理盐水洗净创口，涂油剂青霉素或其他消炎软膏，将食道送回原位。用结节缝合法缝合肌肉及筋膜创口，再用6—8号丝线结节缝合皮肤创口。估计创口内分泌物及渗出物较多时，在缝合肌肉及皮肤时可放置橡皮管或纱布条引流。

在牛实施食道切开术时，为了避免瘤胃臌气或阻塞继发瘤胃臌气，应及时进行瘤胃穿刺，必要时将套管针暂时固定于穿刺部位。

术后护理　术后2—3天内禁止饮食，每日输入10%葡萄糖溶液2000—3000ml。另外，适量注射复方氯化钠溶液。第3日可给饮水及稀粥，以后逐渐给予柔软青草或青干草等。术后20天内禁用胃管，根据畜体状况，酌情使用抗生素或磺胺类药物。

预后　食道切开术早期进行，预后良好。否则，食道壁发生坏死或穿孔，食道周围组织发生蜂窝组织炎等，则预后不佳。

五、鸡嗉囊切开术

适应症　嗉囊内积滞大量纤维质食物或食团，如羽毛、塑料类、秸秆类及其他异物。嗉囊内干燥颗粒饲料秘结。误食有毒饲料及毒物。嗉囊麻痹等。

保定　将两翅在其基部扭交，两腿拉向后方并伸直，缚一木棒用细绳捆住，使其侧卧或半仰卧于桌子上。

手术方法　拔除嗉囊术部羽毛，局部用2%碘酊或75%

酒精消毒。沿嗉囊中线切一长5cm的切口，切开皮肤及浅筋膜。继则切开嗉囊，用异物钳子或食匙取出内容物或异物。用生理盐水冲洗创口，螺旋形缝合嗉囊切口。再用结节缝合法缝合皮肤切口。缝完后术部涂碘酊消毒。时间较久的病例，若发现嗉囊壁有坏死，则需要将坏死部分充分剥离并切除，然后再缝合起来。一般术后无需特殊护理。

第二节　腹部手术

局部解剖

腹壁的结构　腹壁的结构主要是由皮肤、肌肉、筋膜等软组织所构成。按其结构层次分述如下：

1.皮肤　由背腰部向下逐渐变薄，背腰部皮肤相当厚，移动性小。腰部下面及腹下皮肤则很薄，移动性大，易起皱褶。

2.腹部皮肌　肌纤维呈纵行，覆盖于腹侧壁的大部分。

3.疏松结缔组织　在肥胖的家畜，内含脂肪组织。在腹壁下部，公畜的疏松结缔组织包着阴茎和包皮，母畜则包着乳房。

4.腹黄膜　为一层纵形而致密的弹性膜，在腹下部与腹外斜肌的腱膜紧密粘连。

5.腹外斜肌　为腹壁肌肉中最大者。它覆盖着由胸壁到骨盆和由腰部到腹中线的所有部分。肌纤维是由前上方向后向下斜行，到腹下壁移行为腱膜。

6.腹内斜肌　肌纤维起于髋结节及腹股沟韧带，肌纤维斜向前下方，其肌质部分呈扇形，至肋弓和腹直肌的外缘变为腱膜并与腹外斜肌的腱膜融合在一起。

7.腹直肌　位于腹壁底部，肌纤维由胸骨开始向后延伸至耻骨。它的内面和外面覆盖着由腹部诸肌腱膜和筋膜所构成的腱鞘板。

8.腹横肌　是腹壁最里面一层肌肉，起于腰椎横突和肋软骨，沿着横膈膜的附着部，肌纤维由上而下垂直至腹下壁移行为腱膜，止于腹部白线，与对侧腹横肌的腱膜及其他腹壁肌腱紧密接连在一起。

9.腹膜外结缔组织　为一层脂肪组织，在肥胖的家畜，是一层相当厚的脂肪组织，紧贴于腹膜外面。

10.腹膜　是由弹力纤维和少量细胞成分构成的结缔组织薄膜。

腹壁的血管，为腰动脉、旋髂深动脉、肋间动脉、腹壁前动脉和腹壁后动脉。其中以旋髂深动脉较粗，其前支在腹内斜肌与腹横肌之间，由髋关节处向前到最后肋骨的下端；肋间动脉分布于剑状软骨处；腰动脉的腹支分布于髂区，其主干分布于腹内斜肌与腹横肌之间。

腹壁静脉在牛称乳静脉，相当粗大，沿腹下壁蜿蜒前行，可明显看到。

腹壁的神经为肋间神经（马为9—18肋间神经，牛为9—13肋间神经）和腰神经，它们出椎间孔后由上向下行，分布到腹壁的肌肉内。肋间神经的主干分布在腹直肌内。最后一条肋间神经分布于髂区，其走向是经髂肋脚上缘，由腹横肌的外面至腹内斜肌的外面，穿过腹外斜肌，以其终支分布于髂区皮肤。腰神经的腹支向下形成髂腹下神经和髂腹股沟神经，分布于腹壁中部和后部。其浅支位于腹横肌外面，分布于皮肤及浅层肌肉。深支位于腹横肌内并进入腹直肌。

一、开腹术

适应症　开腹术是各种腹腔手术的通路。常用于瘤胃切开术、肠切开术、肠吻合术、肠套叠、肠扭转整复术及剖腹产术等。

保定　根据手术目的、家畜种类、疾病性质及手术的繁简，可以采取站立、侧卧或仰卧保定。

麻醉　一般采用二甲苯胺噻唑全身麻醉。必要时配合腰神经干传导麻醉及局部浸润麻醉。

手术部位　进行腹腔手术时，切口的部位对手术顺利进行有很大关系。因此，应根据手术种类及目的而定。常用的部位有侧腹壁切开法和下腹壁切开法。

侧腹壁切开法，常用于肠切开、肠扭转、肠变位、肠套叠及牛羊的瘤胃切开术等。下腹壁切开法，多用于剖腹产及小家畜的腹腔手术。

（一）侧腹壁切开的部位

1.在实施小结肠、小肠及骨盆腔手术时，切口的部位是在左髂区，由髋结节到最后肋骨作一与背中线的平行线，由此线的中点向下3—5cm处开始向下作20—25cm长切口。这一切口部位可依手术目的不同，可以靠前、靠后或偏下方，以利于手术的进一步实施(图3—8，B)。

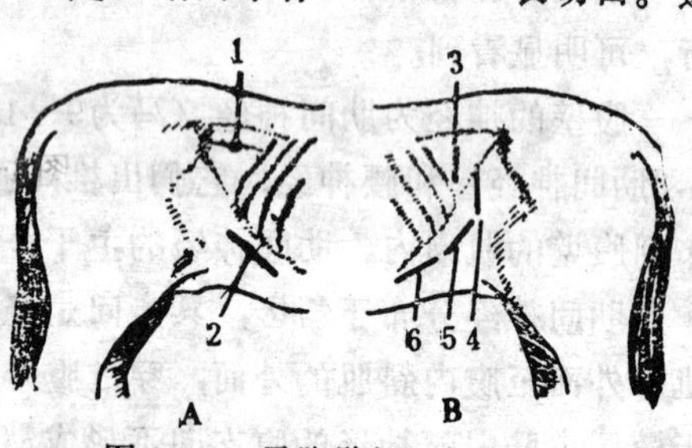

图3—8　马腹壁切口的部位

A.右侧　B.左侧

1.盲肠穿刺部位　2.到右侧大结肠、胃状膨大部、盲肠　3.到卵巢、骨盆弯曲　4.到小结肠　5.到小肠　6.到左侧大结肠

2.实施左侧大结肠手术时，在左侧剑状软骨后部，沿11—17肋骨弓并

与之平行，距肋骨弓4—6cm，切口前端距白线14cm，切口长20—25cm（图3—8，B)。

3.实施右侧大结肠、盲肠及胃状膨大部手术时，在靠近右侧剑状软骨部，具体部位与左侧大结肠部位相对应（图3—8，A)。

切口的部位原则上应尽量接近病变处，切口的大小应能充分显露施术器官及方便操作为宜。

（二）下腹壁切开的部位　下腹壁切开法，根据手术目的不同，有正中线切开法和中线旁切开法两个部位。

1.正中线切开法　切口部位是在腹下正中白线上，脐的前部或后部。公畜应在脐前部，切口长度视需要而定。

2.中线旁切开法　切口部位不受性别限制。在白线一侧2—4cm处，作一与正中线平行的切口，切口长度视需要而定。

手术方法

（一）侧腹壁切开法　术部常规处理后，在预定切口部位自上而下作20—25cm长的切口。切开皮肤，及时止血，清洁创面。再切开皮肌、皮下结缔组织及筋膜，用扩创钩扩大创口，充分显露腹外斜肌（图3—9）。按肌纤维的方向在腹外斜肌及其腱膜上作一小切口（图3—10，1），用钝性分离法将腹外斜肌切口分离至一定长度（图3—10，2），如有横过切口的血管，进行双重结扎后切断，充分显露腹内斜肌。然后用同样方法按肌纤维方向分离腹内斜肌切口，并扩大腹内斜肌切口，充分显露腹横肌（图3—11）。切口如在腹侧壁上方，则以同样方法分离腹横肌及其腱膜切口，切口如在腹侧壁下方，则上述几层肌肉多为腱膜，也应按一定层次分离之。各层肌肉及其腱膜的切口大小应与皮肤切口大小一

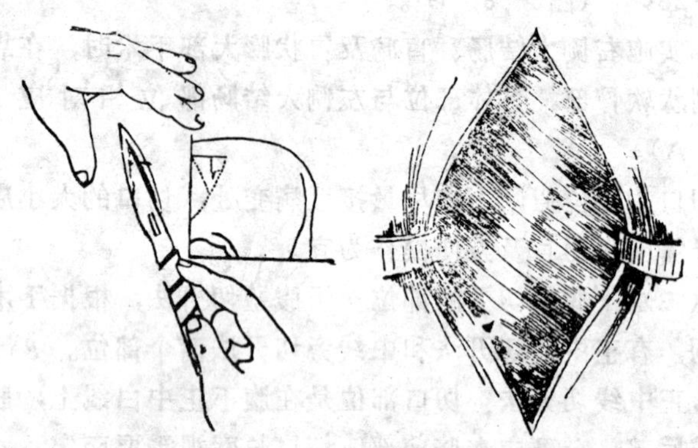

图 3—9　分离皮下组织显露腹外斜肌

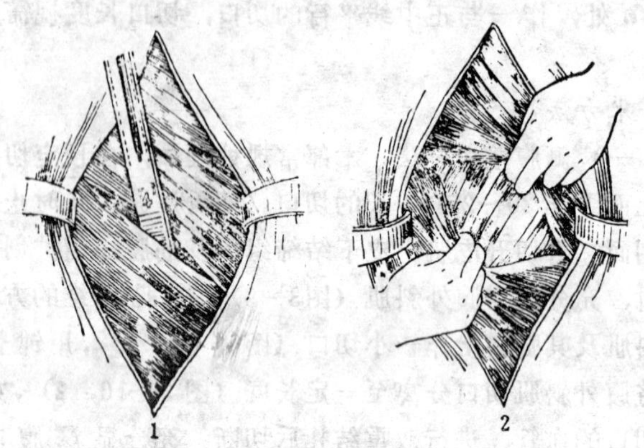

图 3—10　分离腹外斜肌

1.作一小切口　2.腹外斜肌一次分离

致，避免越来越小。腹壁肌肉切开后，充分止血，清洁创面，用腹壁拉钩由助手扩开腹壁肌肉切口，充分显露腹膜(图3—12)。按照腹膜切开的方法切开腹，即由术者及助手用

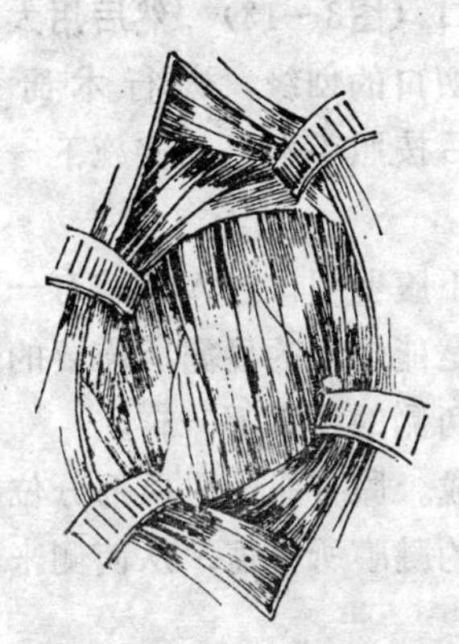

图 3—11　扩开腹内斜肌，显露腹横肌

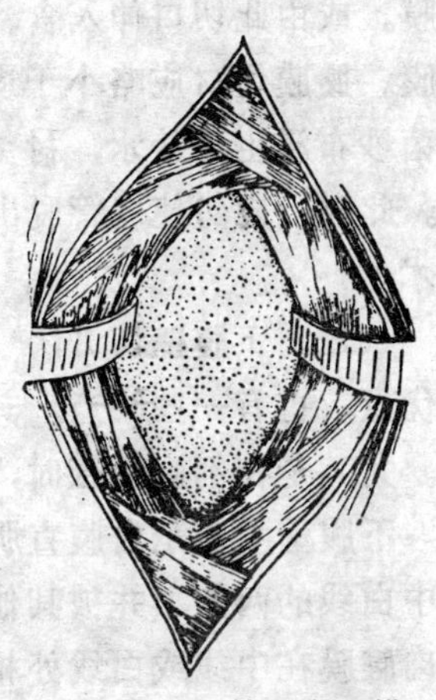

图 3—12　钝性分离腹横肌，显露腹膜

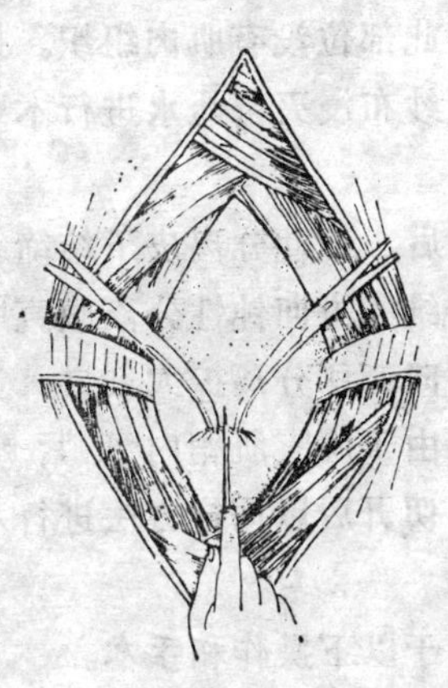

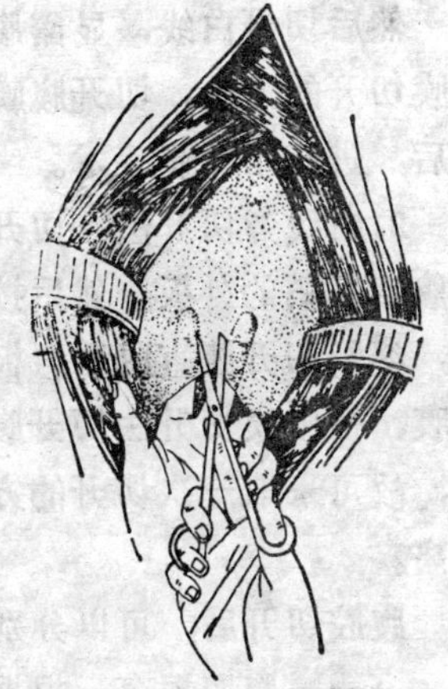

图 3—13　腹膜切开方法

镊子于切口两侧的一端共同提起腹膜，用皱襞切开法在腹膜上作一小的切口，插入有沟探针，采用外向式运刀法，切开腹膜。或由此切口伸入食、中二指，由二指缝中切开或剪开腹膜。腹膜切口应略小于皮肤切口（图3—13）。然后用大块灭菌纱布浸生理盐水，衬垫腹壁切口的创缘，进行术野隔离。此时，应勿使肠管脱出。然后按照手术目的实施下一步手术。

（二）下腹壁切开法　通过下腹壁切口进入腹腔有一定的优点，也有一些缺点。其优点是能较好的显露所需要的器官。尤其是在剖腹探查时，接近两侧的程度都一样。

下腹壁主要是由腹直肌所构成。腹直肌的肌质部分位于正中白线的两侧，并被其他腹肌的腱膜所覆盖，从两侧来的肌肉腱膜在中线或白线处相接合。

1.正中线切开法　术部常规处理后，切开皮肤，钝性分离皮下结缔组织，及时止血并清洁创面，扩大创口显露术野。然后切开白线，显露腹膜。此部位没有肌肉组织。按照腹膜切开的方法，切开腹膜。用纱布浸灭菌盐水进行术野隔离后，进行下一步手术。

2.中线旁切开法　切开皮肤后，钝性分离皮下结缔组织及腹直肌鞘的外板。然后按肌纤维的方向钝性分离腹直肌切口，继则切开腹直肌鞘内板，并向两侧分离扩大创口，显露腹膜，按腹膜切开法切开腹膜。由于腹直肌鞘内板紧贴腹膜，故可采取一次切开的方法，切开后以同样方法进行术野隔离。

腹腔切开后，可以分别应用于以下操作和手术。

（一）腹腔探查　根据临床症状及术前检查的结果，有目的地进行重点探查。探查时由近及远进行仔细触摸，发现异常现象后，应进一步确定其部位和性质，然后采取进一步处理措施。必要时采取对渗出液、漏出液及病理材料，进行实验室检验。

（二）压结术　这是临床上常用手术之一。术者将右手通过切口伸入腹腔，由后向前仔细触摸寻找结粪阻塞的肠段。将阻塞的肠段尽量拿出于切口之外，下面衬上浸有盐水的纱布，用手指把结粪捏扁（图3—14,1）。再由两头开始，逐渐将结粪捏成若干小粪团（图3—14,2）。倘若结粪内顽草很多，难以达到分割的目的，可将结粪两端的肠管向结粪中央推挤，然后，两手分别捏住粪结的两头并向两端牵引，结粪即可分开（图3—14，3）。如果不能取出结粪的肠段时，可在腹腔内进行按压、捏碎。如结粪坚硬，可向结粪内注入生理盐水，促使结粪软化，然后再行按压捏碎。在结粪压开之后，于结粪内注入生理盐水300—500ml，以利结粪顺利排出。

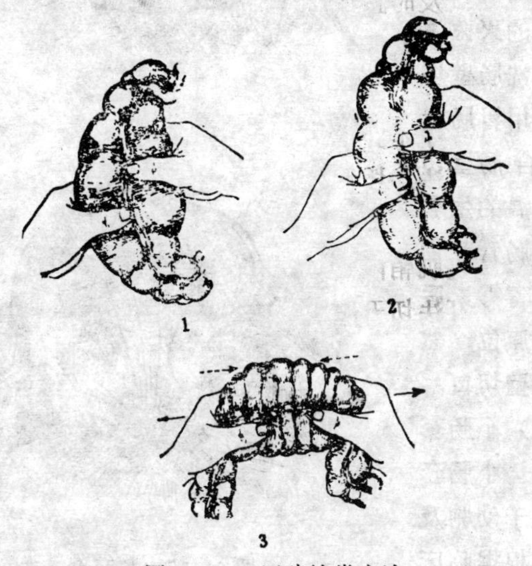

图 3—14　压碎结粪方法

1.捏扁结粪　2.将结粪捏成小块　3.牵割肠内结粪

（三）肠切开术　在严重的肠阻塞经按摩无效时。肠结石及大量异物存在时，需要进行肠切开术。切开的部位应尽量拉到腹壁切口之外，下面衬垫浸有盐水的纱布。选择血管稀少的部位，沿肠管纵轴（避开纵带）一次切开肠壁，切口的长度以便于取出阻塞物为宜。当肠管内有稀薄的内容物时，应先将肠壁作一个小切口，使内容物流入污物盘内，然后再延长切口。在取出结粪及内容物时，严防掉入腹腔或污染创口。结粪、异物取出后用温的灭菌生理盐水冲洗肠壁切口。然后用胃肠缝合法闭合肠壁切口，再用温的生理盐水冲洗肠管，创口涂油剂青霉素后送入腹腔原位，然后闭合腹壁切口。

（四）小肠套叠复位术　小肠套叠多发生于幼驹及小动物。根据临床症状及腹腔探查的

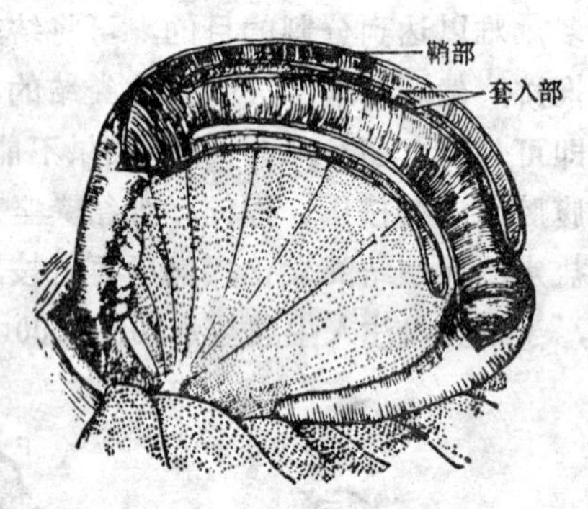

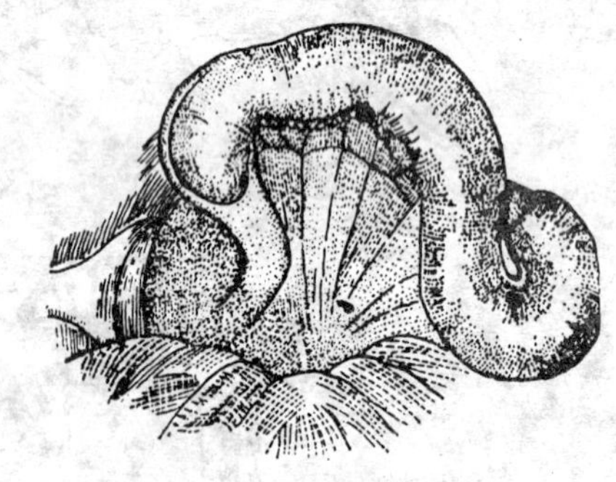

图 3—15　肠套叠
1.套叠肠段切面　2.套叠的肠段

结果，手术者右手伸入腹腔仔细触摸。当触到质地较硬，形状较粗的肿块或索状物，即为套叠的肠管（图 3—15）随即拉出于切口之外。

其复位的方法是：将套叠肠管的远端由助手稍微向上提起，离开切口，术者以双手拇指和食中指自套叠的远端均匀而轻轻地向下推挤(图3—16)，借肠段重力作用及推挤力量使其逐渐复位。决不能在近端用手猛拉，以免发生肠破裂。

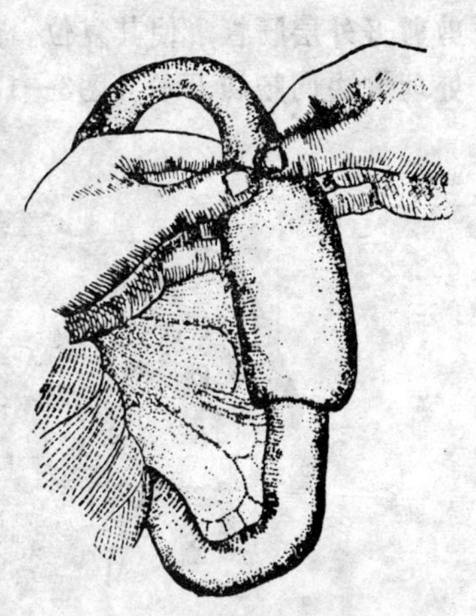

图 3—16 推挤远端使肠管复位

如果推挤过程中有困难，可用小手指伸入套叠鞘内进行扩张紧缩环，或者向鞘内注入一些灭菌石蜡油，然后继续推挤使其复位（图3—17）。

经多次整复无效时，同时套入部分又不太多，可用手术

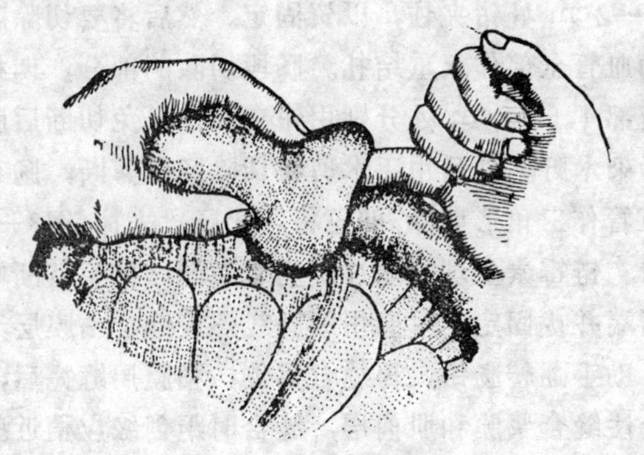

图 3—17 用手指扩张紧缩环

剪剪开外层肠管，使其复位。肠壁切口用胃肠缝合法闭合，处理方法同肠切开术（图3—18）。

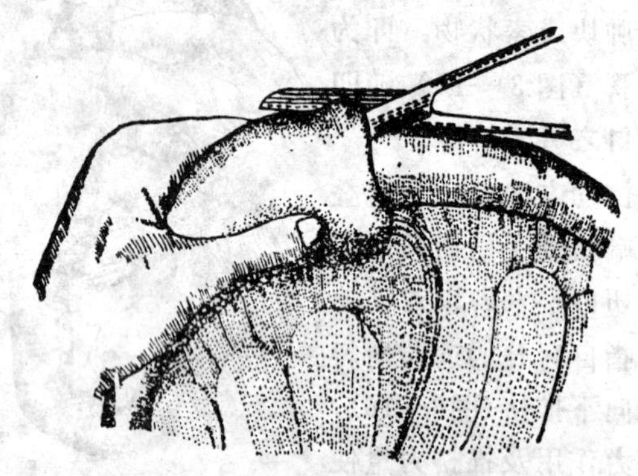

图3—18 剪开套叠外层肠管

整复套叠肠管后，检查肠管及肠系膜。确定无坏死、变形及扭转等现象时，便可送回腹腔。如果套入肠管不能复位，或肠管发生严重水肿、坏死、变性等而失去正常生理功能时，则应将其切除并施行肠吻合术。

（五）肠吻合术　先用肠钳在预定切除的肠段两端距切断部1.5—2cm处钳夹住，以资固定。然后将要切除肠段肠系膜上的血管全部作双重结扎。肠段切除的部分，两把肠钳在距切断部1.5—2cm处分别用钳夹住，以免切断后肠内容物外流污染术野。然后用手术剪将切除肠段剪断，肠系膜沿结扎的血管作三角形剪除，即可将坏死肠段去掉(图3—19)。然后用青、链霉素生理盐水冲洗肠管断端。助手持断端两把肠钳将断端并拢固定，术者用细肠线螺旋缝合粘膜层，一侧缝完后，助手翻转肠钳，再缝合另侧，粘膜层缝完后，再用胃肠缝合法缝合浆膜和肌肉层，缝合时距创缘应稍近些，勿埋没组织过多，以免引起肠管狭窄。最后将肠系膜作结节缝

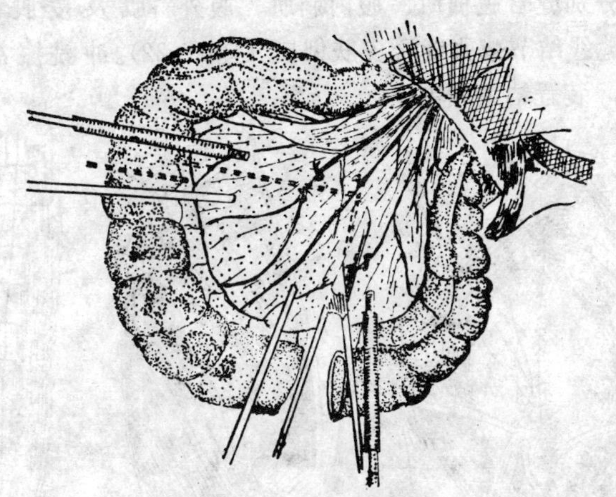

图 3—19 切除病变肠段

合（图 3—20）。缝合结束后，用温生理盐水冲洗干净，断端涂油剂青霉素，将肠管送回腹腔并复位。为了避免断端吻合后引起肠狭窄，可以采取肠管侧侧吻合术。

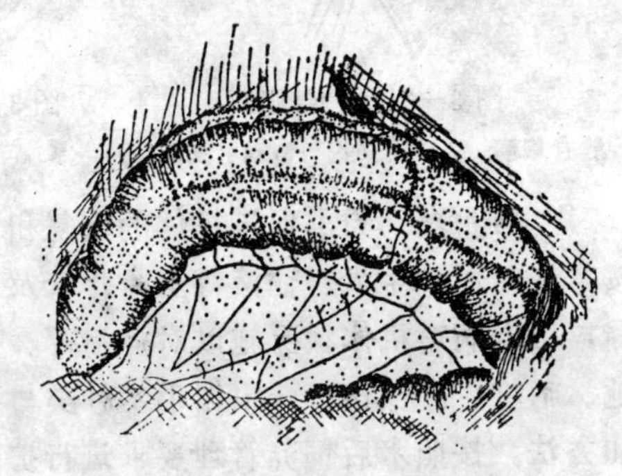

图 3—20 肠断端及肠系膜缝合

闭合腹壁创口 腹腔手术完成之后。除去术野隔离纱布，清点器械物品。先用0—1号丝线或肠线在压肠板引导下螺旋缝合法缝合腹膜。缝至最后几针时，通过切口向腹腔内注入青、链霉素溶液（每毫升含 500 单位）200—400ml（图 3—21）。缝完后用青霉素溶液冲洗肌肉切口，用2—4号缝线结节缝合法分别缝合腹横肌、腹内斜肌、腹外斜肌及皮肌。用6—8号缝线结节减张缝合皮肤创口（图3—22）。冲洗擦净后涂碘酊，装置结系绷带。

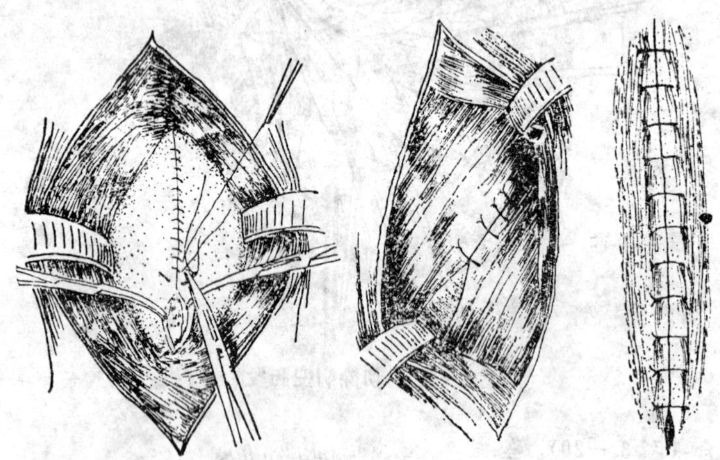

图 3—21　缝合腹膜　　　图 3—22　缝合肌肉及皮肤

1.缝合腹膜　2.缝合肌肉　3.缝合皮肤

术后护理　为了促进机体的恢复和预防感染，手术后应按常规使用抗生素、输液等全身疗法及调整水及电解质平衡，根据病畜机体状况施以对症治疗。要单独饲喂，防止卧地、啃咬、摩擦伤口。根据手术种类与要求，确定饲喂程序和方法，按照术后饲养管理要求进行护理。

二、瘤胃切开术

适应症　瘤胃切开术常用于严重的瘤胃积食，创伤性网胃炎，误食不消化的异物，如塑料薄膜、胎衣等病的急救措施。

局部解剖　瘤胃的容积很大，位于腹腔的左半部和腹腔右侧的一部分。瘤胃的左侧直接与腹壁接触，右侧与肠管接

触。瘤胃左右两侧各有一条纵沟，分别称左纵沟和右纵沟，前后两端各有一横沟。它们分别向瘤胃的两侧延伸与左右纵沟连接，将瘤胃分成两个囊。

瘤胃内的粘膜呈褐色，在与外面各条沟相对处形成粗大的皱襞。瘤胃粘膜内无腺体，表面覆盖一层鳞状上皮，并形成许多大小不等的乳头。

网胃呈梨形，位于瘤胃前上囊的前下方，以瘤网沟与瘤胃为界，网胃的上方有瘤网孔和瘤胃相通，右上方有网瓣孔与瓣胃相通。食道沟自瘤胃上囊的前部，沿网胃的右侧壁向下至网瓣孔，食道沟两侧的肉柱叫唇，网胃的粘膜皱襞呈网状。

保定　采用柱栏旁站立保定，注意避免病畜卧倒(图3—23)。

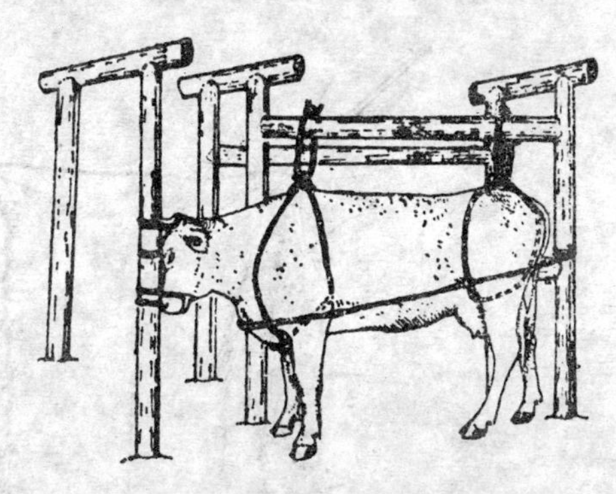

图 3—23　六柱栏旁站立保定

麻醉　采用二甲苯胺噻唑全身麻醉，配合腰旁神经干传导麻醉或局部浸润麻醉。

手术方法　皮肤切口的部位，在左侧最后肋骨与髋结节中间，自腰椎横突向下3—4cm 处，作15—20cm 长的切口。体型较大的牛，而手术目的又是检查网胃，其切口部位应稍向前下方，距最后肋骨后缘3—4cm，腰椎横突向下8—10cm。否则术者手臂不能触及网胃底部及其周围。因此切口的部位应根据手术目的、体型大小而确定。腹壁切开的方法前面已详述之。

瘤胃切开的方法　腹壁切开以后，将瘤胃的一部分拉出于腹壁切口之外，选择胃壁血管稀少的地方作瘤胃切口，即瘤胃左侧纵沟之上（瘤胃的上囊）。先于胃壁切口的四角用8—10号丝线穿上四条牵引线，以固定胃壁切口，缝针缝线只穿过浆膜和肌肉层，针孔间的距离为2cm左右，切口上下角牵引线之间距离为15—20cm，即略长于切口长度为宜，上角和下角两牵引线之间的距离各为5cm。四条牵引线穿好后，交由助手牵引。然后在牵引线中央作15cm长切口，一次切开胃壁（图3—24）。胃壁切开之后术者左手随即将切口左侧创缘提起，右侧由助手提起，同时将胃壁切口提到腹壁切口之外，交助手用手翻转固定（图3—25）。

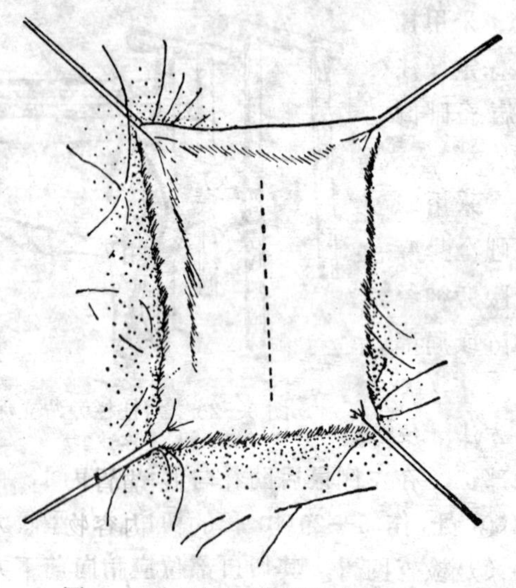

图3—24　用牵引线固定胃壁切口

此外，也常采用缝合的方法固定胃壁切口。即用螺旋缝合法将切口两侧的胃壁分别缝合于左右皮肤切口上，使胃壁

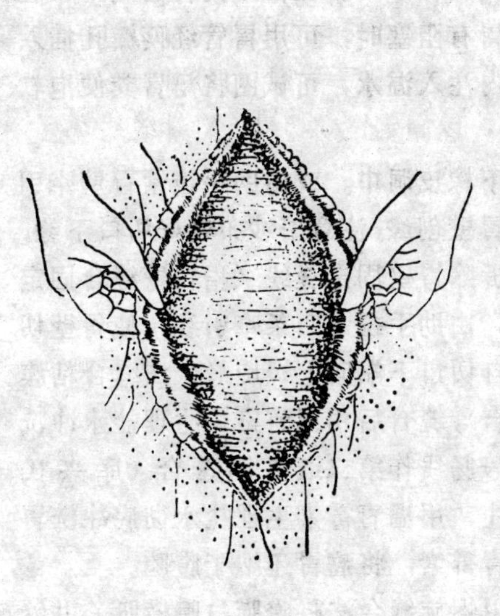

图 3—25　翻转固定胃壁

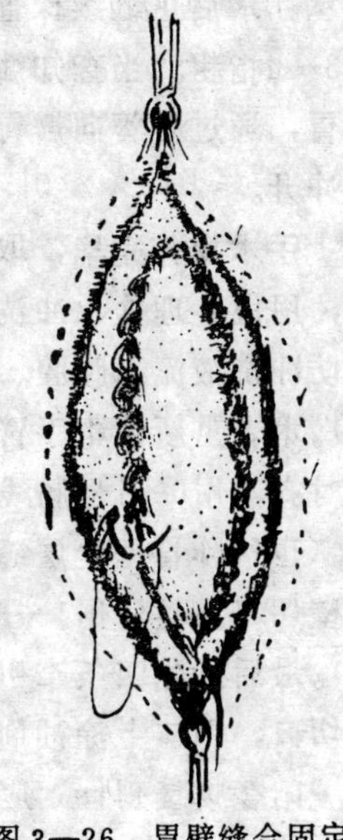

图 3—26　胃壁缝合固定

和皮肤固定（图3—26）。切口周围垫上大块浸有生理盐水的纱布，然后切开胃壁。胃壁切口出血宜用结扎止血法，切忌用止血钳钳夹胃壁。将有洞橡皮布（或塑料布）创巾置入胃壁切口以内，放入时将创巾洞的弹性环捏成椭圆形放入胃壁切口之内，放入后弹性环自行展开成圆形或椭圆形而固定于胃壁切口之内边缘上，切口外的创巾展平后固定于创布上。术者可通过橡皮洞巾的洞孔伸手入瘤胃内，取出异物、瘤胃内容物或进行瘤胃网胃探查。瘤胃内容物只取出一部分（1/3—1/2）即可，如有异物、毛球之类的东西应全部取出。然后将手向前下方伸入，穿过瘤网孔，进入网胃腔内仔细触摸网胃的各个部分，将网胃内的金属物及其他异物等一起取出。如果有尖锐物体刺入胃壁，应小心将其取出，以免损伤胃壁。最后可继续探查网瓣孔，网瓣孔位于网胃右侧，口径约3—4指粗。当查知瓣胃有阻塞时，可用胃管经网瓣孔插入瓣胃，通过胃管向瓣胃内注入温水，可试图将瓣胃粪便泡软并冲开。

手术操作完毕，取下橡皮洞巾。或由助手拉紧胃壁牵引线，用温生理盐水冲洗胃壁创缘，注意用纱布堵好切口下缘，以防冲洗液流入腹腔。拆除胃壁固定缝线（指胃壁缝合固定法）。术者重新消毒手臂，由助手拉紧四条牵引线，使胃壁切口对齐，用0—1号肠线自切口下端向上螺旋缝合法缝合粘膜层（也可作胃壁全层缝合），缝合后用温青霉素生理盐水冲洗胃壁切口。然后用1—3号肠线作第二道胃肠缝合（库兴氏法）。最后拆除四条牵引线，用温青霉素生理盐水彻底冲洗胃壁切口，切口上涂油剂青霉素，将瘤胃还纳于腹腔。

闭合腹壁创口　应用螺旋缝合法将腹膜与腹横肌一并缝合。用结节缝合法分别缝合腹内斜肌、腹外斜肌及皮肌。最后用结节或锁扣缝合法缝合皮肤切口，必要时增加减张缝合，装置结系绷带。

术后护理　同马腹腔手术。

三、真胃切开术

适应症　真胃切开术的主要适应症是真胃积食（阻塞）。

保定　左侧卧保定。两前、后肢分别捆缚并保定于相距一定距离的柱栏上，或捆在一根长木杠子上横卧保定，使术部充分显露。

麻醉　采用二甲苯胺噻唑全身麻醉。或于术前30分钟肌肉注射氯丙嗪150—300ml，局部用2—4%盐酸普鲁卡因溶液浸润麻醉。

手术方法

1.切口部位　肋弓下斜切口，系从肋弓向后最突出的一点开始，向下作垂线，长20—25cm。从此线最下端开始与下部肋弓平行作一长20—25cm的切口，作为真胃切开术的手术通路。亦可以剑状软骨后5—10cm处，沿腹中线右侧向后作20—25cm长的切口。

2.切开腹壁　按照皮肤切开的方法，切开皮肤及皮肌。遇到腹下皮静脉时，应尽量避开，或作双重结扎后切断，暴露腹黄肌膜。按照皮肤切口的方向，切开腹黄肌膜，暴露腹直肌外鞘(腹内、外斜肌形成的肌膜板)。切开腹直肌外鞘后，显露腹直肌。再按腹直肌纤维方向钝性分离腹直肌切口。显露腹横肌及与之并列的肋间神经、肋间动脉及静脉。按肌纤维方向钝性分离腹横肌切口,用扩创钩牵引扩创,显露腹膜。按照腹膜切开的方法切开腹膜，显露真胃。

3.腹腔探查　腹膜切开后，用浸有温生理盐水的大块纱布覆盖创缘，术者右手伸入腹腔，探查瓣胃、真胃的性状，并进一步探查肠管各部有无套叠及梗阻。在正常情况下真胃内容物为粥状；当发生积食时，真胃被大量饲草纤维充满，触之坚实，向后、向上扩张，严重时可达耻骨前缘。真胃的前上方为瓣胃，呈圆球状，似面团样的硬度。当瓣胃阻塞时，可向后扩张至最后肋骨

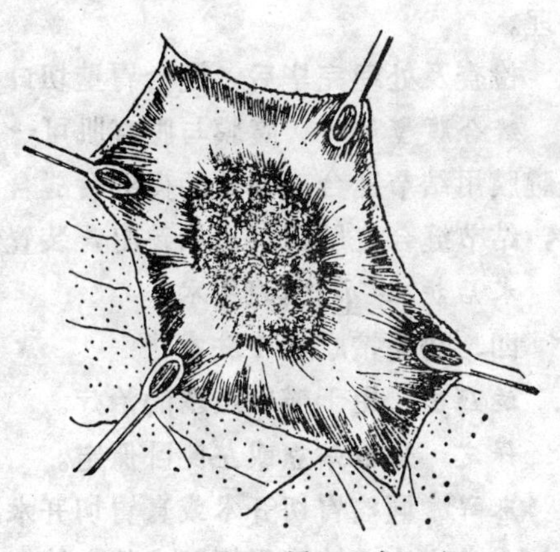

图3—27　真胃切开与固定

后缘15cm处，触之坚硬。

4.真胃切开 先用一只手伸入腹腔，找到幽门，然后伸入另只手，双手轻轻地将真胃大弯兜至切口之外。在大弯中部选择血管分布较少的区域，作长15—20cm的切口，切开的方法与瘤胃壁切开法同，助手用卵圆钳或舌钳夹住将胃壁提起（图3—27），或置入橡皮布洞巾固定之。

术者入手于真胃，先取出部分内容物，然后检查胃内有无毛球、砂石及阻塞物；阻塞物多发生在幽门，砂石、异物多沉积在胃底部，将其完全取出即可。严重的积食性阻塞，可采用连续注水冲洗法将阻塞物冲出。即将胃管一端送入胃内，另端接上漏斗由助手将温水慢慢注入，术者将干硬阻塞物用手掏松，边掏边冲，冲完后检查幽门是否畅通。然后用同法将前半部的内容物冲出1/2，剩余内容物掏松后仍放入真胃内。

检查瓣胃，若无阻塞，则可见从网胃流出稀的胃内容物。若无稀的内容物流出或发生瓣胃阻塞时，即按瓣胃阻塞进行处理。

检查及处理完毕后，缝合胃壁切口（与瘤胃切开术同）。

缝合腹壁切口 腹膜与腹直肌可一次螺旋形缝合，腹横肌腱膜用结节缝合或间断的褥缝合缝合，用青霉素溶液冲洗后，结节缝合皮肤切口，涂碘酊，装置结系绷带。

术后护理 同腹腔手术。

四、瓣胃按摩与冲洗术

适应症 用于瓣胃阻塞的治疗。

保定 采取站立或左侧卧保定。

麻醉 同瘤胃切开术或真胃切开术。

手术方法 按瘤胃切开术的方法切开腹壁及瘤胃。取出

1/3瘤胃内容物，然后隔着瘤胃按压瓣胃(图3—28)。继则将胃管一端通过瘤网沟送入瓣胃，胃管另端接上漏斗，由助手向瓣胃内注入温水(图3—29)。术者将手退回瘤胃按压瓣胃，接着继续注水，随注随按反复进行，使瓣胃内容物进入真胃直至瓣胃内容物软化（图3—28)。

体型较大的牛，作瘤胃切开实施瓣胃按摩与冲洗术确有困难时，则通过真胃切开术进行冲洗。即将胃管通过真胃送入瓣胃，并间断注入温水，术者另手由腹壁切口伸入腹腔，直接按摩瓣胃，如此反复进行，直至

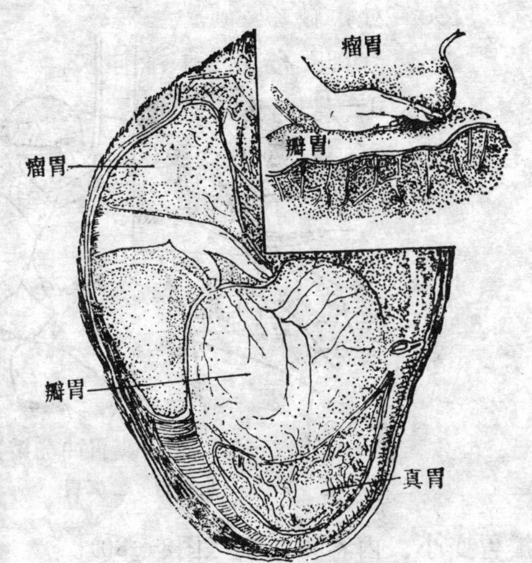

图 3—28　通过瘤胃按摩瓣胃

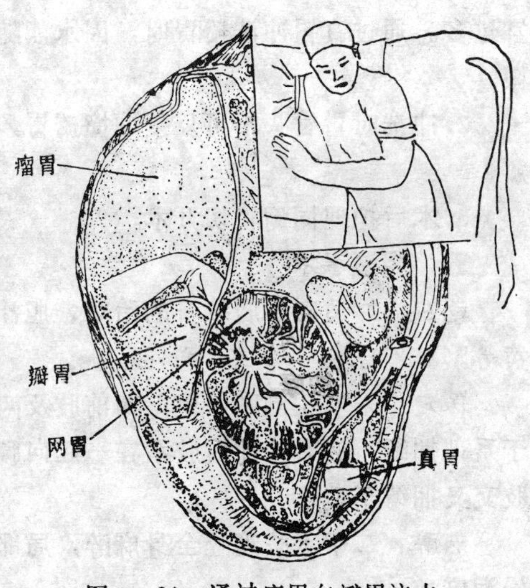

图 3—29　通过瘤胃向瓣胃注水

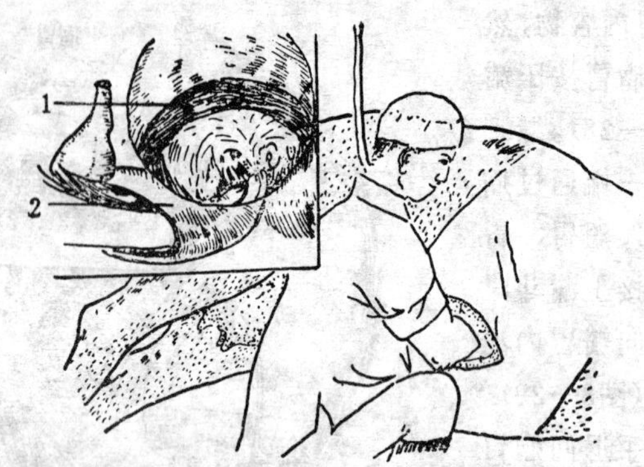

图 3—30　通过真胃冲洗瓣胃

1.瓣胃　2.真胃

瓣胃变小、内容物变软（图3—30）。

注意事项

1.通过瘤胃冲洗瓣胃时，因水不能排出，故注水总量不宜过多。通过真胃冲洗瓣胃时，因水能随时排出，故水量不限。

2.冲洗时胃管头不可反复冲撞瓣胃，以免损伤粘膜及叶瓣。

3.术后护理同瘤胃切开术。

五、胆囊手术

适应症　适应于胆结石的治疗、胆汁引流及人工培植牛黄等。

保定　采取左侧卧保定，两前肢及两后肢分别用双套结于系部捆缚，然后将前后肢系在一起向腹下拉紧捆缚。或四肢交叉捆缚于腹下。

麻醉　二甲苯胺噻唑全身麻醉，局部2%盐酸普鲁卡因浸润麻醉。

局部解剖　牛的肝脏扁而厚，略呈长方形，位于右季肋部，其左叶在腹腔前方达第6—7肋骨，右叶在背后方达第1—2腰椎。前面凸，与膈接触；后面凹，与网胃、瓣胃、真胃、十二指肠及胰脏接触。牛的胆囊长约10—15cm，分为胆囊底、体和颈三部分，颈部细小，颈部以下呈梨状膨大，一部分附着于肝的脏面，大部分位于第10—11肋间隙下部。肝管和胆囊管汇合成胆管，开口于十二指肠“乙”状弯曲的第二曲，距幽门约50—70cm。胆囊壁是由浆膜、肌肉层和粘膜所构成。

切口部位　自右侧髋结节向前引一与脊柱平行线。另一条线是自右肩关节向后引一与脊柱平行线。自倒数第二或第三肋间隙作垂线（两平行线之连线）。此连线中点即为切口的中心，切口约6—8cm（图3—31）。黄牛、奶牛切口应在倒数第二肋间隙，牦牛应在倒数第三肋间隙。

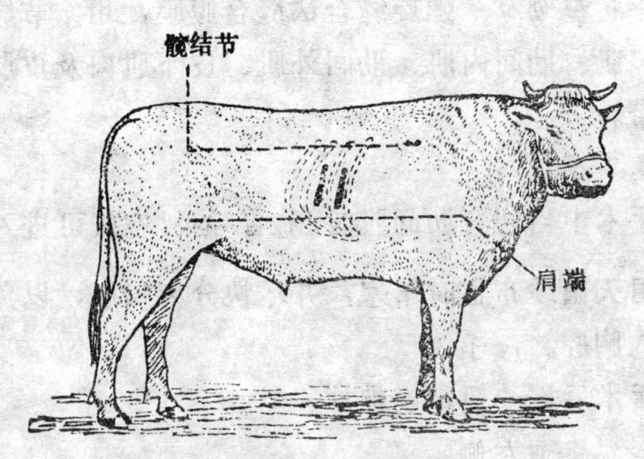

图 3—31　牛胆囊手术切口部位

手术方法　术部常规处理后，沿肋间隙切开皮肤及皮下肌肉（后上锯肌），继则切开肋间外肌与肋间内肌，及时止血，清洁创面。然后切开膈肌筋膜，并钝性分离膈肌。按腹膜切开的方法切开腹膜。在切口上角即可见到肝脏的边缘。

术者以左手食、中二指经切口伸入腹腔，先摸到肝脏下缘，然后在倒数第三肋骨内侧找到呈梨形的胆囊，用食、中二指夹住胆囊底部轻轻拉出于切口之外。如胆囊内胆汁过多难以拉出时，可先用注射器抽出部分胆汁，或轻轻按摩胆囊使部分胆汁经胆管流入十二指肠，再将胆囊拉出切口之外。用浸有生理盐水的纱布将胆囊与创口隔离。继则按施术目的、手术种类切开胆囊，即用手术剪在胆囊体剪一小孔，随后再扩大至所需长度。根据施术目的，取出结石；置入塑料支架；放置引流管等。

缝合胆囊切口，用0/2—0号缝线，缝针用小圆针，螺旋缝合粘膜及肌肉层，再用胃肠缝合法（库兴氏法）缝合浆膜肌层。缝合一定要严密，勿使胆汁漏出。用生理盐水冲洗胆囊，除去隔离纱布，胆囊还纳于腹腔。

闭合腹壁创口　螺旋缝合法缝合腹膜，用结节缝合法分层缝合膈肌、肋间内肌、肋间外肌、皮下肌肉及皮肤。装置结系绷带。

注意事项

1.手术中当切开肋间肌时，随着呼吸，空气可进入胸腔。应及时用灭菌纱布暂时堵塞，并尽快分离膈肌，以免过多的空气进入胸腔。

2.手术后按一般常规护理。

第三节　泌尿生殖器官手术

一、公牛尿道切开术

适应症　治疗公牛尿道结石。

局部解剖　公牛尿道结石多发生于阴茎的S状弯曲中部或上部。S状弯曲位于阴囊基部的稍后方。牛的阴茎比马的阴茎细，阴茎海绵体的横切面几乎为圆形，尿道及尿道海绵体即包在它的下面，尿道腔很小，尿道海绵体也很薄。在S状弯曲部没有球海绵肌，在阴茎腹面中线的两旁各有一条阴茎缩肌，阴茎及阴茎缩肌均在皮下疏松的结缔组织内，最外面是皮肤（图3—32）。

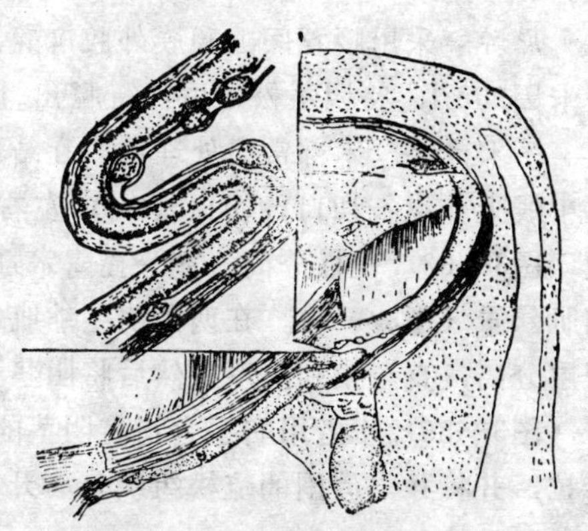

图3—32　牛阴茎局部解剖

保定　侧卧保定，充分显露会阴部。亦可采取半仰卧保

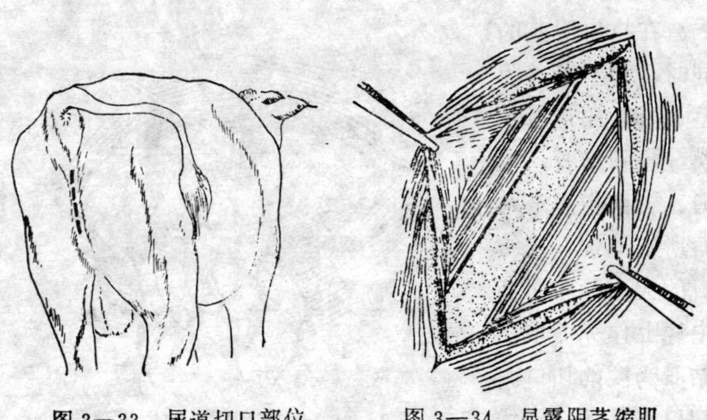

图3—33　尿道切口部位　　　　图3—34　显露阴茎缩肌

定。

麻醉 采用腰荐间隙硬膜外腔麻醉，注射2—4％盐酸普鲁卡因20ml，待阴茎松弛后自行脱出。局部施行浸润麻醉。

手术方法 术部常规处理后，在结石所在处或其稍前方的中线上作纵行切口，切口长7cm左右，切开皮肤及皮下筋膜（图3—33），钝性分离，充分显露术野，使左右两条阴茎缩肌暴露（图3—34）。在两条阴茎缩肌之间，用手指继续向深层分离，直至摸到阴茎。然后将阴茎与周围的疏松组织分开（图3—35）。术者用右手食指将阴茎的S状弯曲尽量向外牵拉，并将其与周围的疏松组织分离开（图3—36）。

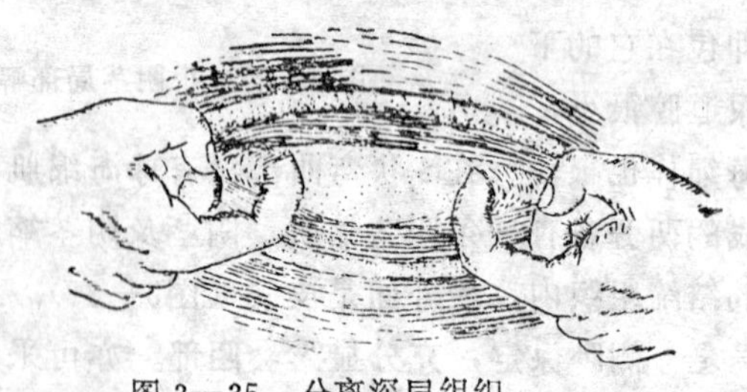

图3—35 分离深层组织

在拉出阴茎的同时，另手沿着阴茎腹侧面进行触摸，找到结石，用拇、食两指固定结石所在部位，按结石的大小，在阴茎中线上作一能取出结石为度的切口。切口必须切在中线

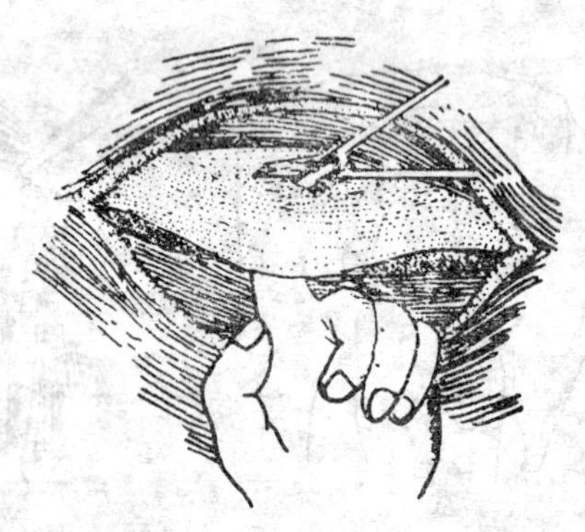

图3—36 分离周围组织拉出阴茎

上，否则会切到阴茎海绵体上（图3—37）。

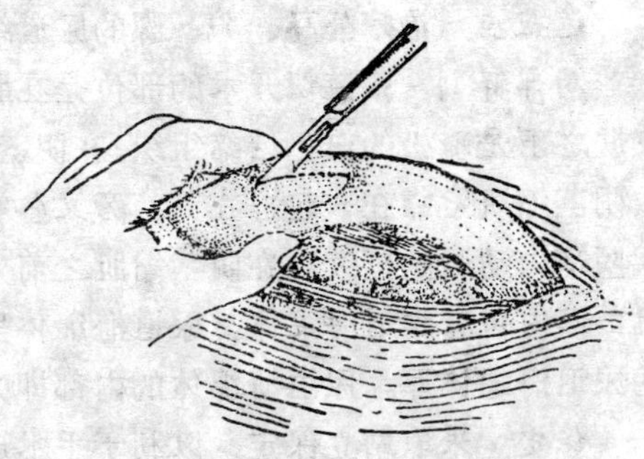

图3—37 于结石部位切开尿道

尿道切开后，用异物钳或镊子取出结石。若膀胱因极度充满尿液而发生麻痹时，须经直肠压迫并按摩膀胱，促使尿液排出。手术结束后，用0—1号肠线螺旋形缝合尿道切口，缝合要松紧适当，以不漏尿液而尿道尚能畅通为宜（图3—38）。

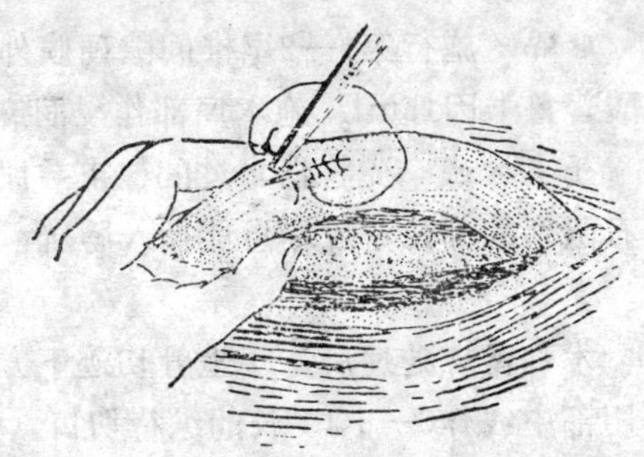

图3—38 缝合尿道

注意事项

1.本病应早期发现，及时施术，以免导致膀胱麻痹或膀胱破裂。

2.术后发现有膀胱麻痹者，应作直肠按摩以助恢复。

3.术后切口漏尿严重者，应尽早作二次缝合。在施术中发现有炎症，而缝合后可能发生尿道闭锁或狭窄时，可以对切口不进行缝合。每日对伤口进行冲洗，以后可自行愈合。

4.猪、羊尿道切开术基本同于牛，但因解剖结构上的差异，手术方法略有不同。

二、公马尿道切开及造口术

适应症　治疗公马、驴、骡的尿道结石。

局部解剖　尿道切开术的部位是在肛门之下的中线上。皮肤之下是疏松的白色结缔组织。在阴茎两旁有阴茎缩肌(两条阴茎缩肌紧靠在一起)，在其两旁又各有一条尿道球动脉(阴部内动脉的延续)，在阴茎缩肌之前为一薄层的球海绵肌，其内包着尿道海绵体。尿道海绵体呈紫红色，比阴茎部的尿道海绵体厚。尿道海绵体的内部即为尿道粘膜。

保定　采取站立保定，以利于手术进行，而且出血也较少。保定时严格控制两后肢，并将尾巴缠绕绷带拉向一侧固定。

麻醉　施行第1—2尾椎间隙硬膜外腔麻醉，注射2—4%盐酸普鲁卡因15ml。施术局部作浸润麻醉。

手术方法　先将消毒过的橡皮导尿管插入尿道，以确定结石阻塞的部位，应尽可能插入膀胱，以便于在尿道上作切口。

术部常规处理后，于坐骨切迹下方2cm处，开始向下沿会阴部中线作6—8cm长的纵行切口。分别切开皮肤、阴茎缩肌、球海绵肌、尿道海绵体。及时压迫止血，清洁创面，出血血管进行结扎，然后小心地切开尿道粘膜。切口的下角应呈由内向外下方倾斜的斜面，以利于术后排尿。将导尿管抽掉，用异物钳取出结石，如果结石紧贴在粘膜上，可用异物钳或镊子轻轻将其取出。如果结石过大，须先用碎石钳把它夹碎，然后逐个取出。当结石位于膀胱内部时，术者可将左手伸入直肠把结石固定，经由尿道切口伸入异物钳夹住结石将其取出。结石取出后，用淡的消毒液冲洗膀胱。

最后用生理盐水充分洗净创口，将切口上、下端尿道粘膜用1—3号缝线分别用结节缝合法与切口上、下角皮肤缝合在一起，然后将切口两侧的粘膜用结节缝合法缝合在切口两侧的皮肤创缘上。这样尿液即可从人造尿道口排出。术后注意创口清洁卫生，勿造成感染化脓。

三、输精管切断术

适应症　主要用于公马、公牛、公羊，作为试情公畜。一般应选择性欲旺盛而无种用价值的公畜。

保定　取右侧卧保定。

麻醉　局部浸润麻醉。

手术方法　术部常规处理。术者左手由前向后握住阴囊颈部，使阴囊壁紧张，并将睾丸挤向阴囊底部，使阴囊轮廓显露。然后在睾丸之上（马、驴此处为一凹陷）阴囊后面的中线上，作长3cm的切口，切开皮肤及筋膜，然后剪开总鞘膜，用食指将输精管钩出。输精管位于精索的内侧面，细而较硬，呈苍白色，由系膜与精索内的血管和神经相联系。将拉出的输精管与其系膜分离开。用肠线作双重结扎，两结扎线相距2cm左右，将其中间一段（约1cm）剪除。另一侧输精管也用同样方法结扎处理。然后用螺旋形缝合法缝合总鞘膜切口，用结节缝合法缝合皮肤切口，缝合完毕，切口涂碘酊。

术后一般没有并发症，睾丸有可能变硬而失去弹性，但是睾丸组织很少发生变化，术后20天即可开始作试情或催情使用。

第四节　去 势 术

摘除或破坏公畜的睾丸、副睾或母畜的卵巢，使其失去性机能和生殖能力的一种外科手术，称谓去势。其目的是使性情暴躁的公畜变得温顺，便于饲养管理和使役；对肉用家畜去势后可提高肉的品质及产肉量；对毛、皮用家畜去势后可提高其皮毛质量和数量。此外还可用于生殖器官疾病的治疗及淘汰劣质品种，从而提高其经济价值。

一、公畜去势术

局部解剖

1.阴囊　公畜阴囊其内部由阴囊中隔将阴囊分为左右两半，从外部可以看到阴囊总缝。公猪的阴囊位于两后肢的后上方，靠近肛门处。马、牛、羊的阴囊显著偏向前方，位于两后肢之间，呈纺锤形。阴囊上部缩小称为颈部，下部下垂称为阴囊体。而公猪的阴囊没有颈部。阴囊壁由皮肤、肉膜、总鞘膜、固有鞘膜四层组织构成。肉膜在阴囊的中央形成阴囊纵膈，将阴囊分为左右不相通的两个腔，两个睾丸分别存在于其中。而总鞘膜与固有鞘膜之间形成鞘膜腔，并且两者借鞘膜韧带相连于总鞘膜与副睾之间。总鞘膜在阴囊基部和腹股沟管内形成鞘膜管，鞘膜管分为腹股沟内部和腹股沟外部两部分。腹股沟外部位于阴囊颈部内，而公猪则位于阴囊颈和腹股沟外环之间；腹股沟内部位于腹股沟中，起于内环止于外环，呈斜行的圆锥状。中年马腹股沟内环鞘膜孔的直径为2.5—4mm，老马较宽。

2.睾丸和副睾　睾丸和副睾位于阴囊内，左右各一个，呈椭圆形。马的睾丸其长轴呈水平，上外方连着副睾，副睾前端钝圆叫副睾头，与睾丸相连，后端尖细叫副睾尾，连接输精管。牛和羊的睾丸其长轴垂直，后缘连着副睾，副睾头位于上方，副睾尾位于下方。猪的睾丸其长轴也较垂直，在其后缘连着副睾，副睾头位于下方，副睾尾位于上方。

3.精索　它是由输精管与通入睾丸的神经、血管、淋巴管以及内提睾肌等共同由固有鞘膜包裹所构成，经腹股沟管进入腹腔。

（一）马、骡去势术　公马去势年龄为2—3岁，公骡1—2岁为宜。年龄过早去势会影响发育，过迟去势因精索粗大，术后易发生出血和慢性精索炎。去势时间一般在春秋季节为好，此时气候凉爽又无蚊蝇，水草丰盛，有利于手术创愈合和机体的恢复。

术前准备　手术前一日应进行健康检查。注意生殖器官及腹股沟管的变化，如腹股沟管内环过大（可容三指）时不宜施术。术前应休息，刷拭体表，停饲12小时。手术前2周注射破伤风类毒素。准备好足够的器械药品及人员等。

保定　采取左侧卧保定，上侧后肢前方转位，充分显露阴囊部位（图3—39）。

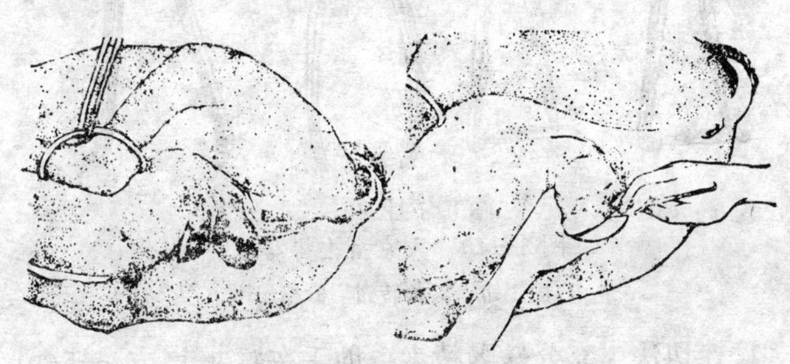

图3—39　显露术部，切开阴囊

麻醉　施行局部麻醉。即将3%盐酸普鲁卡因10—20ml注射于精索内。

手术方法　术部常规消毒处理后，术者扒在马背腰臀部或蹲于前面，左手紧握精索，将睾丸挤向阴囊底部，使阴囊总缝与睾丸的纵轴平行位于两个睾丸之间固定，使阴囊壁紧张。然后在阴囊底部距中缝2cm处作与中缝平行的切口，分别切开两侧阴囊皮肤及总鞘膜，切口长度以能挤出睾丸为宜（图3—39）。此时两侧睾丸在挤压下自行脱出。术者右手抓住上面一个睾丸，左手将阴囊推向腹部，在副睾尾捏住鞘膜韧带，助手持剪刀剪断，然后术者沿切口向上撕开，或由助手直接撕开鞘膜韧带。再以同法处理下面一个睾丸。

摘除睾丸通常采用下述几种方法：

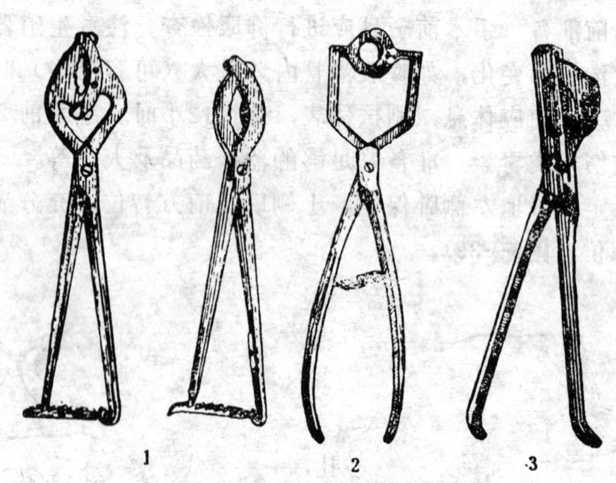

图 3—40　大家畜去势器械

1.固定钳　2.捻转钳　3.挫切钳

1.挫切法　充分暴露精索，助手在睾丸上方4—5cm处将精索结扎（图3—41）然后将挫切钳距结扎线1cm处夹住精索，慢慢紧闭挫断精索，而后停留片刻（图3—42,1）。取掉挫切钳，精索断端涂碘酊，再以同法取掉另侧睾丸。

2.捻转法　充分暴露睾丸后，用固定钳夹住精索固定之，然后由助手用捻转钳在固定钳下方2cm处夹住精索，按顺时针方向捻转，先慢后快，将精索捻断，除去睾丸。精索断端

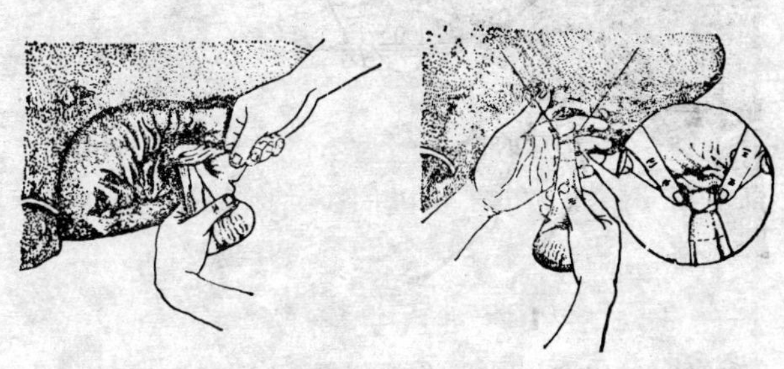

图 3—41　分离，睾丸韧带结扎精索

涂碘酊，再用同样方法去掉另侧睾丸（图3—42,2）。

3.刮捋法　右手抓住睾丸并向外拉紧精索。左手在距睾丸6—8cm 处用拇指的指甲和食指的尖端或二指节反复刮捋，以推进时重，退回时轻，先慢后快的手法，直到精索挫断为止，再用同样方法挫断另侧精索（图3—42,3）。

4.结扎法　充分显露精索后，用止血钳夹住精索，在其下方1—1.5cm 处作分割结扎，在结扎线下方1—1.5cm 处剪断精索，除去睾丸，断端涂碘酊。若无出血，去掉止血钳剪断结扎线。

无论用哪种方法去掉睾丸后，将阴囊内积血挤出，检查切口位置是否在最低位，大小是否适当，以利排液。然后向阴囊内部撒入胺苯磺胺粉或其他消炎药，阴囊创口涂碘酊（图3—43）。

（二）公牛去势术　公牛的去势一般在1—2岁进行。术前准备基本与马的去势相同。

手术方法　公牛去势时，切开阴囊的方法有纵切法、横

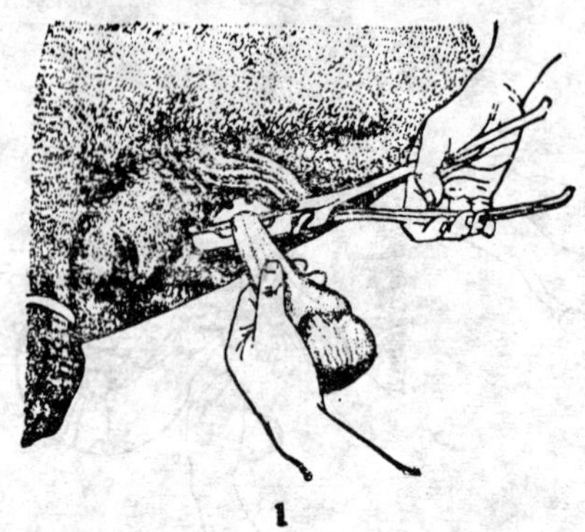

1

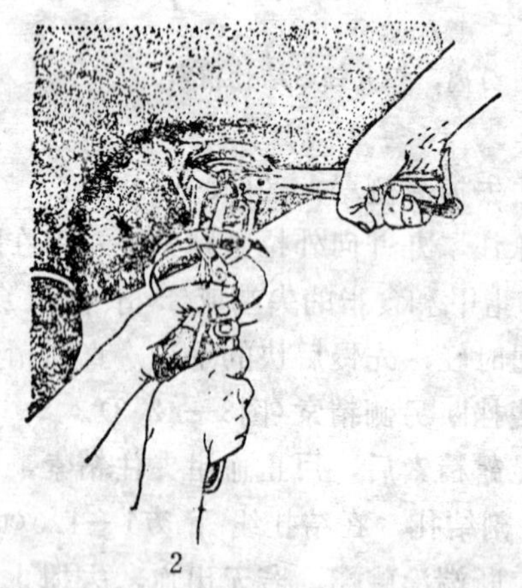

2

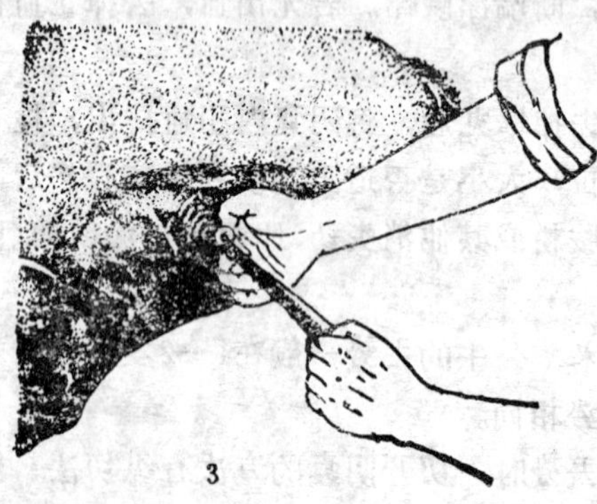

3

图 3—42　摘除睾丸

1.挫切钳切断精索
2.捻转钳拧断精索
3.用手指挫断精索

切法和横断法三种：

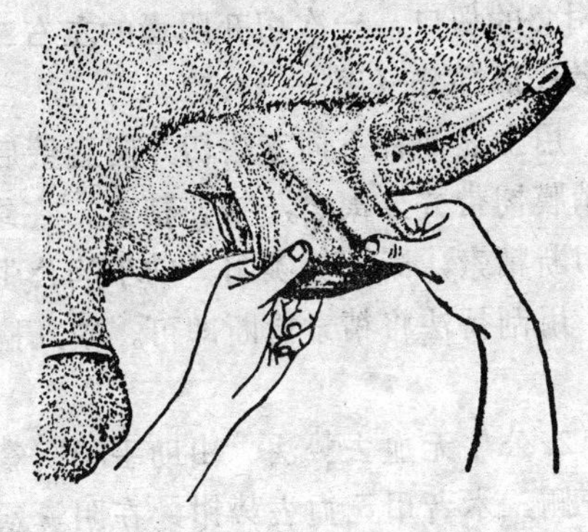

图 3—43　清理阴囊

1.切开法　常用者有纵切法和横切法。

（1）纵切法　适用于成年公牛。其方法是术者左手紧握阴囊颈部，将睾丸挤向阴囊底，右手持手术刀在阴囊后面或前面中缝两侧，距中缝2cm由上而下与中缝平行切开两侧阴囊皮肤及总鞘膜，切口的下端应切至阴囊最底部（图3—44,1）。

（2）横切法　适用于幼年公牛。术者握紧阴囊颈部，将睾丸挤向阴囊底部，在阴囊底部由左侧至右侧作与中缝垂

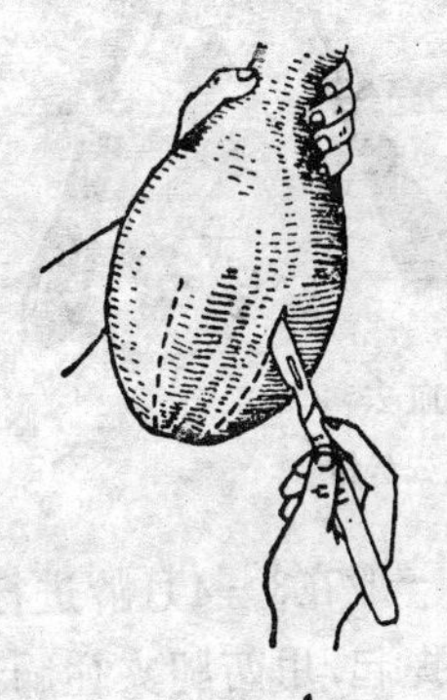

1

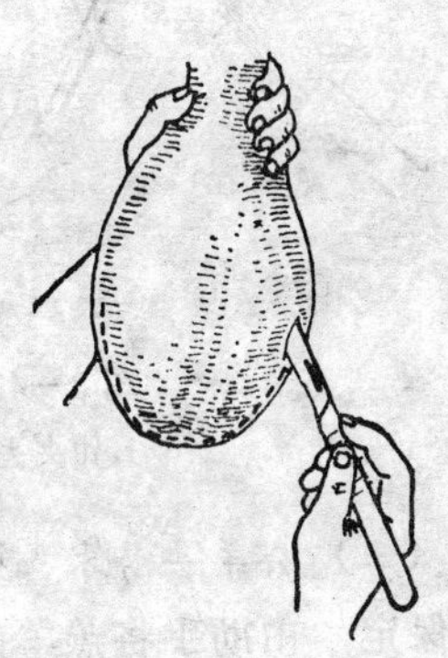

2

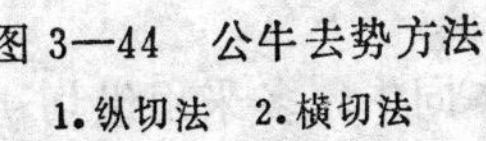

图 3—44　公牛去势方法

1.纵切法　2.横切法

直相交的切口，一次切开阴囊的左右二室（腔），切口即在阴囊最底部部分（图3—44，2）。

用上述两种不同方法切开阴囊壁后，挤出睾丸，分别剪开鞘膜韧带并分离之，结扎精索，在结扎线下方1.5—2cm处切断精索，断端涂碘酊。幼小的公牛精索较细，也可不结扎，用刮捋法将精索捻断即可。睾丸摘除后，阴囊处理同马。

2.公牛无血去势法　由助手于阴囊颈部将精索挤到阴囊的一侧，术者用无血去势钳，在阴囊颈部夹住精索并迅速将钳柄收紧，稍停片刻，松开去势钳（图3—45），然后按同样方法处理另一侧精索。

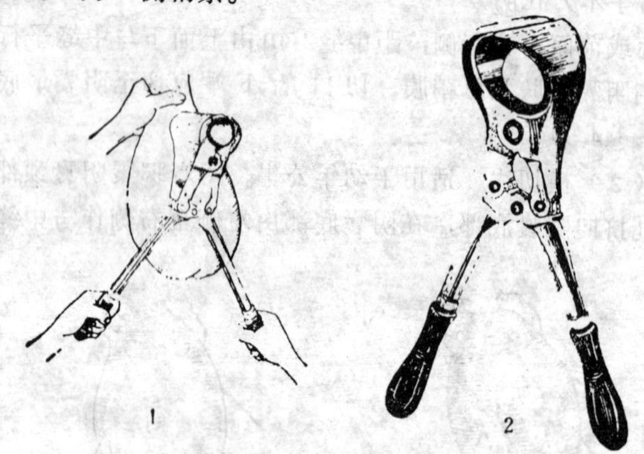

图 3—45　公牛无血去势

1.钳夹去势　2.无血去势钳

（三）公羊去势术　公羊去势一般在3—4月龄进行。

保定　由助手将羔羊两后肢倒提起，用两腿夹住胸部，腹部朝向术者。

手术方法　基本同牛。多采用纵切法，分别切开两侧阴囊壁，挤出睾丸，用结扎法或刮捋法挫断精索，摘除睾丸，然后处理阴囊切口即可。

（四）公猪去势术　小公猪去势年龄一般在2—3月龄进行。

保定　由助手握住后肢倒提起保定，或在地面上左侧卧保定，术者位于背部，左脚踩住颈部，右脚踩住尾巴进行保定（图3—46）。

手术方法　术部常规消毒。术者左手拇、食二指把握阴囊颈部，并以其余手指紧贴腹壁向后挤压阴囊，将睾丸挤紧

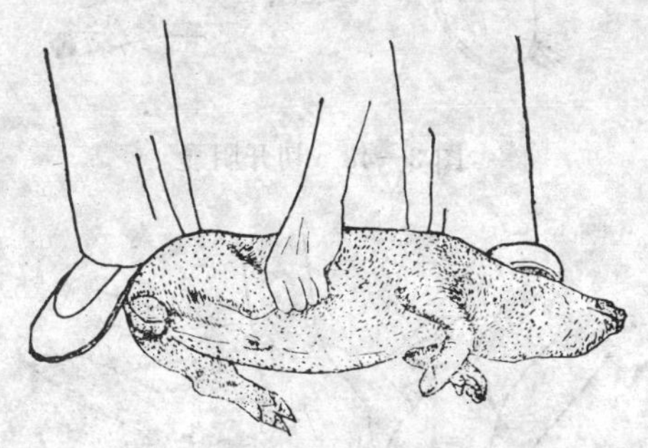

图3—46　小公猪去势保定法

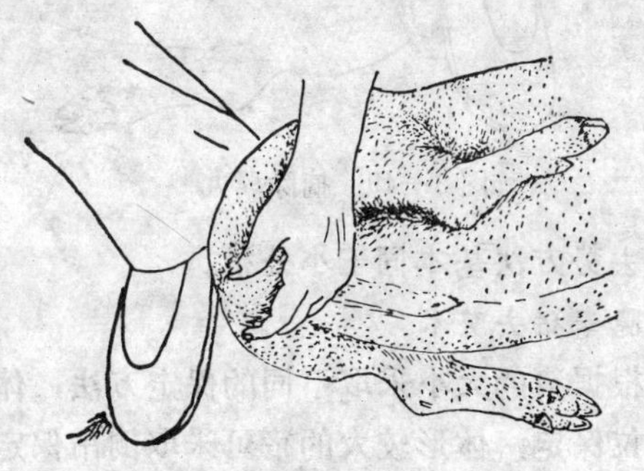

图3—47　固定睾丸

（图3—47）。右手持刀切开阴囊（图3—48），挤出睾丸撕断鞘膜韧带，捻断精索摘除睾丸（图3—49）。挤出阴囊血液，伤口涂碘酊。

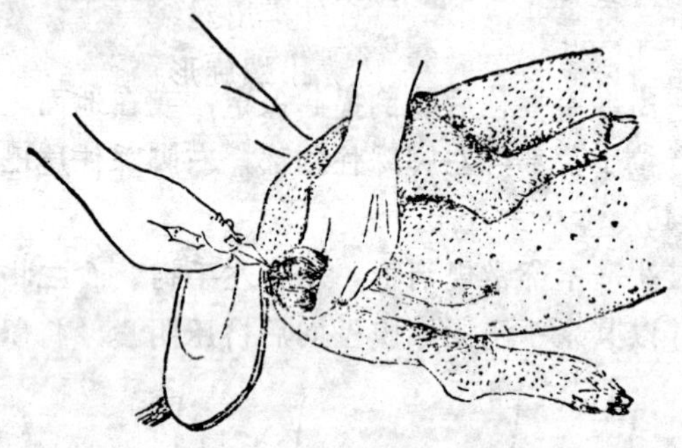

图 3—48　切开阴囊

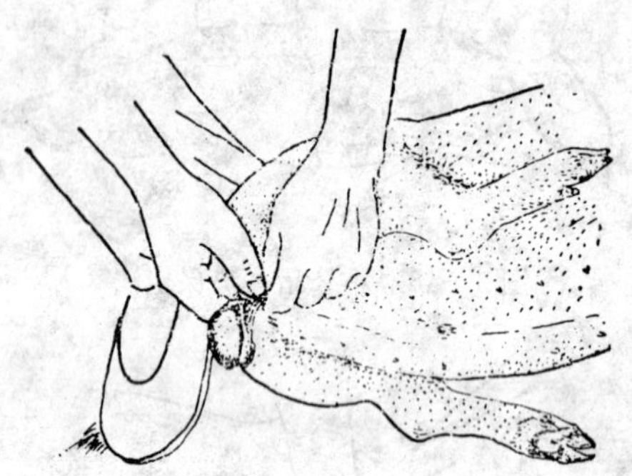

图 3—49　摘除睾丸

大公猪去势方法基本同于小公猪。

（五）隐睾猪去势术

保定　根据猪的大小采取不同的保定方法，体小的猪可采取半仰卧位保定，体形较大的猪可采取倒吊保定法。

手术方法　术部常规消毒处理。切口应在隐睾侧乳头外侧2--3cm，由最后乳头开始向前作3—4cm长的切口，一次切开皮肤及肌肉。然后术者以食、中二指伸入腹腔，在腹股沟内环及耻骨前缘处探摸，摸到卵圆形游动的硬固物，就是睾丸，用手指将睾丸拉出切口之外，用丝线结扎精索，切除睾丸。洗净创口缝合腹壁创口，先用螺旋形缝合法缝合腹膜，再用结节缝合法将皮肤及肌肉一次缝合紧密，创口涂碘酊。

二、母猪卵巢摘除术

局部解剖

1. 卵巢　卵巢的位置一般在骨盆入口的侧缘，肾脏后方3—5cm处。但是由于年龄的不同，其位置稍有差异。卵巢位于卵巢囊内，卵巢囊是由输卵管系膜延长部分所构成。囊上有很多皱褶，并呈红色。性成熟前的幼龄仔猪，卵巢只有黄豆大，表面平滑，淡红色。性成熟以后大如核桃，表面凹凸不平，呈葡萄状，其突出部即为滤泡或黄体。

2. 输卵管　输卵管是弯曲，呈乳白色的细管。长约15—30cm，朝向卵巢端呈伞状膨大，并有一大的腹腔口。朝向子宫端逐渐变细与子宫角相连。

3. 子宫　子宫包括子宫颈、子宫体及两个子宫角。由子宫阔韧带把它悬挂在骨盆腔与腹腔之间。猪的子宫角很发达，呈连续的半环状弯曲，由于子宫阔韧带比较长，所以活动性很大。未怀孕母猪子宫角呈屈曲状，表面浆膜稍粗糙，并有许多纵向条纹，可与小肠区别。子宫

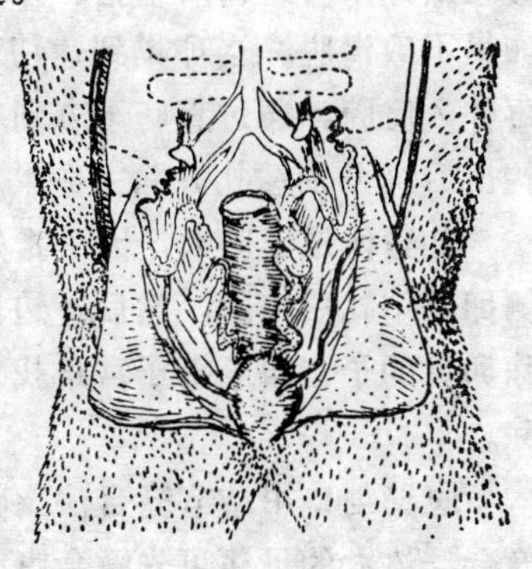

图 3—50　小母猪生殖器官局部解剖

角长度可达1.2—1.5m。子宫角尖端变细，与输卵管相连。猪的子宫体很短，仅有5cm长。子宫颈长约10cm，直接延续到阴道（图3—50）。

手术方法　根据猪的大小，摘除方法有适合体重15kg以上的大挑法和适合15kg以内的小挑法。

1.大挑法

保定　左侧卧保定，背部朝向术者，术者右脚踩住颈侧环椎翼，助手将两后肢向后牵引拉直并固定。对50kg以上的大猪，应由助手用木杠压住颈部保定。

手术部位　在髋结节下方5—10cm处，指压抵抗小的部位为好。

手术方法　术部常规消毒。术者屈膝位于猪的背侧，左手捏起膝前皱襞，使术部皮肤紧张，右手持刀将皮肤切开3—5cm的弧形切口（月牙形），用右手食指垂直戳破腹肌及腹膜，并伸入腹腔，沿脊柱侧腹壁，由前向后探摸左侧卵巢。摸到卵巢后，用指尖压住并沿腹壁向外钩出，当用食指向外钩出卵巢时，需用中指、无名指及小指用力按压腹壁，使卵巢不致滑脱。当卵巢到达切口时，用刀柄协助钩出。手指再伸入腹腔，通过直肠下方到右侧，探摸右侧卵巢，用同法钩出后，分别结扎并除去卵巢。

如猪体过于肥大，因手指短触摸不到卵巢时，可先将左侧卵巢结扎后摘除，然后一边向外拉出子宫角，一边还纳摘除卵巢的子宫角，沿子宫角找到右侧卵巢，以同样方法摘除。

腹壁创口用结节缝合法，将皮肤、肌肉、腹膜全层一次缝合。体大的母猪可先缝合腹膜后，再将肌肉、皮肤一次结节缝合。缝合时不要损伤肠管，腹膜缝合要严密。

2.小挑法　术前应禁食半天。

保定　术者以左手提起右后肢，右手握住左侧膝皱褶，使猪右侧卧地，立即用右脚踩住左侧颈部，将左后肢向后拉直，使猪后躯转为半仰卧位，左脚踩住左后肢跖部。

手术部位　在左侧下腹部，左侧乳头外侧2—3cm，与右侧髋结节的相对处。即左手中指抵在右侧髋结节上，大拇指于左列乳头外侧向下按压，使拇指和中指的连线与地面垂直，即为施术部位（图3—51）。

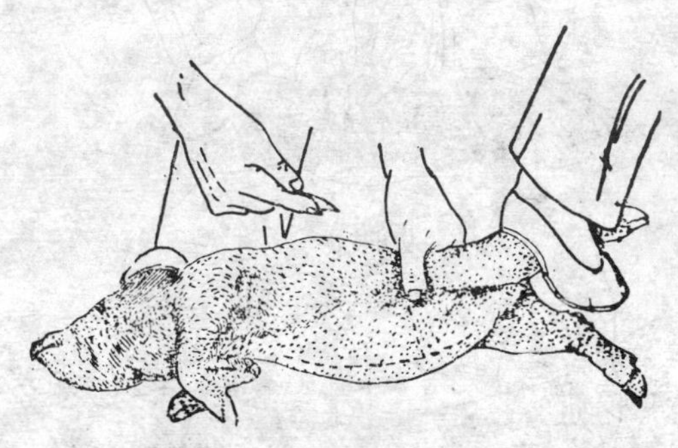

图3—51　小母猪保定及切口部位

手术方法　局部常规消毒后，术者右手将术部皮肤向腹侧牵拉，以便术后皮肤切口与肌肉切口错位。左手拇指用力按压在术部稍外侧，压得越紧离卵巢越近，手术也容易成功。右手持刀（小挑刀或手术刀），用拇指、中指和食指控制刀刃深度，用刀尖垂直切开皮肤，切口长0.5—1cm，然后用刀柄以45°角斜向前方伸入切口，借猪嚎叫时，随腹压升高而适当用力“点”破腹壁肌肉和腹膜，此时，有少量腹水流出，有时子宫角也随着涌出。如子宫角不出来，左手拇指继续紧压，右手将刀柄在腹腔内作弧形滑动，并稍扩大切口，在猪嚎叫时腹压加大，子宫角和卵巢便从腹腔涌出切口之外，或以刀柄轻轻引出（图3—52)。然后右手捏住脱出的子宫角及卵巢，轻轻向外拉，然后用左右手的拇、食指轻轻地轮换往外导，两手其他三指交换压迫腹壁切口，将两侧卵巢和子宫角拉出后，用手指捻挫断子宫体，将两侧卵巢和子宫角一同摘除。收回左手，切口涂碘酊，提起后肢稍稍摆动一下，即可放开。

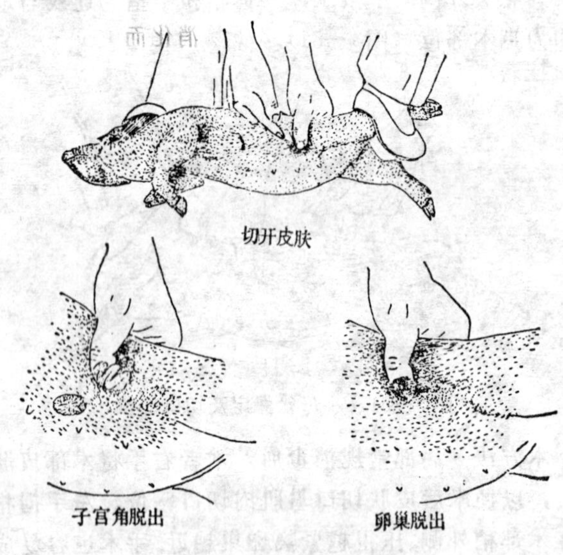

图 3—52 小母猪去势法

注意事项

1.保定要确实、可靠，手脚配合好。

2.切口部位要准确。

3.手术要空腹进行，以便卵巢、子宫角能顺利及时涌出。

4.若上述操作不能完成目的时，应及时将猪倒立保定，扩大切口，找到卵巢及子宫角并摘除。最后缝合腹膜及皮肤和肌肉创口。

三、去势后的护理 去势术的成败与术后护理有密切关系。手术后应仔细观察一段时间，观察有无术后出血与积液，家畜有无异常表现。然后将其安置在清洁、干燥、通风良好和光线充足的厩舍内。大家畜应防止倒卧，啃咬伤口及蚊蝇刺激。

术后前三天应适当限饲，给予易消化而富营养的饲料。根据机体状况，可注射青霉素及止痛药物。

术后第二天开始作自由活动或牵遛运动，随着机体的不断恢复适当延长运动时间、增加运动量。给予蛋白质丰富及维生素含量高的饲料，以加速机体恢复。随时注意观察，如发现异常应及时进行治疗。

四、去势后并发症的处理

（一）*术后出血* 家畜去势以后，往往由于对精索断端、阴囊壁的血管止血不当，结扎线脱落；结扎过紧将血管勒断；精索断端坏死等而引起出血。

阴囊壁血管出血，一般不需处理，不久即可自行止血。阴囊内肉膜及总鞘膜出血，可将大块灭菌纱布填塞压迫止血。当精索动脉出血时，应立即将家畜倒卧保定，寻找精索断端，进行重新结扎。出血过多时，除及时采取止血措施外，还应采取全身性止血及补液。

（二）*创液滞留* 由于去势时阴囊切口位置不当，或皮肤切口与总鞘膜切口不一致，阻碍创液排出，时而久之阴囊肿大。因此，应在无菌操作下，重新扩大创口，使阴囊切口处于最低位置，并将坏死及无生命力的组织一并切除。术后详细观察排液情况，及时采取措施。

（三）阴囊炎　多在术后一周发生，阴囊逐渐肿胀，有时波及阴筒及下腹部。肿胀部疼痛发热，随着病势的进一步发展，肿胀部开始变软而化脓，继则由创口排出脓汁及小块坏死组织，病畜步态强拘并出现全身症状。

对本病的治疗，应及时扩大创口进行排液，用防腐消毒药冲洗创腔，外敷鱼石脂软膏或樟脑软膏，并采用青霉素及磺胺疗法。出现化脓时，则按化脓创口进行处理。

（四）腹腔内容物及精索断端脱出　去势时总鞘膜切口不当，精索残留过长，都会导致术后自阴囊切口脱出。此时，可重新结扎后切除多余部分。对于网膜或小肠脱出，必须慎重，特别是母猪卵巢摘除时，切口过大，缝合不当容易发生外伤性腹壁疝，甚至发生肠嵌闭及粘连，继则引起肠壁坏死。

当网膜及肠脱出时，及时用生理盐水或0.1%新洁尔灭溶液洗净，然后还纳腹腔，重新缝合皮肤切口。当发生肠嵌闭甚至坏死时，则按嵌闭性疝进行处理。

（五）精索炎　精索炎是指去势后所并发的精索及总鞘膜的纤维素性化脓性炎症。一般取慢性经过，而且多形成瘘管，故又称精索阴囊瘘。当发生精索炎时，精索断端肿胀，局部发热、疼痛。严重时可波及阴囊，引起阴囊蜂窝织炎，此时阴囊迅速肿大，患畜步态强拘，行走困难，出现全身症状。

处理方法　可进行穿刺或切开阴囊排液，如果精索断端坏死、增生、肿大等，应在阴囊基部作切口，切除坏死及肿大增生组织，按手术创进行处理。如果病初期呈炎症发展趋势时，可在阴囊基部用盐酸普鲁卡因加上青霉素进行封闭。化脓及形成瘘管后则分别按化脓创及瘘管进行处理，并配合全身治疗。

复习思考题

1.马、牛、羊圆锯术的部位，保定、麻醉、手术方法和术后护理。

2.食道切开术的手术部位、手术方法及术后措施。

3.腹壁的局部解剖。开腹术的适应症、手术部位、手术方法及术后护理。

4.压结术、肠切开术、肠套叠、肠吻合术、瘤胃切开术、真胃切开术的手术方法。

5.公马、牛的尿道切开与造口术的手术部位和手术方法及注意事项。

6.马、牛、羊、猪的去势方法，术后措施及去势后并发症的处理。

7.母猪卵巢摘除术的手术方法及注意事项。

第二篇　外科疾病

第四章　损　　伤

由外界各种因素作用于机体所引起的组织或器官形态及机能的破坏，伴有局部及全身反应，称为损伤。皮肤或粒膜完整性受到破坏的损伤，称为开放性损伤。反之，称为非开放性损伤。

引起损伤的原因有：机械性、物理性、化学性及生物性等因素。锐性的外力及强大的钝性外力作用于机体，常常引起开放性损伤；一般的钝性外力作用于机体多引起非开放性损伤。非开放性损伤又分为挫伤、血肿、淋巴外渗。在外科疾病中损伤的发病率比较高，所以应掌握损伤的发生和发展规律，搞好损伤的防治工作。

第一节　创　　伤

一、创伤的概念　锐性外力或强大的钝性外力作用于机体所引起的开放性损伤称为创伤。

创伤的组成　创伤的各个部位分别称为创围、创缘、创口、创壁、创底、创腔。创伤周围的皮肤或粘膜叫创围；被损伤的皮肤、粘膜及结缔组织叫创缘；创缘之间空隙叫创口；受损伤的肌肉筋膜及结缔组织叫创壁；创壁之间的空间叫创腔，管状创腔又叫创道；创伤的最深部叫创底，是由受损伤的组织构成的。

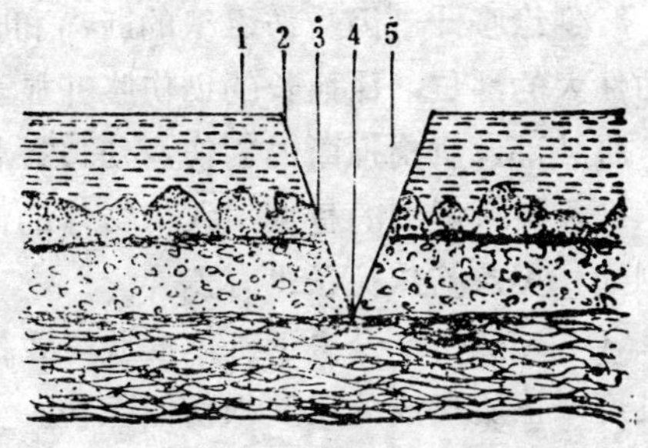

图 4—1 创伤各部名称

1.创围 2.创缘 3.创壁 4.创底 5.创腔

二、创伤的临床症状

（一）新鲜创的临床症状 新鲜创包括手术创和8—24小时以内的污染创都属于新鲜创，其主要症状有：出血、创缘哆开、疼痛及机能障碍。

1.出血 出血是新鲜创的主要特征，在创伤急救时要特别注意止血。由于受伤部位、受伤程度、损伤血管种类及大小的不同，创伤出血量也不相同。牛比马的血液更易凝结，其出血量在同等条件下比马的少。毛细血管及小血管的出血能较快的自行停止；动脉，较大的静脉及内脏血管受损伤时，多呈持续性出血，应及时采取止血措施。少量出血对畜体机能影响不大，但血凝块往往却成了微生物繁殖的良好环境，不利于创伤的愈合，必须及时清除。急性大出血往往导致急性贫血，严重者还会继发休克或死亡。

2.疼痛 由于受伤的同时也损伤了感觉神经纤维，因此引起疼痛反应。疼痛的程度与致伤的程度、神经纤维的分布以及个体的敏感反应性有关。蹄冠、外生殖器、肛门、腹膜、骨膜及角膜等处的神经末梢分布较丰富，因此，这些部位创伤的疼痛反应比较剧烈。牛、猪比马的疼痛反应较弱。由于创伤的疼痛刺激及创伤部位的解剖结构发生变化或受到破坏，导致该器官的机能发生障碍。如四肢创伤可引起跛行。

3.创缘哆开　因受伤组织的断离和收缩，使伤缘哆开。活动性大的部位，深而长的创伤哆开显著。如关节部，鬐甲部，肌腱部及肌肉横断的创伤，伤口显著哆开。

4.各种新鲜创的特点　致伤物体的性质不同所引起的新鲜创的种类及临床症状也有差异。

（1）擦伤　是由于机体皮肤与致伤物体或地面之间强力过度摩擦所形成的皮肤损伤叫擦伤。

其特征为患部皮肤被擦破，被毛及表皮脱落，创面渗出淡黄色的液体及少量血液。创面呈鲜红色，有明显的疼痛反应。多以痂皮下愈合而告终。

（2）刺创　是由尖锐的物体刺入动物体内引起的创伤。常见的致伤物体有：钉子、铁丝、耙齿、叉子、尖树枝或竹签等。

其特点是刺伤的伤口较小，但是创道较深，呈直形，出血较少。常因创口被血污封闭，创道内留有血凝块及异物，使创伤易被感染。并且容易感染破伤风。因此，应及时彻底处理创伤，并注射破伤风类毒素或破伤风抗毒素。

（3）切割创　是由各种锐利物体所造成的创伤。常见的致伤物体有：各种刀具、铁片、玻璃片等。

其特征是伤口可浅可深，创缘、创壁都较平整，组织损伤较轻，但出血较多，常造成神经、肌肉、血管及腱的断裂。若无感染，经缝合后愈合较快。

（4）砍创　由斧、铁锹等砍劈性物体砍击畜体所引起的创伤。

其特征是组织挫伤较重，伤口较大，疼痛剧烈，常伴有骨膜组织的损伤，愈合较慢。

（5）挫伤　由钝性外力（打击、冲撞、压挤、踢蹴、跌倒）作用于畜体所引起的创伤称为挫伤。

其特征是受伤面积较大，并伤及大量深部组织。创缘不平整，肿胀并外翻。创伤内存留有较多挫灭组织及血凝块。出血虽少，但污染严重，极容易感染化脓。疼痛反应剧烈。

（6）撕裂创　是由铁丝、钉子、铁钩及树枝等尖锐物体将皮肤、组织撕裂而形成的。

其特征是创缘不规则的锯齿状，创壁、创底呈凹凸不平，伤口裂开明显，出血多，疼痛反应剧烈，持续时间较长。

（7）压创　是由车轮碾压或重物压挤所引起的创伤。

其特征是创缘不整齐，创伤内挫灭组织较多，往往伴发粉碎性骨折，出血较少，疼痛不剧烈，污染严重，容易化脓。

（8）咬伤　是由动物撕咬造成的创伤。咬伤近似于刺伤、裂创或缺损创。创伤内挫灭组织较多，出血较少。很容易感染，并继发蜂窝织炎。

（9）复合创　是由几种创伤同时并发的创伤。临床上多见的是拖创。

其特征是马倒地以后被拖走一段距离便形成拖创，这是一种复合创。复合创具有挫创、裂创及擦伤的特征，创形不整，创缘不齐，创面污染大量泥沙，挫灭组织较多，创缘裂开程度不一，组织被撕裂，剥离比较严重。常发生于腕关节、膝关节、球关节、肩端部、前臀部。

（二）感染创的特征　感染创是指创内有大量微生物侵入，呈现化脓性炎症的创伤。其特点是创内大量组织细胞坏死分解，形成脓汁。继之新生肉芽组织逐渐增生并填充创腔。最后，新生组织瘢痕化或创伤表面覆盖上皮，使创伤最终愈合。根据感染创的临床特征，将其分为两个不同阶段。

1.化脓期（炎性净化期） 由于创伤损伤了组织及血管，造成局部血液循环障碍。在供血供氧不足的情况下，组织分解的酸性产物增加，使内在环境酸化；酸性环境使毛细血管的通透性及组织的渗透压增高，组织膨胀，这些因素又加剧了血液循环及代谢障碍。因此导致创伤组织的充血、渗出、肿胀、剧烈疼痛和局部温度增高等急性炎症症状。随之，受损伤的组织细胞及渗出的组织细胞，在上述因素及微生物的作用下发生坏死、分解液化，形成脓汁。在创腔内，创缘及创围堆积大量脓汁，这是化脓创的重要临床特征。引起化脓感染的细菌主要有葡萄球菌、链球菌、化脓棒状杆菌、绿脓杆菌、大肠杆菌。细菌侵入创伤以后，能否引起感染化脓，除了细菌的毒力和数量等因素以外，更重要的是取决于机体抗感染的能力及受伤的局部组织状态。不同种类细菌感染所形成的脓汁的性状、气味、颜色也不相同。根据脓汁的特征，可以判断感染细菌的种类，以便选择对该细菌敏感的药物进行治疗。

葡萄球菌感染，脓汁呈浓稠的凝乳状，淡黄色或黄白色，无臭味；链球菌感染，脓汁稀薄呈微黄绿色或淡红色，脓汁向周围扩散；化脓棒状杆菌感染，脓汁粘厚，灰白色；绿脓杆菌感染，脓汁浓稠，黄绿色或灰绿色，带生姜气味；大肠杆菌感染，脓汁粘稠，淡褐色，散发出粪臭味。在临床上见到的多是混合感染，以葡萄球菌混合感染较多见。

在化脓期由于畜体从化脓病灶吸收了有害的分解产物及毒素，致使体温升高，呼吸，脉搏增数，白细胞数增加，全身症状明显。严重的病例可继发败血症。

2.肉芽期（脱水作用期） 随着化脓后期急性炎症的消

退，化脓症状减轻，毛细血管内皮细胞及成纤维细胞逐渐增殖，形成了肉芽组织。肉芽组织填充了创腔，最终导致创伤愈合。健康的肉芽组织质地坚实，粉红色或红色，呈粟粒大的颗粒状，表面有少量粘稠灰白色脓性物。肉芽组织内含有大量有吞噬能力的细胞，成为创伤的坚强防卫面，其作用是防止感染扩散，阻止微生物侵入。因此，应当保护健康肉芽。病理性肉芽的质地脆弱，颜色苍白或暗红色，颗粒不均，表面有大量脓汁，易出血，局部组织浮肿。

在肉芽生长的同时，创缘上皮由周围向中央生长。当肉芽组织长满创腔时，上皮就能覆盖创面而愈合。但是，当肉芽长满了较大的创腔，上皮生长缓慢时，上皮不能完全覆盖创面，而是依靠结缔组织形成瘢痕而愈合。

三、创伤的愈合过程 不论是无菌手术创还是化脓创，生物愈合过程的本质是相同的。两种创伤都有组织损伤、出血及坏死。在创伤愈合过程中，畜体动员自身的防卫机能，清除坏死组织；同时创伤内的组织再生，形成肉芽及上皮而愈合；或者肉芽组织转为结缔组织，最后以瘢痕愈合。两者唯一的区别，只是化脓创的坏死与增生的病理变化更为显著。

创伤愈合过程分为第一期愈合，第二期愈合及痂皮下愈合。

（一）第一期愈合 这是一种理想的愈合形式，是在没有感染以及炎症反应轻微的条件下呈现的愈合形式。愈合以后不留瘢痕，没有器官的功能障碍。这种愈合只有在受伤组织能联接紧密，组织再生力较强，创腔内无异物，无坏死组织，没有微生物感染时能实现。

创伤出血停止以后，就开始了第一期愈合。首先，创腔内充满了淋巴液、血凝块及少量挫灭组织，共同形成纤维蛋白网，实现了创壁之间的初次粘合。牛、猪及羊的创伤纤维性渗出物较多，其创伤的初次粘合比马的牢固。随后，创伤部位出现轻度炎症，病灶内出现巨噬细胞及白细胞浸润。创伤内的死灭细胞、纤维素、血凝块及微生物均可被白细胞吞噬，而后又被细胞溶解组织酶溶解并被吸收，这样便净化了创伤，给组织再生创造了良好的环境。

创伤发生48小时后，创壁的毛细血管内皮细胞及结缔组织细胞增殖，形成肉芽组织，使创壁之间形成牢固的结合。这时创缘的上皮由病灶的四周向中央生长，覆盖创面而告愈合。这种愈合呈线状，淡红色，较脆弱。再经3—4天，由成纤维细胞合成的胶原纤维逐渐增多，肉芽组织日渐减少。经过6—7天以后，创伤便形成了一条平滑、暗红色、线状疤痕，完成了第一期愈合的生物过程。

（二）第二期愈合　感染化脓创取第二期愈合。其愈合过程是创腔内的组织坏死、分解、形成大量脓汁；随后，创伤组织增生肉芽，并逐渐长满创腔；最后，创伤以上皮覆盖肉芽愈合或以瘢痕愈合。根据本期愈合过程中生物形态、物理学及胶体化学变化的特点，把本期愈合分为两个时期，即化脓期及肉芽生长期。

1.化脓期　该期创伤组织坏死、分解，形成脓汁，使创伤自家净化。其生物学及物理化学的变化如下：

发生创伤后机体内血浆磷、血浆锌、血浆镁的浓度均下降，血钙变化不甚规则，由于出血，血液凝固，消耗了大量钙离子，血钙下降。创伤使促肾上腺皮质激素增多，使血液中皮质类固醇的含量增加，导致潴钠、排钾、氧消耗及二氧化碳增加。创伤内红细胞及组织细胞的破坏，释放出大量钾离子，钾离子除了引起畜体的剧疼反应以外，又能刺激小血管，使其渗透性增强。

创伤内在环境酸化　创伤局部血液循环障碍，血液停滞、缺血、缺氧、二氧化碳聚集；又因坏死组织中的蛋白、脂肪分解产物的氧化不全，形成大量的有机酸（乳酸、脂肪酸、核酸、氨基酸、碳酸），使创伤内在环境酸化。酸性的内在环境不仅抑制了白细胞的吞噬作用，而且促使大批细胞死灭，成了微生物发育的良好环境。当pH值为5.5时，细胞全部死亡。细胞坏死特别是嗜中性白细胞的变性、死灭及崩解，成为脓汁的主要来源。感染化脓越剧烈，创伤环境的pH值越小，细胞死灭及形成的脓汁越多。

毛细血管通透性增强　由于创伤环境的氢离子、钾离子、毒素及蛋白分解产物增多，刺激血管，致使毛细血管扩张，通透性增强。因此血管内的水、电解质、球蛋白、纤维蛋白原便渗透到组织间隙，同时白细胞游出，红细胞渗出。

组织膨胀　受伤以后抗利尿激素分泌量增加，作用是稀释，保存体液，维持有效的循环血量。由于创伤的酸性环境、渗透压增高、组织代谢紊乱等因素的作用，渗透到组织间隙内的液体被组织胶体吸收，导致胶体膨胀。在组织胶体膨胀及坏死组织肿胀的共同作用下，使创伤局部水肿。组织膨胀加剧了血液循环障碍、组织细胞坏死。

表面张力下降　由于组织细胞变性、分解及蛋白质分解产物的作用，使表面张力下降，有利于白细胞的游出及炎性浸润的增强，也提高了机体抵抗力。

组织代谢的变化　受伤后组织的基础代谢增高，因此组织代谢过程中氧消耗及产生的二氧化碳增加，代谢增强使体温上升。组织蛋白分解出大量氨基酸，又被氧化成氮，尿的排氮量增多。同时糖代谢增强，血糖含量增加，为大脑提供了更多的能量，也加快了液体渗透性转移，增加了血容量。同时，脂肪分解加快，使血液中游离脂肪酸增加，也供应了能量。受伤后肾排水减少，蛋白质及脂肪氧化生成的内源水又增加，因此，细胞外液的容量扩张，细胞内液的水量减少，血液稀释。补液时要注意到这一特点。

由于创伤局部的血液循环障碍，供血供氧不足，使组织的代谢产物氧化不全，便蓄积了大量有机酸及中间产物。在这种条件下，氧不能通过组织间液扩散到组织细胞内，导致细胞缺氧，因此，细胞的新陈代谢难以进行。当组织间液与毛细血管内蛋白质含量相等时，新陈代谢便停止了，这时组织细胞就会死亡。

受伤之后还要特别注意维生素 A、B、C 的变化。我们知道维生素 C 对胶原合成起重要作用。维生素 C 缺乏时，使创伤愈合迟缓。补充维生素 C 以后，机体内核蛋白体，多核蛋白体的排列整齐，胶原合成就明显了。维生素 A 对视觉、生殖、上皮生长、粘多糖合成、溶酶体的稳定、细胞免疫、促进创伤愈合等作用都极为重要。受伤以后机体需要维生素，特别是维生素 A、B、C。因此，受伤后机体内维生素 A、B、C 的含量下降，不利于创伤愈合。

酶的作用　在炎性净化期酶对坏死组织的分解液化有着重要的作用。首先，白细胞崩解释放出白细胞酶，能分解、液化坏死组织及细菌蛋白。嗜中性白细胞放出白细胞蛋白酶，促使坏死的组织细胞分解，在中性及弱碱性环境中活力最强；嗜酸性白细胞放出氧化酶，能使蛋白分解的有毒产物变为无毒害的类毒素；淋巴细胞释放脂酶，破坏细菌的类脂质保护膜，使白细胞蛋白酶能作用于细菌；组织细胞放出蛋白分解酶，促使细胞的胞浆分及坏死组织的自家净化；巨噬细胞放出蛋白分解酶，使巨噬细胞所吞噬的细胞溶解、还溶解坏死组织及纤维素。

另外，创伤内的细菌还释放出有害的酶类，如杀白细胞素、溶血素、溶纤维素酶、组织酶、蛋白酶、透明质酸酶、胶原酶等，能分解白细胞、纤维素、胶原及组织，保护了细菌。

酶类必须在一定的pH环境中才有作用，上述酶在碱性环境中几乎完全失去作用，在pH5.2—6.3时某些蛋白分解酶活性增强，pH为4时蛋白酶的活力最强。酶的作用是增强了机体抵抗力、消灭了细菌，促进了坏死组织的分解液化，起到净化的作用。给组织的修复创造了有利条件。

马及犬的创伤化脓、组织破坏比较明显，牛、羊及猪的虽不明显，但有纤维蛋白大量渗出，覆盖着创面，容易感染厌气性、腐败性细菌。

2.肉芽生长期　随着创伤内环境酸碱平衡的恢复，毛细血管渗透性降低，渗出减少、组织脱水、血液循环的恢复、组织坏死停止、急性炎症消散以及机体抵抗力增强，创伤逐渐增生肉芽组织，这时创伤愈合便转变为肉芽生长期。肉芽是由大量毛细血管、网状内皮细胞、成纤维细胞、淋巴细胞、嗜中性白细胞及胶原纤维构成的。肉芽组织内含有大量吞噬细胞，使肉芽成了创伤的坚强防御面，所以在处理创伤时，应当保护肉芽组织。随着肉芽增生并充满创腔，肉芽组织的细胞逐渐减少，纤维逐渐增多并形成结缔组织。这时假若上皮完全覆盖肉芽，不留瘢痕而愈合；上皮若不能全部覆盖肉芽，便以瘢痕形式愈合。肉芽生长期可持续10—14天或更长的时间。假如肉芽生长过快，其纤维化速度缓慢以及上皮生长趋缓，这时肉芽可能高出创面，叫做肉芽生长过剩或“肉芽肿”。

（三）痂皮下愈合　发生在皮肤表面的损伤，如擦伤，轻度的烧伤等，由于损伤仅伤及表皮，在没有发生感染的情况下，受伤后局部表面渗出血液及淋巴液，在渗出物凝固干燥后，形成暗褐色的痂皮。烧伤时的痂皮，则由组织蛋白所形成。在痂皮脱落后，露出被覆的新生上皮，即称为痂皮下愈合。如果在痂皮下发生感染而化脓时，则痂皮分离而脱落，创伤则取二期愈合。

四、创伤检查　创伤检查是合理治疗创伤及检验治疗效果的基础。包括临床检查及实验室检查等。

（一）创伤临床检查

1.问诊　向畜主了解创伤发生的时间、何种物体致伤，受伤后动物的反应，创伤救护的时间及方法等。

2.全身检查　检测患畜的体温，呼吸及脉搏，观察患畜的精神状态、可视粘膜颜色、被毛状况及创伤的变化。详细检查消化、呼吸、循环等系统。假若腰荐、骨盆部受伤时，最好做粪、尿检验及直肠检查。

3.局部检查　检查创伤的形状，大小，创缘哆开的程度，组织挫灭及污染程度与创伤出血量；创围被毛有无脱落，创围炎症程度；创缘是否平整、创伤分泌物的性质、数量、pH 值、排液是否通畅；创壁是否肿胀、创腔内是否有挫灭组织，有无异物，有无创囊、脓汁或肉芽组织的性状及数量；创腔大小及深度，创底的状态。

（二）实验室检查

1.脓汁象检查　用玻璃吸管吸取创伤深部的脓汁一滴，如果脓汁较稠时，稍加生理盐水稀释，然后做脓汁抹片4

张，待干后，分别用革兰氏及姬姆萨氏染色，镜检。

在创伤发生剧烈炎症时，对脓汁抹片进行镜检，可看到大量的处在崩解状态的嗜中性白细胞及其它细胞，个别嗜中性白细胞内含有未溶解的微生物。嗜酸性白细胞及淋巴细胞较少。

肉芽创生长良好时，观察脓汁抹片，见到大量形态完整的嗜中性白细胞，细胞内含有较多已被溶解的微生物。还有较多的大淋巴细胞、单核细胞及巨噬细胞。

脓汁抹片用革兰氏染色，便于区分脓汁中的细菌是革兰氏阳性或是阴性细菌。根据脓汁抹片的脓汁象，可以判断炎症反应的程度，机体抵抗力的大小，为治疗提供可靠依据。

2.创面按压标本检查　镜检创面按压标本，观察创面表层细胞形态学的变化，判断畜体免疫机能、对炎症的反应能力，创面再生状态，以便判断创伤治疗措施的合理程度。

按压标本的制作方法　用生理盐水棉球清除创面上的脓汁，取4—5张已脱脂、灭菌的载玻片，将玻片的平面依次直接触压创面的同一个部位，待按压片自然干燥后，将其放入甲醇中固定15分钟。分别用革兰氏及姬姆萨氏染色。

镜检　创伤处在急性炎症时，看到大量处于分解阶段的嗜中性白细胞。很少见到嗜酸性白细胞及淋巴细胞。当创伤愈合良好时，看到细菌全部被嗜中性白细胞吞噬并溶解。当创伤内的肉芽生长良好时，看到吞噬的巨噬细胞数减少，纺锤形细胞增多，还看到上皮细胞。当畜体处在高度衰竭状态时，可看到大量的细菌，看不到嗜中性白细胞的吞噬及溶菌现象，嗜中性细胞完全崩解，看不到大吞噬细胞。

五、创伤治疗　根据创伤的部位、受伤的程度、创伤愈合过程、创伤的症状，确定创伤的治疗方案。

（一）治疗原则　创伤治疗要处理好局部与整体的关系，做到局部治疗与全身治疗相结合；预防和制止新鲜创的感染；消除化脓创的感染；制止感染创的中毒；消除影响创伤愈合的因素。因此要彻底处理创伤，加强患畜的饲养管理，提高畜体抵抗力，促进创伤愈合。

（二）治疗方法

1.新鲜创的急救　新鲜创需要急救，首先止血，可根据出血情况采用适当的止血方法，如应用止血剂、手术止血等。然后对创围剪毛、消毒，清洁及消毒创面，撒布磺胺粉，绷带包扎创伤。当四肢骨折或腱断裂时，患部包扎制动绷带。对于重剧创伤或严重污染的创伤，为防止感染破伤风，给患畜注射破伤风类毒素或破伤风抗毒素。另外，可根据病情，注射强心剂、止痛剂或输液。

2.创伤治疗的程序

（1）清洁创围　用灭菌纱布覆盖创面，由外围向创缘方向剪除被毛。若被毛粘上血污时，可用3%过氧化氢溶液浸湿、洗净后再剪毛，然后用3%煤酚皂溶液洗净创围，但要防止药液流入创腔。用5%碘酊消毒创围，用75%酒精脱碘。

（2）清洁创腔　用器械处理和药液冲洗创腔，消除创腔的感染，为创伤愈合创造良好条件。

新鲜创　对于组织缺损小、污染轻微、没有感染的创伤，只需对创伤消毒冲洗和包扎。先除去覆盖创口的纱布，无菌操作除去创伤内的被毛、异物。然后选用生理盐水、0.1%—0.2%高锰酸钾溶液、0.5%—0.01%新洁尔灭溶液、0.1%—0.2%杜米芬溶液、0.5%洗必泰溶液、3%过氧化氢溶液、0.01%呋喃西林溶液或0.1%利凡诺溶液彻底冲洗创腔。

用灭菌纱布吸净创腔内残留药液。向创面撒布氨苯磺胺粉或碘仿磺胺粉（1:9）。包扎绷带。创口较大时，对创伤冲洗消毒及缝合后再包扎。

对于损伤较大，污染严重的新鲜创，应先用消毒溶液冲洗，再根据创伤性质及组织损伤程度，施行扩创或切除术。即用无菌操作的方法、修整创缘、扩大创口、切除创伤内的挫灭组织（暗红色、缺乏收缩力、切割时不出血）直至从组织内流出鲜血、消除创囊、除去异物、血凝块，充分暴露创底。再用消毒溶液冲洗创腔、灭菌纱布吸净创腔内残留药液。撒布抗菌药物，再行缝合及包扎创伤。

化脓创（炎性净化期） 化脓初期创面呈高度酸性反应，会影响细胞吞噬和肉芽生长，应选用碱性药溶液冲洗创腔，常选用生理盐水、食盐水、2%碳酸氢钠溶液、0.01%—0.5%新洁尔灭溶液及0.01%—0.02%呋喃西林溶液等。

若创伤被严重污染、有厌气菌、绿脓杆菌、大肠杆菌感染的可能时，用酸性药物冲洗创腔。常选用0.1%—0.2%高锰酸钾溶液、2%—4%硼酸溶液或2%乳酸溶液等。

肉芽创 清洁肉创时，不能用刺激性强的药液冲洗。分泌物较多时可选用无刺激性药液或弱防腐液轻轻清洗，常选用生理盐水，0.1%—0.2%高锰酸钾溶液、0.01%—0.02%呋喃西林溶液洗去或拭去脓汁。

（3）清创手术 对新鲜创、严重污染创、化脓创可做清创术。用器械除去创伤内的异物、血凝块，切除挫灭组织，消除创囊及凹壁，适当扩创以利排液。化脓创的创囊过深时，可在低位作反对孔，便于排脓。

（4）创伤用药及疗理

促进创伤净化的药物：为了促进化脓创的自家净化常选

用高渗溶液冲洗创腔。这类药物，能改善局部血液循环、加速淋巴净化，清除细菌及毒素。常用的药物有：8%—10%氯化钠溶液、10%—20%硫酸镁或硫酸钠溶液、奥立夫柯夫氏溶液或50%葡萄糖溶液。

创伤发生厌气性、腐败性感染时，在扩大创口、彻底外科处理的基础上，选用酸性防腐剂或氧化剂冲洗创腔。常选用的药物有：3%过氧化氢溶液、碘酊、松节油、奥立夫柯夫氏酸性溶液或撒布宾宦氏粉剂（含25%有效氯的漂白粉7.0g、硼酸5.0—9.0g）、碘仿。在组织损伤或严重污染、剧烈肿胀又不能作彻底外科处理时，用硫呋溶液（硫酸镁20.0g 0.01%呋喃西林溶液加至100.0ml）湿敷创伤或引流。

当急性化脓现象减轻、脓汁减少，由化脓期向肉芽期过渡时，常选用的药物有魏斯聂夫斯基流膏（松节油5.0ml、碘仿3.0g、蓖麻油100.0ml）、碘仿蓖麻油（碘仿1.0g、蓖麻油100.0ml加入碘酊，使药液成浓茶色）、磺胺乳剂（氨苯磺碇5.0g 鱼肝油30.0ml 蒸馏水65.0ml）等药物，作灌注或引流。

促进肉芽生长的药物：常选用刺激性小、促进肉芽和上皮生长、保护肉芽组织、防止继发感染和肉芽赘生的药物治疗肉芽创。常把这类药制成流膏、乳剂或软膏使用，多作引流、外敷或灌注。治疗肉芽创常用的药物有：10%磺碇鱼肝油、青霉素鱼肝油、2%—3%红汞鱼肝油、红汞甘油、樟脑石炭酸液体石蜡油剂（1:1:2)、1%碘仿蓖麻油、松碘油膏（松馏油5.0ml、碘仿3.0g、蓖麻油100.0ml)；磺碇软膏、青霉素软膏、金霉素软膏；磺胺乳剂及魏氏流膏等。

促进上皮生长的药物：当肉芽组织充满创腔并接近创缘

时，为了促进上皮生长，用收敛性、无刺激性药物。常用的药物有：氧化锌水杨酸软膏（水杨酸 4.0g、15%氧化锌软膏 96.0g、凡士林 200.0g）、水杨酸磺碇软膏等，涂在创缘及创围。也可涂抹龙胆紫溶液或撒布磺碇粉。

处理肉芽过渡生长（赘生）的药物：用硝酸银、硫酸铜腐蚀小的赘生肉芽。赘生肉芽较大时，创面撒布高锰酸钾粉，再用厚棉纱、研磨，使成痂皮，直到愈合。还可选用高渗盐水或10%福尔马林溶液敷于肉芽组织。较大的肉芽赘生时也可施行手术切除、刮除或烙除。

创伤的理疗　应用红外线，紫外线照射及蒸气疗法治疗化脓创。青霉素、磺胺的离子透入疗法治疗深部创囊。用微热量超短波、将直流电阴极置于创面以及碘离子透入疗法促进肉芽生长。断续的直流电，超短波、锌离子透入及紫外线照射促进上皮生长。

缝合与包扎　为了预防感染，使两侧创壁紧密接触，促进愈合，对创伤进行缝合。分为初期缝合、延期缝合及肉芽创缝合。

初期缝合　对受伤后数小时的清洁创或经过彻底外科处理的新鲜污染创缝合叫初期缝合。作这种缝合的条件是：创缘及创壁完整、创伤内无挫灭组织、无异物及血凝块、预计缝合以后局部血液循环良好。在上述条件下可做初期密闭缝合或部分缝合。

延期缝合　对用药物治疗后消除了感染的创伤的缝合称延期缝合。

肉芽创缝合　对生长良好的肉芽创进行缝合，能加快愈合、减少或避免瘢痕。肉芽创缝合必须具备的条件是创内无坏死组织、健康肉芽生长良好、脓汁较少。经彻底的外科处理以后，可做肉芽的接近缝合或密闭缝合。

创伤的包扎　创伤包扎应根据创伤的性质、部位，地区和季节的不同而定。经过外科处理的四肢下部创伤、新鲜创、冬季为了保暖、夏季为了防蝇，都要包扎创伤。包扎的作用是保持创伤安静、保温、保护创伤及促进创伤愈合。包扎绷带的种类可根据具体部位而定，但包扎绷带应有三层组成，自内层起分别是：吸收层（灭菌纱布）、接受层（灭菌脱脂棉）、最外层的固定层（绷带）。

当绷带被创伤分泌物浸湿，脓汁排出不畅及家畜体温有升高趋势时，都要及时更换绷带。

（6）引流疗法　对于创道长又有弯曲、创腔内有坏死组织及潴留脓汁较多的化脓创，采用引流疗法。其作用是借助于引流物（纱布条、胶管、塑料管等）将药物导入创腔内，使药物与创面均匀接触，较长时间发挥作用。同时，使创腔内炎性产物及脓汁沿着引流物排到体外。初期，每日更换引流物。当创伤肿、渗出物增加、患畜体温升高、脉搏增数时，可能是引流物阻塞了创道，要及时处理创伤，更换引流物。创伤脓汁减少、肉芽生长良好时，停止引流疗法。

全身疗法　小的创伤，局部症状较轻，全身症状不明显，不必进行全身治疗。有的病畜全身症状虽不明显，但局部化脓症状剧烈，为减少炎性渗出及防止酸中毒，可静注10%氯化钙注射液100—150ml，5%碳酸氢钠注射液300—500ml。对于局部化脓性炎症剧烈，伴有全身症状的患畜，除静注5%碳酸氢钠溶液外，还要连续应用抗生素及磺胺疗法。根据病情变化，采取强心、利尿、补液等措施。为了纠正体液损失，应给患畜补充血容量，可以静注6%中分子右旋糖酐、或10%低分子右旋糖酐，或6%羟乙基淀粉代血浆。

为纠正畜体内电解质的紊乱，常静注10%氯化钾注射液、5%—10%氯化钠注射液、10%氯化钙注射液、10%碱性磷酸钠注射液。

合理饲养有利于创伤愈合，应给患畜喂营养丰富的苜蓿、豆类、马铃薯等硷性饲料。对患腐败菌感染的病畜，应喂给大麦、燕麦、甜菜等酸性饲料。

六、创伤愈合迟缓的原因及处理 临床上处理创伤时，应明确认识影响创伤愈合的各种因素，尽力排除这些因素，促进创伤愈合。影响创伤愈合的因素有以下方面。

1.创伤感染 创伤内有异物、坏死组织、创囊，粗暴处理创伤，选用了刺激性过强的消毒药液等，都会使创伤发生感染或使创伤复杂化，使创伤愈合迟缓。

2.局部血液循环障碍 局部若有较强的炎性反应，就会造成局部血液循环不良，创伤组织得不到充足的血液供应和营养物质。同时，局部代谢产物及创伤分泌物不能及时排出。影响创伤净化和肉芽，上皮生长，使愈合迟缓。为促进血液循环，可让患畜尽早运动，对不能起立的患畜，要加厚垫草，经常翻身，或者用器具吊起患畜。同时作全面治疗，加强饲养，促进创伤愈合。

3.创伤不安静 最初几天，伤口肉芽组织幼嫩，创面结合不牢固。如果创伤部位活动过强，不但引起出血及疼痛，而且损伤了幼嫩肉芽，使细菌侵入创腔，造成感染。另外，创伤止血不充分、清创不彻底，频繁的作外科处理、处理创伤时违反无菌操作原则、错误用药，都破坏了创伤安静，影响其愈合。

4.机体缺乏维生素 畜体内缺乏维生素A时，皮肤干燥、粗糙，上皮生长迟缓。缺乏维生素B时，影响神经组织的再生，食欲不振，消化不良，导致代谢障碍。缺乏维生素 C 时，细胞间粘合质合成受阻，毛细血管内皮间质减少，使其渗透性及脆性增加。因此，肉芽容易水肿、出血，生长缓慢。维生素 D 缺乏时，骨愈合缓慢。维生素 K 缺乏时，血液凝固缓慢。应用激素治疗创伤时影响组织的再生。

5.蛋白质缺乏　蛋白质是创伤修复和机体产生抗体所必需的物质。由于严重的创伤、严重感染、大出血、烧伤、高热等因素的作用，使患畜丢失大量蛋白质，特别是血浆蛋白大量减少，使血液渗透压下降，水分渗入组织间隙，使创伤组织循环不良及水肿，致使创伤愈合迟缓。为改善营养应给患畜补充易消化的糖类及蛋白质饲料。

6.其它因素　患畜年老、体弱、贫血、水及电解质代谢异常、患有其它疾病等因素，都使创伤愈合缓慢。

在治疗创伤时，要排除影响创伤愈合的各种因素，提高创伤的治愈率。

第二节　非开放性损伤

非开放性损伤，临床上常见者为挫伤、血肿及淋巴外渗。

一、挫伤　挫伤是较强的钝性外力作用于机体的表面，所引起的软组织非开放性损伤。

病因　家畜被棍棒打击、家畜踢蹴、车辆冲撞、牛角抵伤、鞍挽具过度磨擦或压挤、滑倒或跌倒在硬地上，都可能引起挫伤。机体组织对外界作用的抵抗力不同，皮肤的韧性大，抵抗力最强；神经、腱、肌膜、肌肉次之；皮下结缔组织、小血管及淋巴管抵抗力最弱。因此，在外力作用下，皮肤可保持其完整性，但皮下组织多发生损伤。特别在骨骼浅在部位（颜面、掌、跖、胫、髂骨外角等处），由于外力与骨骼的压挤，即使外力不大，该处也比较容易发生挫伤。

症状　挫伤部位的被毛逆乱、脱落、皮肤擦伤。局部出现溢血、肿胀、疼痛和器官的机能障碍。

溢血　受伤部位的皮下血管破裂、出血积聚在组织间隙称为溢血。溢血的程度与受损伤血管的数量、大小及周围组织的性状有关。致密组织内溢血较少，疏松组织内溢血较多。少数毛细血管损伤时，溢血呈斑点状；较多的毛细血管出血时，在组织间隙内呈弥漫性溢血；疏松组织内溢血时，由于溢血较多，局部呈扁平样肿胀。较大血管破裂时形成血肿。在皮肤色素少的部位溢血斑较明显，指压不褪色，其颜色随红细胞崩解及血红蛋白的变化，由紫红色变为绿色、淡黄色。

肿胀：组织受伤后，由于炎性渗出物的积聚，血液及淋巴渗出、肌肉及组织纤维发生断裂，都能引起局部肿胀。轻微挫伤时肿胀轻微，呈红色或紫色，质地坚实，局部温度稍高，四肢挫伤的下方出现捏粉样水肿。重度挫伤时，局部迅速肿胀、质地坚实，有的重剧挫伤会继发血肿。

疼痛：由于受伤时神经末梢损伤，炎性渗出物的压迫及刺激神经末梢，引起疼痛反应。疼痛的程度和受伤部位及损伤程度有关。若受伤部位的神经分枝较粗、神经末梢分布密集，疼痛反应剧烈。轻度挫伤引起一时性疼痛，重剧挫伤可能会出现暂时的知觉障碍。

机能障碍：挫伤是否引起功能障碍，可因部位而异。四肢挫伤多引起跛行，胸部挫伤可能引起呼吸困难。

挫伤被感染时，局部症状加重，疼痛与肿胀更严重，有的病例会继发蜂窝织炎，全身症状恶化。

治疗　家畜受伤后应当保持安静，防止感染、休克及酸中毒。治疗挫伤应注意镇痛、消炎，制止溢血，促进吸收和机能的恢复。

轻度的挫伤：局部剪毛，用消毒药液洗净患部。出血及渗出较少时，涂擦2%碘酊或龙胆紫溶液。创面渗物较多时，可撒布消炎粉剂，保持干燥，加速痂皮形皮，保护创面，促进痂皮下愈合过程。

1.重剧的挫伤：可根据病情决定治疗措施，在局部治疗的同时，注意全身治疗，必要时作输血、输液治疗。静注5%碳酸氢钠300—500.0ml、5%葡萄糖氯化钠注射液500—1500.0ml，肌注30%安乃近10—30.0ml，或复方氨基比林注射液20—50.0ml。

2.预防感染：挫伤后视病情需要，应及时应用抗生素、磺胺类药物治疗，以防感染。若继发脓肿或蜂窝织炎时，应及早切开患部，清除坏死组织，按化脓创治疗，作好局部及全身治疗。

二、血肿　血肿是畜体受伤后，血管破裂、流出的血液分离周围组织并聚积在所形成的腔洞内的一种非开放性损伤。血肿多发生在胸部、鬐甲部、腹部、臀部及腕部。

病因　血肿主要发生在挫伤、刺伤、骨折及火器创的病程中。

症状　畜体致伤以后迅速形成肿胀并很快增大。最初局部温度不高，肿胀有波动性、弹性，皮肤较紧张。数天以后，在肿胀的中央部出现波动，肿胀的周围是血凝块，较坚实，触压有捻发音。在中央穿刺能流出血液。肿胀的大小与受伤血管种类、大小及周围组织性状有关，一般肿胀呈局限性，可自然止血。但较大动脉的出血时，迅速肿大，呈弥散性，不会自行止血。

筋膜下血肿发展不快，肿胀不明显，患部有热痛反应，质地坚实有弹性，边缘不清楚，穿刺时能流出血液。小血肿内的血块能逐渐渐出血清并被吸收，残留血块被蛋白酶分解、液化、吸收。后期，较大血肿形成厚的结缔组织囊壁，积血逐渐被吸收或机化。

血肿继发炎症时，炎症反应显著，继则继发脓肿。

治疗 治疗原则是制止出血、排出积血及防止感染。

1.对患部剪毛及消毒。病初24小时内患部冷疗并装压迫绷带。发病三天以后改为温热疗法、局部涂刺激剂、按摩，以促进血肿内分解产物的吸收。同时应尽早的给予止血剂，如静注10％氯化钙注射液 50—150.0ml，肌注维生素K_3注射液 0.1—0.3g、0.5％止血敏注射液 5—10.0ml等。

2.无菌穿刺放出小血肿的积血，再装压迫绷带，能较快治愈。对较大的血肿，于发病4—5天后，无菌切开血肿，清除积血，取出血凝块及挫灭组织，清创术之后缝合创口或实行开放疗法。创腔较大时，可用纱布浸魏氏流膏或油剂青霉素，填入创腔，做假缝合。定期换药。动脉破裂引起的血肿不会自然止血，可危及生命安全，必须立即无菌切开血肿，结扎动脉断端，在彻底止血后再按上述方法处理。

三、淋巴外渗 淋巴外渗是钝性外力作用于畜体表面，引起皮下及肌肉组织淋巴管破裂，淋巴液滞留于组织间隙的一种非开放性损伤。

病因 钝性物体在畜体上磨擦，使皮肤、筋膜和其下部的组织断离，淋巴管破裂，形成本病。常见于畜体滑倒或跌落在硬地上、畜体通过狭窄的厩门、挽鞍具结构不良、被踢

踧、车辕或牛角冲撞，这时钝性物体擦挤畜体，使皮下、筋膜下结缔组织中的淋巴管破裂，导致本病。多发生在颈基部、胸部、鬐甲部、肩胛部及腹侧部。少量血管破裂的淋巴外渗，渗出物中含有少量血液，称作血液淋巴外渗。

症状　在致伤3—4天以后，局部逐渐形成明显的肿胀，质地松软，有波动感，有时能听到拍水声。浅在的淋巴外渗呈囊状隆起，深在的淋巴外渗呈均匀一致肿胀，界限不清。患部温热、疼痛轻微。时间较长，从淋巴液中淅出纤维素块，质地变硬。穿刺物为淋巴液，稀薄、透明、橙黄色或微红黄色，不易凝结。

治疗　首先停止使役，保持安静，以减少淋巴液渗出。治疗时禁止应用按摩疗法、温热疗法及冷却疗法。家畜活动及上述疗法都使淋巴循环加强、渗出增多，不利于愈合。

穿刺疗法：小的淋巴外渗，作无菌穿刺并抽出淋巴液，再注入适量的1%—2%碘酊、酒精、鲁格氏液、甲醛酒精溶液（精制酒精 100.0ml、甲醛溶液 1.0ml、碘酊 gutt、Ⅷ），半小时后抽出创内药液，装压迫绷带。

切开法：较大的淋巴外渗，应早期无菌切开，取出纤维素及淋巴液。再用纱布浸甲醛酒精溶液，填入创腔，皮肤创口作假缝合或包扎绷带。两天更换一次。淋巴渗出明显减少时，改用一般创伤疗法。

第三节　烧　　伤

烧伤是高温（固体、液体、蒸气、火焰）、化学物质（强酸、强硷），电流及放射能作用于畜体所引起的损伤。干热引起的损伤为烧伤，湿热引起的损伤称为烫伤。多由火灾、燃烧或火器引起的。

症状　烧伤的症状与烧伤的深度、广度、部位、年龄、机体状况和急救措施有密切关系。烧伤越深，面积越大，病情越重。烧伤分为三度。

一度烧伤：烧伤仅损害皮肤的表层，主要损害角质层。烧伤后皮肤充血、肿胀及疼痛。局部温度增高，皮肤因肿胀变得紧张发亮，呈浆液渗出性炎症。约经7天自愈，不留疤痕。

二度烧伤：是皮肤表层及真皮层的一部分受到损害。患部毛细血管通透性增强，血浆大量渗出，导致水肿、水泡及剧痛。小水泡内的渗出液可被机体吸收，大的水泡常被擦破，露出创面的真皮，易被感染。烧伤面上残留有散在的毛囊及汗腺周围的皮岛，有利于上皮的愈合。轻者1—2周自愈，不留疤痕，重者3—5周自愈，留下轻度疤痕。

三度烧伤：这是皮肤全层及皮下组织、肌肉、骨骼的烧伤。烧伤后皮肤坏死、组织蛋白凝固、血管栓塞。皮肤被烧成焦痂，没有疼痛，呈深褐色，深部水肿，焦痂下有渗出液。8—10天后焦痂呈棕色皮革样，质地变硬失去弹性。2—3周后焦痂下坏死组织分解、液化，焦痂脱落，露出肉芽，这时易受感染。愈合缓慢，留下瘢痕。

酸性烧伤　酸性物质使蛋白质凝固成干性坏死，使酸穿透组织的力量减弱，酸性烧伤不易向深层发展。硝酸烧伤呈黄色，硫酸烧伤呈棕褐色或黑色，盐酸烧伤呈白色或灰黄色。

碱性烧伤　碱性物质作用于机体组织，脱去机体组织中的水分并同蛋白结合，碱又使脂肪皂化，不凝固蛋白，所以碱性物质可以渗到深层组织中。碱性烧伤多呈液化性坏死。

碱性烧伤比酸性烧伤对机体的损害更重。化学性烧伤与热烧伤的病理学相似。

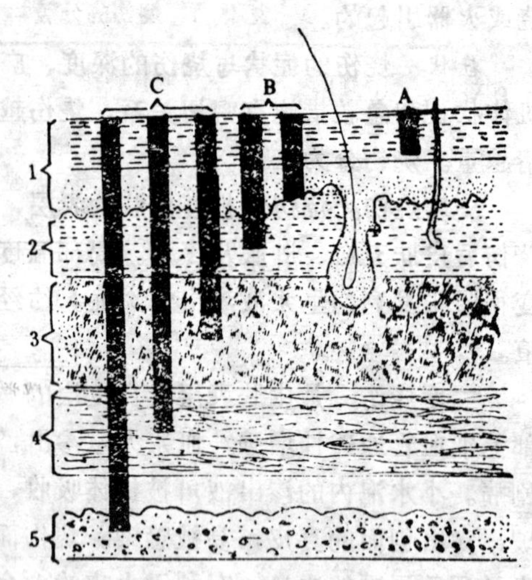

图 4—2　各度烧伤示意图

A.一度烧伤　B.二度烧伤　C.三度烧伤
1.表皮层　2.真皮层　3.脂肪层
4.肌肉层　5.骨组织

烧伤面积：常用烧伤面积占体表面积的百分比来表示。以马属动物为例，头部占10%、颈部8%、前肢16%、背腰10%、胸腹23%、臀股17%、后肢14%、尾及外生殖器2%。烧伤面积占10%以下为小面积烧伤；10%—30%为中等面积烧伤；30%以上为大面积烧伤。

烧伤程度：根据机体组织被烧伤的面积和深度，判定烧伤的程度。分为轻度、中度、重度和特重度烧伤等四个程度。

烧伤患畜反应：由于疼痛剧烈，在烧伤后1—2小时内，二、三度烧伤，有明显全身症状。烧伤部位的血管扩张，血浆大量渗出，蛋白和体液丢失，血量减少，血压下降，脉搏快而弱，供血供氧不足，容易发生休克。当坏死组织分解产物及毒素被吸收，引起神经系统、肝、肾、胃、肠的功能变化，出现少尿、无尿及血红蛋白尿，往往引起中毒性休克。烧

表 4—1 烧伤的分级

深度分类		损伤深度	临床特征	创伤愈合过程
一度（红斑性）		表皮层损伤，生发层未损伤	被毛烧焦，留短的绒毛，轻度红肿，热、痛，感觉稍过敏，无水泡，无感染	七天左右可自行愈合，不留疤痕
二度（水泡性）	浅二度	表皮层及真皮一部分损伤，部分生发层未损伤	被毛烧光，剧痛，感觉过敏，增温，水泡大，创面潮湿，水肿明显	1—2周痊愈。如无感染，不留疤痕
	深二度	损伤达真皮层	被毛烧光，剧痛，感觉过敏，增温，水泡少，创面稍干硬，水肿明显	3—5周痊愈，有轻度疤痕
三度（焦痂性）		损伤达皮肤全层，甚至包括皮下各层，直到肌肉、骨骼	皮肤呈皮革样，褐色干性坏死，有皱褶，感觉消失，无水泡、干燥、深部水肿	1—2周焦痂脱落，常有感染，需植皮后痊愈，若不植皮，则留疤痕或畸形

表 4—2 烧伤程度判定表

烧伤程度	Ⅰ Ⅱ面积	Ⅲ 面 积	总 面 积
轻度烧伤	10%以内	3%以内	10%以内 Ⅲ°不超过2%
中度烧伤	11%—30%	4%—5%	11%—12% Ⅲ°不超过4%
重度烧伤	31%—50%	6%—10%	21%—50% Ⅲ°不超过6%
特重烧伤	—	10%以下	50%以上

伤后4—5天，由于创面的细菌感染，很容易继发败血症。

治疗

1.现场救护 应当立即消除火源，将家畜牵离火场，扑灭火焰。用清洁冷水浸泡烧伤部位0.5小时以上，可以减轻中、小面积烧伤的疼痛。烧伤面积较大时，需用镇静剂，肌注5%盐酸哌替啶（杜冷丁）注射液5—10.0ml；或硫酸延胡索乙素注射液10.0ml，也可选用芬太尼、二甲苯胺噻嗪、乙酰丙嗪、氯胺酮加安定等。

2.烧伤的全身处理　大面积烧伤必需作全身治疗，按其病理变化，分为三个阶段。

第一阶段　受伤后2—3天内，因组织中大量渗出血浆，造成水肿，血液量减少，血液浓缩，心搏动减少，剧烈疼痛，易发生休克。这时治疗重点是防止休克，纠正水及电解质紊乱。

（1）镇痛镇静　注射上述镇疼镇静剂。

（2）补液　小面积烧伤用生理盐水，复方氯化钠注射液及等渗糖盐水等。大面积烧伤常用乳酸钠、碳酸氢钠纠正酸中毒，同时输血、输液补充血容量，是最基本的疗法。如静注右旋糖酐注射液、复方氯化钠注射液、血浆或全血等。

（3）呼吸道烧伤处理　有窒息危险时，立即作气管切开术，清洁上呼吸道，保持其畅通。呼吸困难时，给予氨茶碱、毒毛旋花子甙K或洋地黄，以改善血液循环和呼吸。严重呼吸困难者应输氧。

第二阶段　烧伤后2—3天至5—8天，由于皮下水肿，渗出物及坏死组织溶解物被吸收，容易中毒。由于感染，又易发生败血症。这时应注意创面处理，控制感染、注意补液。联合应用青霉素、链霉素或应用广谱抗生素，都能较好的预防与控制感染。

第三阶段　发病7天后，必须积极处理创面，加强全身治疗，防止各种并发症。除上述治疗方法外，为提高机体抵抗力，还可注射维生素 B_1、B_2 及C，以及5%氯化钙注射液、强尔心注射液，利尿药物。

3.烧伤面的处理 常规外科处理创围及创面。眼烧伤用2%—3%硼酸溶液冲洗患眼,用5%碳酸氢钠溶液冲洗酸性化学物质烧伤，用食醋或1%枸橼酸溶液冲洗碱性化学物质烧伤。然后创面敷药，在一度烧伤的创面上涂地塞米松软膏，开放治疗;在二度烧伤的创面上涂5%—10%高锰酸钾液、3%龙胆紫液或5%鞣酸酒精液，使药液在创面上结成药膜。定期换药。

三度烧伤尚有治疗价值的患畜，应早期切除焦痂。清洁创面，用经过特殊处理的小猪皮、胎膜、合成聚合物或泡沫喷雾剂覆盖创面，再包扎。

创面感染后，先做清创手术，再用甲磺灭脓或1%磺胺嘧啶银霜（烧伤宁）涂于创面，每天两次。也可涂抗生素软膏。另外，给以0.5kg/cm^2的压力、5—10L/min的速度向创面喷送氧气10分钟，再涂上述药物于创面，每天一次，共3—4次，疗效较好。

4.植皮术 若遇到肉芽创面过大，为加速愈合，防止瘢痕的形成，实行早期植皮术。珍贵动物的二三度烧伤，可用植皮术。常在自体的颈侧、臂外侧、后躯跖侧及股外侧部取皮。取皮部位剪毛，剃毛、消毒、局部麻醉，然后用取皮刀或外科刀切取皮肤，若隔皮能看到刀刃部，可切取中厚皮片（创面呈稀疏点状出血)。有三种植皮法。

栽植法：把皮片剪成底长0.4cm、高0.7cm的三角形，用刀尖在创面上斜刺，深0.5—1cm，将三角形皮片的尖端向下插入创面刺入孔内，深为三角形的2/3。

粘贴法：用无菌操作法，刀片轻刮创面，刮至创面渗出浆液。皮片剪成2cm²大，相间0.5—1cm，平贴在肉芽创面上。开放疗法。创面涂灭菌石蜡油青霉素或其它抗生素油剂，每日一次。

微粒植皮法：取0.5×1cm²皮片，除去皮下脂肪，再将皮片剪成1mm³微粒，并均匀撒在肉芽创面上，再盖上冷冻的异体皮，并将异体皮缝在创缘的皮肤上。自内起逐层盖上生理盐水纱布、塑料薄膜、大块纱布，并缝在皮肤上。外加棉花团，并包扎。约经4周可愈合。

第四节 损伤并发症

一、休克 休克是强烈的刺激因素引起的机体微循环灌注量急剧减少，导致全身性细胞缺氧、代谢和功能紊乱。主要是维持生命的重要器官的血液量急剧锐减所形成的严重损害的病理过程。休克可发生于各种家畜，多见于马。

病因 多发生于严重的创伤，大面积的烧伤、大神经干损伤、多发性火器创、骨折、大出血、手术过程中过度地刺激内脏、创伤分解产物及毒素的吸收，都可能引起休克。

症状 依据休克发病过程，将休克的症状分为三个时期。

初期（微循环缺血期） 患畜兴奋，马嘶鸣，牛哞叫。可视粘膜变淡，皮温较低，四肢及末梢发凉。脉搏快而充实，呼吸加快。多汗，患畜作无意识地排尿，但无尿或少尿。该期很短，常被忽视。

中期（微循环瘀血期） 是患畜的抑制期。患畜精神沉郁、视觉、听觉及痛觉反应微弱或消失。肌肉颤抖，行走不稳。可视粘膜发绀，血压显著下降，脉搏细微，心音低沉。体温下降，四肢发凉，无尿，呼吸浅表不规则。

晚期（弥漫性血管凝血期） 休克进入了麻痹期，患畜昏迷，体温继续下降，四肢厥冷。可视粘膜暗紫色。血压急剧下降，脉搏快而微弱。红细胞压积容量（PCV）增高。呼吸快而浅表，呈陈-施氏呼吸，无尿。

治疗 治疗原则是：除去病因、改善血液循环，提高血压，消除毒血症、缺氧症，恢复新陈代谢。

1.除去病因 及时给患畜以止血及止痛剂。可应用封闭疗法或注射溴化钠、吗啡及鲁米那等药物止痛。败血症继发休克时，应用对病原微生物敏感的抗生素治疗。过敏性休克时应注射肾上腺素或去甲肾上腺素。急腹症引起的休克，应在症状缓解后立即施行手术治疗。

2.补充血容量 补充血容量是治疗休克的最基本方法。首先，静注乳酸钠林格氏液，大动物用20—40ml/kg，犬用90ml/kg，猫用50ml/kg。休克伴有高血糖症时，禁止输入葡萄糖。然后，静注6%右旋糖酐注射液。当红细胞压积在25%以下时，应给动物输血，同时输入平衡盐液(1:3)。

3.纠正酸中毒 代谢性酸中毒是各种休克的特点。血液pH值在7.28以下时，应静注5%碳酸氢钠注射液。如果配合给氧与换气，会提高疗效，可静脉注射过氧化氢，马用0.3%、5mg/kg；牛用0.24%，2mg/kg。

4.肾上腺皮质激素中只有糖皮质激素能治疗休克。早期大剂量应用：氢化考的松，50mg/kg，强的松龙40mg/kg，甲泼尼松龙30mg/kg或地塞米松15mg/kg。其作用是稳定溶酶体膜，减少酶的释放，以保护组织细胞免遭酶的破坏与分解。促进肝糖异生，防止乳酸蓄积过多，降低血管通透性、减少组织胺和缓激肽的释放。常用作治疗出血、败血性及过敏性休克。糖皮质激素与抗生素联合应用，可治疗内毒素性休克。

非类固醇的保泰松和氟胺烟酸葡胺也能对抗内毒素的有害作用。

5.抗生素及磺胺疗法　为防止或控制感染应早期应用抗生素或磺胺药物，常用青霉素、链霉素、庆大霉素、卡那霉素、新霉素、托伯拉霉素、丁胺卡霉素以及磺胺类药物。

6.血管活性药物的应用　心源性休克时给患畜静注洋地黄毒甙，大家畜0.006—0.012mg/kg，或静注毒毛旋花子甙K，大家畜1.5—3.75mg/kg。扩容治疗以后，静注异丙肾上腺素，大家畜用2—4mg。为扩张外周血管，降低外周阻力，静注氯丙嗪，0.1—0.2mg/kg。在休克初期可应用缩血管药，静注或肌注肾上腺素，大动物1—3mg及2—5mg。为治疗过敏性休克，大动物静注去甲肾上腺素8—20mg　或静注0.2%多巴胺注射液2ml。

二、溃疡　皮肤或粘膜上的长期不愈合的病理性肉芽创称为溃疡。溃疡表面是细胞分解产物、微生物及脓性分泌物或腐败分解产物。溃疡的深部是生长缓慢的肉芽，表层肉芽较嫩，深层肉芽致密。溃疡病灶周围有炎症。

病因　主要由于局部血液、淋巴循环障碍，机体缺乏维生素，代谢紊乱，神经营养障碍，畜体衰弱，分泌物和排泄物长期刺激等因素的作用而引起溃疡。也可见于某些传染病的过程中，如鼻疽，淋巴管炎等。

症状及治疗

1.单纯性溃疡　多见于外伤性脓肿及蜂窝织炎继发溃疡。临床症状主要是：有少量浓稠、灰白色脓性分泌物覆盖在表面上，可干涸成痂皮，容易脱落，露出蔷薇红色肉芽，肉芽表面平整，呈细颗粒状。上皮生长缓慢，淡红色，有时呈紫色。溃疡灶周围肿胀。

治疗　原则是保护和促进上皮、肉芽生长。应用油剂、流膏类药物外敷。禁止应用破坏细胞的防腐剂。如用含2%—4%水杨酸的锌软膏、鱼肝油膏、魏氏流膏。或用紫外线照射，20—30分钟/次，每日一次。

2.炎症性溃疡　多由于机械性、理化性、分泌物或排泄物的长期刺激的结果。溃疡病灶表面有较多的脓汁，肉芽呈鲜红色或微黄色。周围肿胀，局部温度增高，有痛感。

治疗　禁用刺激性药物。普鲁卡因青霉素溶液施行病灶周围封闭，清除创面上的脓汁，用磺胺乳剂或魏氏流膏涂于创面，或用20%硫酸钠或硫酸镁溶液浸纱布敷在创面上。若有脓汁潴留，应及时扩创引流。

3.蕈状溃疡　多见于四肢部，尤其是肌腱通过部位的损伤，肉芽反复受损，高渗盐溶液、异物、骨片的长期刺激，导致本病。

肉芽往往高出体表，呈不平的蕈状。其表面有少量脓性分泌物。肉芽颜色发绀，易出血。上皮生长缓慢，病灶周围肿胀。

治疗　切除赘生的肉芽，或因腐蚀药物腐蚀赘生肉芽。清创以后，创面撒布高锰酸钾粉，或涂布氧化锌软膏。病灶周围作普鲁卡因封闭，装压迫绷带。也可用紫外线照射患部。

4.褥疮性溃疡　患部长时间受压迫，该部血液循环障碍，导致皮肤坏疽，形成褥疮。多发生在机体突出部位。坏死的皮肤被毛脱落、质地较硬、干燥，呈灰褐色或黑色。坏死皮肤的周围及皮下组织坏死分解，使整个坏死的皮肤剥离、脱落、露出不易愈合的肉芽创，肉芽表面有少量脓汁，形成褥疮性溃疡。若粪尿浸渍溃疡面，感染化脓，转为湿性坏疽。

治疗 给长期卧地的家畜应加厚垫草，经常定期让患畜翻身。选用3%—5%龙胆紫酒精溶液或3%煌绿酒精溶液涂在患部，每日2—3次。剪去干性坏死的皮肤，创面涂鱼肝油软膏、水杨酸氧化锌软膏或碘仿鞣酸软膏等。促进肉芽和上皮生长。也可用紫外线照射患部。

三、瘘管 瘘管是使深部组织、器官或解剖腔与体表相通的不易愈合的病理性管道。由管口、管壁、管道及管底所组成。另外，使深部组织与体表不相通的盲管叫窦道。确切地说，使解剖腔与体表相通的不易愈合的管道才叫瘘管。但二者的病理性质是相同的，故统一在瘘管中叙述。

病因

1.创内存留有弹片、砂石、被毛、木屑、谷芒、金属丝、被污染的缝合线及纱布棉球等异物，长期刺激并化脓形成瘘管。

2.由于对脓肿、蜂窝织炎、开放性化脓性骨折、腱及韧带坏死等疾病处理不及时、不合理，也可以形成瘘管。

症状 从瘘管口不断排出脓汁，初期化脓严重，排出大量稀的浓汁，瘘管潴留较多稀脓汁。这时，可能有全身症状。

病久，瘘管内聚留少量浓稠脓汁，有恶臭味。瘘管口位置较高时，瘘管内潴留脓汁较多，只在患畜活动时，才挤出少量脓汁。若瘘管与腺体相通时，随着腺体的分泌物排出，如唾液、乳汁。若瘘管与消化道相通，瘘管排出物中含有食糜、胃肠内容物。

最初，瘘管口处为肉芽组织。陈旧瘘管口处是瘢痕组织。管口向内凹陷呈漏斗状。管口下方的皮肤被脓性分泌物浸渍，形成皮炎，该处被毛脱落。陈旧性瘘管方向多变，管道细，被覆瘢痕组织。管腔内可能有异物或坏死组织。

治疗　原则是：彻底清除瘘管内异物、坏死组织及病理性管壁，畅通引流。

1.简单的瘘管　清洁创围，选用0.2%高锰酸钾液、3%过氧化氢液、0.02%呋喃西林液冲洗管腔。锐匙彻底刮除管壁，取出异物。用消毒药液再次冲洗管腔，然后向管腔内灌注10%碘仿醚或填塞铋泥膏（次硝酸铋1、碘仿2、液体石蜡2）。或者采用腐蚀疗法，选用硝酸银、硫酸铜、高锰酸钾，碘粉剂制成药捻、导入管腔，约经1—2日，可将病理性管壁腐蚀掉，然后按化脓创处理。

2.手术疗法　术前一日向管腔内注入适量5%美蓝液或2%—5%龙胆紫液，使管壁组织着色，便于手术时辨认。在探针指引下，切开管壁，切除或刮除瘘管壁。用消毒溶液冲洗管腔，然后向创腔内灌注碘仿醚、或填充铋泥膏、或注入魏氏流膏，定期换药。假如瘘管道较长，管底靠近体表，可在管底处做一反对孔，便于排液。

瘘管通向体腔时，先用纱布填塞管口，然后用梭形切口切开瘘管周围组织，分离瘘管，找到瘘管内口并在该处切断管壁，取出切除的瘘管壁。缝合器官切口。用消毒溶液彻底冲洗创腔，再用纱布拭净创腔内药液。创腔内撒磺胺粉或青霉素粉。缝合肌肉及其它组织，皮肤行结节缝合。

复习思考题

1.创伤的概念、愈合、症状及治疗。

2.血肿和淋巴外渗的异、同及临床处理。

3.烧伤的病因、症状及治疗。

4.休克的病因、症状及治疗。

5.溃疡的概念、症状及治疗。

6.瘘管的概念、症状及治疗。

第五章　外科感染

一、外科感染的概念　外科感染是指在一定条件下病原微生物侵入机体后，在其生长、繁殖、分泌毒素过程中所造成损害的一种病理反应过程。也就是由病原微生物引起的一种炎症。除了引起局部炎症以外，严重感染还能引起全身反应。

外科感染途径：外源性感染是病原微生物通过皮肤、粘膜的伤口侵入机体内部，随血液循环到其它组织器官内的感染过程；隐性感染是病原菌侵入机体并存留在机体内，只是在机体抵抗力降低时呈现感染的过程；一种微生物引起感染叫单一感染；几种微生物引起的感染叫混合感染；原发性病原微生物感染之后，又有其它病原微生物感染，叫继发感染。外科感染主要指手术及损伤的感染。被感染的组织器官常常发生局限性或广泛性化脓及坏死，有的在治愈后留下瘢痕。

外科感染的病原微生物：常见外科感染的病原微生物主要有：葡萄球菌、链球菌、大肠杆菌、绿脓杆菌、肺炎球菌、化脓性棒状杆菌等，引起非特异性感染，是疖、脓肿和蜂窝织炎的主要病原菌。厌气性感染的细菌有：魏氏梭菌（产气荚膜杆菌），腐败梭菌（恶性水肿杆菌、腐败弧菌）及诺维氏梭菌（水肿杆菌）。腐败感染的病原菌有：变形杆菌、腐败似杆菌（腐败杆菌，腐败伪杆菌、腐败列司太尔菌）、产芽胞杆菌及大肠杆菌等。厌气感染又称特异性感染，比较少见，但危害大，严重的引起动物死亡。

外科感染的病理反应：外科感染是机体与病原微生物之间相互作用的病理过程，是动物有机体对病原微生物作用所发生的局部防御性反应和全身反应。局部反应表现为组织变质、渗出和增生，使具有防御作用的免疫球蛋白、补体、嗜中性细胞、巨噬细胞和淋巴球进入感染区域、杀伤、吞噬病原微生物。这种炎性反应对控制外科感的发生和发展起重要作用。

促使外科感染发生、发展的因素：进入机体内的病原微生物在适宜条件下，经过一定时间即大量生长、繁殖，并产生毒素破坏了机体的防卫机能，即表现出感染症状。外科感染的发展与下述条件有关：外伤的位置，外伤组织和器官特性，创伤是否安静、肉芽组织是否良好、病原菌的种类及数量、机体营养状态以及神经内分泌的机能状态。这些因素在外科感染的发生发展中起重要作用。病原微生物侵入机体后，机体的防御机能下降，可能造成全身感染，如败血症；若机体局部防御机能下降，可引起局部感染，如脓肿、蜂窝织炎。在动物抵抗力增强时，经合理治疗可将其治愈。

外科感染分为急性感染与慢性感染，化脓性感染、厌气性感染与腐败性感染。

症状　局部症状，化脓性感染在初期，局部增温、充血、肿胀、疼痛和机能障碍。随后，局部化脓，周围淋巴结、淋巴管阻滞病原微生物扩散，在化脓灶周围形成肉芽或脓肿壁，形成了阻止感染扩散的防卫面，使局部感染化，最终治愈。

全身反应，局部感染时也会引起患畜体温升高，心跳和呼吸加快，精神沉郁，食欲减退等症状。若动物从病灶吸收了大量病原菌、毒素及组织分解产物时，症状加重。这时，循环系统、网状内皮系统、神经系统、肝、肾、脾、肺及毛细血管都有严重机能紊乱。血液粘稠，球蛋白增加，氧化作用降低。如果感染继续发展，则抑制了骨髓的造血机能，机体出现贫血及幼稚红细胞。白细胞增多，核左移（杆状核白细胞增多，多形核白细胞减少），表示机体加强造血和防御机能。若白细胞减少，核右移（多形核白细胞占多数），表示骨髓造血机能减退。白细胞减少，症状又重，多预后不良。

治疗　需要作局部及全身治疗。局部感染能使感染局限化，减少毒素的吸收，排液畅通促进再生及愈合。全身治疗是提高防御能力的重要措施。常用抗菌药物消除病原微生物，给机体输液及强心剂，纠正水和电解质紊乱。给机体葡萄糖、钙制剂及维生素，恢复神经系统的机能。同时搞好护理，促进愈合。

二、脓肿　组织器官内有化脓病灶并有脓汁潴留，外有脓肿包围的局限性脓腔称为脓肿。如果解剖腔（鼻窦、喉囊，胸膜腔及关节腔）内有脓汁时称为蓄脓。

病因　脓肿的主要病原菌是葡萄球菌、链球菌、绿脓杆菌、大肠杆菌及腐败性菌，经过损伤的皮肤或粘膜进入机体在其局部生长，繁殖过程中形成脓肿。也可能因给动物注射刺激性强的药物如氯化钙、高渗盐水、水合氯醛、新胂凡纳明及松节油等误注或漏入组织而引起无菌性脓肿。

病理发生　在病原微生物及致病因素作用下局部出现急性进行性炎症，最初，患部小血管短时间痉挛；随后，小动脉、毛细血管扩张，局部血流加速，使患部充血、潮红、温度升高、代谢增强。以后，血流减慢、静脉瘀血，局部呈暗红色。这时组织供血不足，发生营养障碍、有毒的分解产物增多，即发炎组织释放出组织胺，5-羟色氨、缓激肽、胰激肽、白细胞诱导素，激肽释放酶及病原微生物毒素。这些有毒物质作用于毛细血管，使其通透性增强，渗出现象显著。在组织病理代谢产物及白细胞诱导素作用下，最先是嗜中性白细胞游出，随后是单核细胞、巨噬细胞（晚期转化为成纤维细胞）游出，这时嗜中性白细胞逐渐消失。这些细胞具有强大的吞噬能力，有力的控制着感染。由于血管渗透性增强，组织内压增高，酸性产物增加，局部pH值下降以及在病原微生物毒素的共同作用下，使组织细胞、嗜中性白细胞坏死。坏死细胞释放出蛋白分解酶，微生物释放出杀白细胞素、溶纤维酶、组织分解酶等共同作用下，溶解坏死的细胞、细菌而形成脓汁。坏死的嗜中性白细胞，组织细胞成为脓球。在病灶中央因坏死组织溶解形成了脓腔，充满了脓汁。在化脓灶周围形成制脓膜，内层是坏死细胞及组织，外层是肉芽组织，构成脓肿壁使化脓病灶与健康组织分开，此时，在临床上脓肿即告成熟。

转归　小的脓肿，脓汁能被吸收或钙化而自愈。多数因脓汁的积聚，使脓腔继续扩大，不断侵蚀表层组织而自行破溃，流出脓汁；有的则向深部组织扩散，引起新的脓肿或蜂窝织炎；有的则经血液和淋巴转移到其它组织形成转移性脓肿。

症状　浅在的脓肿常发生在皮下，筋膜下及肌肉间的组织内。最初出现急性炎症，患部肿胀，界限不明，质地坚实，局部温度增高，皮肤潮红，剧痛，尤其神经末梢丰富的组织器官疼痛更为严重。继则局部化脓，病灶中央软化有波动感，皮肤变薄，被毛脱落以致化脓病灶皮肤破溃，排出脓汁。这时脓肿症状缓和。牛皮较厚，脓肿不易破溃，最好做切开排脓。

马的葡萄霉菌病、牛放线菌病及结核性脓肿，均形成冷性脓肿。发展缓慢，肿胀明显，脓汁增多时病灶中央有波动感，但局部温度不高，无痛或仅轻微疼痛。

深层脓肿多发生在深层肌肉、肌间、骨膜下，腹膜下及内脏器官。局部症状不太明显。患部皮下组织有轻微的炎性水肿，触诊留下压痕，疼痛，病灶中央无波动感。但全身症状明显。皮下炎性水肿有时与脓汁量不一致。由于脓肿表面组织较厚，脓汁沿着解剖间隙下沉，形成流注性脓肿。也有深在的脓肿受脓汁挤压腐败，制脓膜变性、坏死，最后使皮肤破溃，排出脓汁。常继发蜂窝织炎，败血症而病情恶化。

治疗　治疗原则是消除病因，消炎，增强机体的抵抗力。

促进脓肿成熟：在脓肿形成过程中，患部涂鱼石脂软膏，鱼石脂樟脑软膏，或用温热疗法，超短波疗法，促进脓肿成熟。

手术疗法　脓肿成熟以后及时施行手术切开或穿刺抽出脓汁。然后用防腐消毒溶液冲洗脓肿腔，用沙布吸净脓肿腔内残留药液，向脓肿腔内注入抗生素溶液。切开脓肿时，应在波动最明显处切开。如果脓肿腔内压力较高时，应先穿刺，抽出脓汁，减压后再切开脓肿。施行分层切开，切口有一定长度，以利于排脓。不要损伤大的血管、神经，要彻底止血，排净脓汁，防止脓肿转移。切开时不要损伤制脓膜。为了彻底排脓，可另作辅助切口。

也可作无菌摘除小的脓肿，要彻底地剥离脓肿周围组织，不要切破制脓膜，取出完整的脓肿。创腔内撒布消炎粉，缝合创伤。争取第一期愈合。

三、蜂窝织炎 发生于疏松结缔组织的急性弥漫性化脓性炎症称为蜂窝织炎。多发生于皮下、筋膜下及肌肉间的疏松结缔组织内。特征是局部呈现浆液性、化浓性甚至腐败性渗出，全身症状严重。

病因 蜂窝织炎的病原菌主要是溶血性链球菌等化脓性细菌。此外，腐败性感染或混合感染比较少见。

刺激性强的药物如松节油、水合氯醛溶液、高渗氯化钠溶液，漏入皮下或注入深部组织内，也能引起急性化脓性蜂窝织炎。

还能继发于疖、痈、脓肿、骨髓炎、关节炎及深部感染病灶。

症状 病势发展较快，迅速呈现局部和全身的明显症状。

局部症状 由于患部急性浆液性渗出、化脓性浸润，短时间内局部呈现大面积肿胀。浅在的病灶呈弥漫性肿胀，初起按压时有压痕。在组织坏死、溶解、化脓以后，肿胀部位有波动感；深在的病灶呈坚实的肿胀，界线不清，局部增温，剧痛。最终，由于大量的筋膜下组织及肌肉坏死溶解，形成大量的脓汁，然后脓汁沿着肌间、大动脉、神经干及筋膜间隙扩散，因此就会呈现严重的机能障碍。浅在的病灶发生多处的组织坏死、溶解、皮肤破溃，排出脓汁，这时症状减轻。筋膜下及肌肉间的蜂窝织炎，深部组织和肌肉坏死、溶解、形成脓汁，导致患部内压增高，使患部皮肤、筋膜及肌肉高度紧张。由于病灶深，皮肤不易破溃。切开排脓，脓汁呈灰红色。

若局部被腐败性，厌气性细菌感染，引起腐败性坏疽性蜂窝织炎。初期局部组织呈浸润性肿胀，局部发热、剧痛。患部很快出现组织的坏死、溶解、腐败产气，这时局部变凉、触诊时局部不敏感，有捻发音。破溃或切开患部，脓液呈红褐色、恶臭、稀的液体。病灶的坏死组织呈灰绿色或黑褐色。有的病灶是腐败菌、厌气菌与化脓菌的混合感染。

全身症状　患畜精神沉郁，食欲下降或废绝、体温升高到40℃以上，呼吸，脉搏增数。循环、呼吸及消化系统都有明显的症状。深部的蜂窝织炎病情严重，可以继发败血症。腐败及厌气感染时，患畜从病灶吸收了大量有毒物质，体温显著升高，全身症状恶化。

局限性蜂窝织炎　当动物抵抗力增强及经过合理的治疗后，使蜂窝织炎局限化，形成脓肿。

弥漫性蜂窝织炎　当患畜抵抗力降低或治疗不合理时，化脓灶会迅速扩散，使整个肢体或躯体呈现弥漫性肿胀，患部显著增温、剧痛、高度跛行。多处有破口并流出脓液。

治疗　治疗时的原则是局部与全身治疗相结合。

局部治疗　目的在于减少渗出、降低组织内压、减轻组织的坏死、分解，防止感染扩散。发病二日内给予治疗，如用10％鱼石脂酒精、90％酒精、复方醋酸铅冷敷，病灶周围进行封闭。发病3—4天以后改用温热疗法，将上述药液改为温敷。

手术治疗　经局部治疗，症状仍不减轻时，为了排出渗出物，减轻组织内压，应尽早地切开患部。为了彻底排出炎性渗出物，切口要有足够的长度及深度，可作几个平行切口或反对口。对切口要充分止血，再用防腐消毒液冲洗创腔，用纱布吸净创腔药液。最后选用中性盐高渗溶液、或奥立夫柯夫氏酸性液（3％过氧化氢、20％氯化钠溶液各100.0ml、松节油10.0ml)，纱布条引流。按时更换。

全身疗法　尽早应用大剂量抗生素或磺胺类药物治疗。为了提高机体抵抗力，预防败血症，静注5％碳酸氢钠注射液，或40％乌洛托品注射液、葡萄糖注射液或樟酒糖注射液（精制樟脑4.0g、精制酒精200.0ml、葡萄糖60.0g、0.8％氯化钠液700.0ml，混合灭菌）马、牛一次用250—300.0ml。

若转为慢性炎症，患肢呈象皮病时，可应用石蜡疗法、超短波疗法、红外线疗法或碘离子透入疗法，促进炎性产物的消散或吸收。

同时加强饲养管理，给予富含维生素的饲料。

四、败血症　败血症是机体从感染病灶吸收了病原微生物及其产生的毒素和组织分解产物，使病原菌及毒素进入机体。引起机体全身紊乱的病理过程。主要表现为神经系统、实质器官和组织发生机能性、退行性变化。它是损伤感染的一种严重并发症。

病因　该症的病原微生物主要有金黄色葡萄球菌、溶血性链球菌、大肠杆菌、绿脓杆菌及坏疽杆菌。可能是单一或混合感染。

创伤处理延迟、操作粗暴、对创伤用药不当，创腔内潴留较多的脓汁及坏死组织等因素，都容易损害创伤肉芽的防御能力，继发败血症。家畜营养较差，过劳使其抵抗力降低，也是发生败血症的因素。

败血症也常继发于某些传染病的过程中，如马传染性贫血、鼻疽、牛结核病、布氏杆菌病等病的急性发作时，都表现为败血症。

分类　根据症状和病理学的变化，将败血症分为三类：脓毒血病、败血病、脓毒败血症。脓毒血病是由于败血性病原菌从病灶侵入血液循环系统，随血流进入其它器官组织，在那里形成转移性脓肿。败血病是畜体从败血病灶吸收了大量的毒素，导致许多器官、系统中毒，使这些器官、系统发生退行性病变。脓毒败血症是机体从败血病灶吸收了病原微生物和毒素后，所引起畜体机能紊乱的病理过程，是上述两种败血症的混合型。

症状

1.脓毒血病　多见于牛、犬、家禽。猪及绵羊、马较少见。病原微生物由败血性病灶侵入机体，在各器官内形成转移性脓肿，故又称为转移性全身性化脓性感染。转移性脓肿的大小不一，从粟粒大到拳头大。

病灶周围严重水肿、剧痛。病理性肉芽，发绀、肉芽水肿、坏死、分解，肉芽表面脓汁较多，稀而恶臭。

患畜精神沉郁，食欲废绝，饮欲增强。体温升到40℃以上，这时患畜恶寒战栗。体温下降时出汗。呈稽留热、间歇热或弛张热型，这是由于病原侵入畜体的时间决定的。体温变化明显，同时血压又下降，是本病的特征。长期高烧不退，全身症状恶化，往往造成患畜的死亡。

肝脓肿时眼结膜高度黄染；肠脓肿时患畜剧烈的腹泻；肺脓肿时有脓性鼻液，呼出腐臭味气体；脑脓肿时患畜痉挛；肾脓肿时尿比重下降，尿内有病理性产物。

血沉加快，白细胞增数，2.2—3.5万/mm^3，核左移。若淋巴球、单核球增多，是病愈的标志。

创面按压标本检查　如脓汁相内有静止游走细胞及巨噬细胞，说明机体防御能力较强，如脓汁相内没有巨噬细胞及溶菌现象，细菌又多，说明病情加剧。

2.败血病　患畜吸收毒素，引起中枢神经系统、网状内皮系统、机体氧化过程的抑制及新陈代谢的紊乱。该病又称为非转移性全身性化脓性感染，多见于马及山羊。

局部病灶内潴留大量脓汁及坏死组织。有些病例化脓不显著，但缺乏再生现象。

患畜沉郁或意识消失，卧地不起。食欲废绝。结膜黄染，有小出血点。很快消瘦，肌肉剧烈的颤抖。体温40℃以上，多为稽留热。脉搏快而弱，重症者血压下降。呼吸困难。马呈中毒性腹泻，尿少并有蛋白尿。

治疗　治疗原则是彻底处理局部败血病灶，控制全身感染，提高机体抵抗力，恢复机体的功能。

局部治疗　对败血病灶作物底的外科处理，消除感染源。病灶周围封闭，扩大创口，消除创囊，消除创内的坏死组织，异物及脓汁。用防腐消毒液彻底冲洗创腔。然后按化脓创处理。

全身治疗　为了控制感染，尽早给予磺胺类药物、抗生素及抗菌增效剂（如三甲氧苄氨嘧啶—TMD、二甲氧苄氨嘧啶—DVD）。病重者，上述药物联合应用。为防止病原微生物产生耐药性，应适时更换抗生素药物。一些危重例，最好配合肾上腺皮质激素疗法。

及时的给患畜输血、输液、补充血溶量，纠正机体电解质紊乱、中和毒素，提高机体抵抗能力。静注25％葡萄糖注射液1000.0ml，40％乌洛托品40.0ml，生理盐水1000.0ml，或樟酒糖注射液300.0ml。为了减少渗出，提高交感神经及内分泌系统的机能，静注5％氯化钙注射液100—200.0ml，肌注维生素B和维生素C。

对症疗法　为改善和恢复受损伤器官的功能，及时作对症治疗。如心脏衰弱时应用苯甲酸钠咖啡因、强尔心等。肾脏机能紊乱时，静注乌洛托品或给利尿剂。继发腹泻时静注氯化钙注射液。为防止转移性脓肿可静注樟酒糖注射液。

复 习 思 考 题

1.什么叫外科感染？有哪些感染途径？

2.引起外科感染的病原微生物有哪些？

3.详述影响外科感染的因素及外科感染的症状和治疗方法。

4.分别叙述脓肿、蜂窝织炎及败血症的概念、症状及治疗方法。

第六章 风 湿 病

风湿病是一种容易反复发作的急性或慢性非化脓性炎症。其特点是机体的结缔组织的胶原纤维蛋白变性，呈现非化脓性炎症。风湿病常侵害对称性的骨骼肌、关节、蹄及心脏。本病在各地均有发生，但以寒冷地区发病率高。多见于马、牛、猪、羊、家兔及鸡。

病因 其病因目前虽未完全确定，一般认为本病是家畜对溶血性链球菌感染的一种变态反应性疾病。溶血性链球菌是上呼吸道、扁桃体内的常在菌，当机体抵抗力下降时侵入畜体组织内，呈局部隐性感染。这时链球菌在畜体内产生毒素和酶类，如溶血素、灭白细胞素、透明质酸酶及链激酶。链球菌及其代谢产物有很高的抗原性，作为抗原便刺激机体产生抗体。当抗体量达到一定程度时畜体便处于致敏状态，这是畜体变态反应的准备阶段。当畜体抵抗力再次下降，链球菌再次侵入机体时，链球菌及其产物作为抗原性物质，便与畜体内已经产生的相应的特异性抗体相互作用，就发生了抗原与相应抗体相互作用的变态反应。由于链球菌抗原与相应抗体从血液渗入到结缔组织及网状内皮细胞的胞浆及颗粒中，因此两者便在这些组织细胞内发生变态反应，使这些组织细胞变性溶解，导致风湿病的发作。这是畜体过敏的激发阶段。从致敏到激发阶段的时间是风湿病的潜伏期。因此，家畜患扁桃体炎及上呼吸道感染时，用大剂量抗菌药物治疗，可降低风湿病的发病率。还有人认为风湿病是病毒引起的，当链球菌与病毒合并感染时，链球菌及其产物能提高畜体对病毒的感受性。

畜舍阴冷潮湿，家畜夜宿湿地、雪地，出汗后遭风雨侵袭。家畜过劳、营养缺乏，体弱等因素，容易诱发风湿病。北方一些马属动物的风湿病常与骨代谢障碍合并发生。

症状　患风湿病的肌肉，关节及蹄的局部温度增高、局部疼痛及机能障碍，这是风湿病的主要症状。

一、急性与慢性风湿病

1.急性风湿病　其特点是突然发病，有明显的全身症状和严重的局部症状。患畜精神沉郁，食欲减退或消失，体温升高1—1.5℃，呼吸及脉搏增数。可视粘膜潮红。重症有可能有心内膜炎，能听到心内杂音。乳牛泌乳量下降。

局部有固定的或游走性疼痛病灶，并有对称性和转移性，疼痛病灶常是此消彼长，时而这一肢时又另一肢发病。患部温度升高，患病器官有显著的机能障碍。背腰风湿时，腰硬、拱腰，后肢不灵活。四肢风湿时，跛行明显，跛行症状随着运动时间延长逐渐减轻。颈风湿时，颈部活动受影响。

风湿病症状受天气影响，天气突变，风雪严寒，阴雨潮湿时，其症状加重。风湿病患畜对水杨酸制剂敏感。给患畜水杨酸制剂一小时后症状就会减轻。

急性风湿病的病程比较短，数日—14天可好转或痊愈，但容易复发。

2.慢性风湿病　全身症状不明显，缺乏急性风湿病的局部症状。患部僵硬，患肢或全身有姿势的改变。肢体动作强拘，容易疲劳，病程较长。

二、不同器官患风湿病的症状

1.肌肉风湿病　肌肉风湿病多发生于较大的肌群，如肩部肌群、背腰肌群、臀肌、股后肌群及颈部肌肉。

急性肌肉风湿病：患病肌肉内出现浆液性纤维素性渗出，炎性渗出物积聚于肌肉间的结缔组织内，使局部肿胀、增温及疼痛。病灶组织僵硬，肌肉呈痉挛性收缩，抗拒触诊。病灶游走不定，一个肌群痊愈，另一肌群又罹病。患部肌肉疼痛，四肢肌肉疼痛导致跛行，步态强拘，步幅短缩，卧下与起立都较困难。可能出现肢跛，悬跛或混合跛行，这是由于患病肌肉生理机能障碍而决定的。跛行的程度随着运动而减轻。急性肌肉风湿还有显著的全身变化。

慢性肌肉风湿病：全身症状不明显，但患部肌肉，腱的弹性下降，肌肉僵硬，其内有硬结节样肿胀，肌肉萎缩。步态强拘。跛行症状随运动而减轻，容易疲劳。天气突变，恶劣天气时症状加重，病程较长。

2.关节风湿病　多发生于较大的关节，如肩关节、肘关节、髋关节、膝关节、颈椎关节及腰椎关节。病灶呈对称性分布，疼痛游走不定，多是一至数个关节或肢蹄发病。

急性关节风湿病：本病是风湿性关节滑膜炎，滑膜渗出增强，有的渗出液中含有纤维蛋白及白细胞。关节囊及周围组织肿胀，关节粗大。局部增温、疼痛。跛行症状明显，随运动减轻。患病关节呈对称性分布，病症在恶劣天气时加重。全身症状明显。

慢性关节风湿病：本病多表现为关节滑膜及周围结缔组织增生、肥厚，使关节粗大，轮廓不清。关节活动范围变小，关节强拘。跛行症状随运动而减轻，在恶劣天气时症状增重。无明显全身症状。

三、常发部位的风湿病

1.颈部风湿病　呈急性或慢性颈部肌肉风湿性肌炎，患部肌肉僵硬，疼痛。两侧颈部肌肉风湿时，患畜低头难。一侧颈部肌肉风湿时，患畜斜颈。

2.肩臂部风湿病　呈急性或慢性肩臂部风湿病，常波及到该部肌肉及肩关节和肘关节。患肢减负体重，悬跛。两前肢同时发病时，患畜头颈高举站立，两前肢前踏，以蹄踵着地。运步时步幅短缩，关节伸展不充分。

3.背腰风湿　呈现背最长肌、髂肋肌及腰肌的急性或慢性风湿病，常波及到腰关节。腰背部肌肉僵硬。站立时腰背部拱起，凹腰反射减弱或消失。行走时该部不灵活，后躯强拘。步幅较短，起立与卧下都比较困难。

4.臀股风湿病　这是臀肌、股后肌群及髋关节的急性、慢性风湿病。该部肌肉僵硬、疼痛。后肢行走缓慢，跛行症状明显。

5.全身风湿病　全身的肌肉及关节都发生急性或慢性风湿病。全身肌肉僵硬不灵活，站立如木马状。

诊断　除了根据症状诊断以外，还可作水杨酸钠皮内试验。即先检查白细胞总数，然后将0.1%水杨酸钠注射液10.0ml，分数点注射到颈部皮内。此后30及60分钟后检查白细胞总数一次，假如其中一次白细胞总数比注射药物前减少1/5时，可判为风湿病阳性。该法对马的检出率是65%。

鉴别诊断

1.肌红蛋白尿病　该病多发生于长期休闲的马，往往在初次重役或剧烈运动之后突然发病。表现为运动障碍，股部肌肉麻痹，肌肉僵硬、变性。排出肌红蛋白尿为特征。其病变部位固定。没有风湿病史及症状。

2.骨软病　这是成年家畜的一种骨营养不良疾病。由于饲料中钙、磷缺乏或二者比例不当引起的。特征是骨质进行性脱钙，骨质疏松、跛行。额骨穿刺针较容易刺入额骨内，但用该穿刺针不能刺入患风湿病动物的额骨内。风湿病的疼痛显著，运动可使症状减轻。

治疗　原则是消除病因，解热镇痛，同时要加强饲养管理。

1.水杨酸钠疗法　对病畜应及早连续使用水杨酸钠治疗，疗效较好。常用者有：静注撒乌安注射液（1％水杨酸钠注射液150.0ml、40％乌洛托平注射液30.0ml、10％安钠咖注射液20.0ml）。若合并骨软病时，静注10％水杨酸钠注射液100—300.0ml、5％葡萄糖酸钙注射液200—300.0ml，每日一次，连用5—7日。小家畜可肌注30％安乃近或复方氨基比林注射液10—30.0ml，每日一次。另外，还可用消炎痛，有解热镇痛与消炎的作用，与肾上腺皮质激素合用，能增强疗效。马、牛用量是1mg/kg，猪、羊的用量是2mg/kg，内服。

水杨酸钠、碳酸氢钠和自家血疗法　取10％水杨酸钠注射液200.0ml、5％碳酸氢钠注射液200.0ml每日一次静注。自家血注射量是：第一天80.0ml、第三天100.0ml、第五天120.0ml、第七天140.0ml，七天为一疗程，间隔七日再作第二疗程。对急性风湿的疗效显著，使慢性风湿病例好转。

2.肾上腺皮质激素疗法　该药能抑制许多细胞基质反应和血管扩张，因此能减少渗出，能抗炎。还能抑制过敏反应产生的病程变化，呈抗过敏作用。2.5％醋酸可的松注射液（混悬液），马、牛200—750.0mg、猪50—100.0mg，每日一次肌注。0.5％氢化可的松注射液，马、牛用200—750.0mg，静注或肌注。2.5％醋酸氢化考的松注射液（混悬液），马、牛2—10.0ml，关节腔内注射，治风湿性关节炎效果较好。0.5%地塞米松磷酸钠注射液，马2.5—5.0mg，牛5—20.0mg，猪、羊4—12.0mg，静注或肌注。0.5%氢化泼尼松注射液（强的松龙）马、牛10—30.0ml，猪、羊2—4.0ml，静注或肌注。

3.物理疗法　风湿病可选用石蜡疗法、红外线疗法、中波透热疗法、水杨酸离子透入疗法、超短波电场疗法、热敷疗法如炒热的酒糟或醋麸皮，一次热敷20—30分钟，1—2次/日，连用7日。上述疗法对慢性风湿病疗效较好。冷脚浴治疗急性蹄风湿、温脚浴治疗慢性蹄风湿的效果较佳。

4.内服中药

防风散：防风30g　独活25g　羌活25g　连翘15g　升麻25g　柴胡20g　制附子15g　乌药20g　当归25g　葛根20g　山药25g　甘草15g　共为末，开水冲调，待温灌服。治痛无定处型风湿。前肢痛加桂枝，后肢痛加牛膝，腰痛加杜仲、川断。

独活寄生汤：独活50g　桑寄生50g　秦艽40g　防风25g　细辛15g　当归25g　白芍25g　川芎20g　干地黄30g　杜仲30g　牛膝35g　党参40g　茯苓35g　肉桂25g　甘草20g　共为细末，开水冲调，待温灌服。

复习思考题

1.试述风湿病的概念、发病原理。

2.详述风湿病的症状、诊断及治疗。

第七章 肿 瘤

肿瘤是机体某些组织细胞在内外致病因素的作用下，异常增殖分化而发展起来的病理性新生物。这种异常增殖的细胞称为瘤细胞。肿瘤可发生于各种动物，以犬、牛、马及鸡的肿瘤较多见。

一、肿瘤的分类 根据病理形态、临床经过和预后的不同可将肿瘤分为良性肿瘤和恶性肿瘤两大类。一般认为生长缓慢，对机体危害较轻的肿瘤属于良性肿瘤；而生长迅速，对机体危害严重的属于恶性肿瘤。恶性肿瘤又分为两种：由上皮组织发生的恶性瘤称为癌；由肌肉、骨、淋巴、造血组织或脂肪组织等发生者称为肉瘤。若恶性肿瘤的组织来源不是单一的，则既不叫癌，也不叫肉瘤，而冠以“恶性”二字，如恶性神经鞘瘤、恶性畸胎瘤等。临床上良性肿瘤较多见。

二、常见肿瘤及其症状

（一）纤维瘤 是由结缔组织发生的一种良性肿瘤，兽医临床最为多见。各种家畜均可发生，以马、骡最多发。发生部位多在皮下（头部、腮腺部、鬐甲部、胸腹侧、四肢及包皮等），结缔组织处经常受刺激时也可发生。纤维瘤由结缔组织细胞及其产生的胶原纤维所构成，一般呈球形、半圆形，质硬、有包膜，小的如豆粒或鸡蛋大，大的如人头或更大。可移动或有根蒂。

粘膜的纤维瘤称息肉，有根蒂，淡红色，被覆平滑光泽的粘膜。马鼻腔息肉单侧多发，可阻塞鼻道影响呼吸。牛以食道、乳头管、直肠和阴道内的息肉最多见。

（二）脂肪瘤　由成熟脂肪组织构成的良性瘤。马、牛、猪均可发生。牛可见于任何脂肪密集处。瘤体较小，质软而轻，易压碎，出血少，呈圆形或卵圆形、结节状、不规则分叶状。移动性大，常有较细的根蒂。易发生粘液样软化和坏死。

（三）骨瘤　由骨样组织形成，常起源于骨。是较常见的结缔组织良性瘤。多发生于马、牛头部和四肢，一般有狭长的基部附着，触之坚硬如骨，无移动性和热痛反应。

（四）肌瘤　由肌肉组织构成的良性瘤。分平滑肌瘤和横纹肌瘤：前者常见于腔体器官壁、表面光滑，与周围界限明显，有活动性；后以骨骼肌瘤最重要，呈单发和多发、细小和庞大、扁平和圆形、局限和弥漫或息肉样生长等。

（五）乳头状瘤（疣）　是表皮和粘膜上皮细胞过剩增殖形成的良性瘤。常发生于皮肤、粘膜及腺体管壁上。乳牛乳头状瘤见于乳房、乳房皮肤、乳头管及乳头乳池；马见于唇、鼻、眼睑、耳壳、包皮及阴囊皮肤。皮肤的乳头状瘤又称疣，被毛稀薄部位多发。乳头状瘤多呈圆或椭圆形、结节状、分叶状、绒毛状和树枝状等，大小和数目不定。疣长大后形成菜花样新生物，可与皮肤一起移动，不向深部生长。

（六）粘液瘤　一般为良性瘤，绵羊及犬多发，常存在于鼻腔、副鼻窦内，也发生于皮下、乳腺等处。质地极柔软，切面光滑，半透明，呈胶样黄色，多无转移性。不易彻底摘除易出血复发。此瘤中的粘液，并非粘液蛋白，而是透明质酸，加入透明质酸酶时，可使其液化。

（七）肉瘤　是结缔组织型细胞组成的恶性瘤。最初呈膨胀性生长，继而向周围组织融合向四周浸润，界限不清，不易根除。较常见的有：马、牛的纤维瘤，其质坚硬，血管不十分丰富，可发生于面颊、颈、肩、包皮、尾及臀等部位；起源于骨组织的骨肉瘤多见于牛的尾部和犬的股、胫、肱及桡骨等处；此外，马、犬，尚可发生齿龈部的肉瘤——齿龈瘤。

（八）黑色素肉瘤　是细胞浆内含黑色素的圆形或梭形细胞组成的恶性瘤。其早期不易与良性的黑色素瘤相区别。马、牛、犬、猪均可发生。马的黑色素肉瘤多发于毛色浅的白马多见于尾根、肛门周围、眼睑、唇、腮腺、下腹、包皮及乳房等部位。瘤体切面可涌出墨汁样的黑色液体。

（九）癌　是来自上皮细胞的恶性瘤。其生长迅速，呈浸润性和破坏性生长，有转移性，术后易复发，严重者能引起全身症状或恶病质。依细胞起源，癌可分为：鳞状细胞癌（鳞状上皮癌），常见于皮肤的上皮或粘膜的鳞状上皮；柱状细胞癌，发生于粘膜上或粘液腺的柱状上；腺癌，多发于皮肤腺和腺器官，老龄母犬以乳腺癌多见。

（十）肝癌　原发性者多是黄曲霉慢性中毒所致。有肝细胞型，胆管细胞型和混合型三种。猪多发于5岁以上的种猪，多为肝细胞型。鸭多见于2岁以上的成鸭，多为胆管细胞型。肝癌的外形可为巨块型或结节型，癌肿呈灰白或灰黄色，质地坚实。

三、肿瘤的诊断　兽医临床目前尚缺乏肿瘤的早期诊断和普查经验。重点是区别良性肿瘤与恶性肿瘤，区别是属于炎性增生，还是肿瘤。常用的方法有：

（一）询问病史　主要了解肿瘤的发生与发展情况，考虑其生长速度与肿瘤性质的关系。

（二）检查患部　通过触诊摸清肿瘤的范围、硬度、数量及其与邻近组织或器官的关系；通过直肠触诊可探知腹腔内的肿瘤与内脏之间的关系；内窥镜是检查某一内脏之间的特殊性检查方法，其对肿瘤的检出率较高。

（三）全身性检查　主要是检查和观察体温、呼吸、脉搏、营养状况、饮食、粪尿变化等。

（四）病理组织学检查　活体组织检查是目前诊断肿瘤最可靠的方法。采取活组织的时间最好与手术治疗时间接近，以防瘤细胞转移、扩散，若瘤体不大，宜先作彻底切除，再作活组织检查。活组织的采取与检查方法有：

1.用小套管针吸取法　皮肤先行剪毛、剃毛和消毒，用刀尖挑破皮肤，再将直径1.5—2.5mm的小号套管针连同针芯快速刺入瘤体内，随即抽出针芯在套管针上接好注射器，保持负压，徐徐向外抽，逐渐解除负压，在套管针内常可获得细条状肿瘤组织，取出该组织放入10％福尔马林溶液中固定送检。若抽出物为液体，则作涂片，染色后镜检。

2.手术摘除肿瘤后取样检查。

3.脱落细胞涂片检查　如胃液、阴道分泌物、胸水、腹水等，检查其中有无瘤细胞。

（五）X射线检查　用于胸腔、腹腔或骨、关节等部位的肿瘤诊断。X射线检查可采取透视或照像两种方法。中、小动物可用钡剂造影检查消化道肿瘤。

（六）实验室检查　患白血病时可从血液和骨髓检查得到证明；黑色素瘤可进行血清学检查，即在两支分别装有10ml病马血清和健马血清中的试管中，各加入1％没食子酚溶液2ml，垂直静置6小时，每小时观察记录一次。由于所用试剂可在血液中酶的作用下变为黑色素，而病马血清内所含该种酶（酚氧化酶和酪氨酸酶）比健康马多，故黑色素沉淀速度要快一倍。

良性肿瘤与恶性肿瘤的区别见下表。

表7—1 良性肿瘤与恶性肿瘤鉴别表

鉴别项目	良性肿瘤	恶性肿瘤
外观	有被膜，表面光滑整齐，有的带蒂，与周围组织界限明显	无被膜、表不整齐、不平、无蒂，有时溃烂，大小不一
生长速度	缓慢	迅速
大小	一般可长得很大	一般不会长得很大
质地	质较硬、有时较软，但整个肿瘤质地均匀，压之有弹性	质地不均匀，有硬有软，压之有指痕
痛感	无痛感	有剧烈疼痛反应
转移性	无转移性	有转移性、特别是手术后
细胞形态	一般细胞分化成熟	细胞未分化成熟、大小不规则
血管分布及出血性	血管壁完整，分布较少，不易出血、很少溃烂	血管壁不完整，分布较多，常常出血，很易溃烂
对全身的影响	一般无明显影响，仅对附近组织造成机械压迫	常造成恶病质，有时发生继发性感染
手术效果	彻底摘除，不易复发	不易彻底摘除，易复发
转变	手术不当或机械损伤后引起，转变为恶性肿瘤	

四、肿瘤的治疗 肿瘤的治疗应作到早期发现、早期治疗，以防良性瘤发生恶变及恶性肿瘤继续发展和转移。目前，家畜肿瘤的治疗方法有：

（一）手术疗法 是兽医临床常用的方法。

1.摘除法　是治疗肿瘤最基本的方法，对良性瘤效果极佳。较小的肿瘤在充分麻醉下，于肿瘤中央的皮肤作一梭形切口，向两侧剥离皮肤及瘤的基底部，将瘤体与包膜一起摘除，勿使残瘤。手术中要彻底止血，严格遵守无菌操作规则；术后要清理创腔、修整创缘、结节缝合皮肤并装着结系绷带。恶性肿瘤的摘除范围应包括其周围的健康组织及所属区域的淋巴结；术部常规处理，术后要注意护理和治疗。

2.切除法　根蒂较小、皮肤发生溃烂的肿瘤，可将肿瘤与皮肤一起切除，充分止血，创口可行开放疗法或作压迫缝合。

3.结扎法　根蒂较小的良性瘤，用粗丝线、细线绳、金属丝或马尾毛等结扎其根部，阻断其血液供应，使瘤体逐渐萎缩乃至自然脱落。

4.绞断法　基部细长的表在性良性瘤，可用绞断器或去势钳绞、捻或挫断基部除去肿瘤。

（二）冷冻疗法　利用液氮、干冰等制冷物质与组织接触时，能使体积迅速膨胀、局部温度骤降而产生的深冻效应，直接破坏瘤细胞或使血管被阻塞断绝血液供应而发生坏死。此法适用于小的表在性良性肿瘤的治疗。

（三）放射线疗法　放射线对组织细胞的作用特点是对生长越旺盛和越幼稚的组织细胞作用越大。瘤细胞受放射线照射后被破坏致死，不在复生。正常组织虽难免受害，但仍保持恢复其生活、生长和繁殖的能力。兽医临床曾用锶^{90}、钴^{60}等照射牛、马鳞状上皮癌，均获成功。

（四）激光疗法　高功率输出的CO_2激光经聚焦形成的细小光点，可作为光刀进行激光手术，还可使病变组织气化。激光疗法前途广阔。

复习思考题

1.什么是肿瘤、良性瘤、恶性瘤、癌、肉瘤？良性瘤与恶性瘤主要的区别有哪些？

2.家畜常见的肿瘤的种类及其特征？

3.家畜肿瘤的检查与诊断方法。

4.家畜肿瘤常用的疗法和技术。

第八章　头颈部疾病

第一节　眼　病

（一）眼的局部解剖　眼是由眼球、护眼器和眼部肌肉所构成。

1.眼球　眼球由眼球壁和眼内容物组成。

（1）眼球壁：包括纤维膜、血管和视网膜。

①纤维膜：由角膜和巩膜构成。

角膜：角膜在眼的最前部，呈透明，具有折光作用。角膜内无血管，亦无淋巴管，而富有神经，角膜的营养是通过扩散的方法进行。

巩膜：巩膜在角膜之后，几乎包围整个眼球的4/5，是由白色不透明、坚韧的结缔组织构成，前面与角膜相连，后面有一筛状孔，是视神经的通路。

②血管膜：是由虹膜、睫状体、脉络膜所构成，是眼球壁的中层。

虹膜：位于晶状体前部，是褐色的环状色素膜，中央形成瞳孔。虹膜上有瞳孔收缩肌和开张肌，在植物神经支配下，调节瞳孔的扩大与缩小。虹膜上分布有三叉神经纤维，发炎时常引起剧痛。虹膜与角膜之间的空隙称为眼前房，虹膜与晶状体之间的空隙称为眼后房，房内储有液体，能通过光。

睫状体：为脉络膜前部的环状带，位于虹膜后方，外有睫状肌，内有睫状突，产生眼房液及调节晶状体的厚度。

脉络膜：位于眼球最后部，外接巩膜，内接视网膜。脉络膜内有照膜层（猪无照膜），具有金属光，因而各种家畜具有各自的眼底特征。眼底这一部分叫绿毡，不具备此层的眼底其它部分叫黑毡。照膜能将进入眼中并已透过视网膜的光线反射回来，以加强视网膜的作用。脉络膜含有丰富的血管，主要供给视网膜营养，排泄代谢产物。

③视网膜：是眼球壁的最内层。含有感光细胞（圆柱细胞和圆锥细胞）光照亮度极弱时，只有圆柱细胞有感光作用。而光照亮度很强时，则圆锥细胞主要起感光作用。因此，圆柱细胞是晚上的感光装置，而圆锥细胞是白昼的感光装置。这种感光细胞能感受光波，并把它变成神经刺激，通过视神经，而达中枢神经的视觉中枢，在这里发生视觉感觉。在眼底视神经通入的地方呈横卵圆形，称为视神经乳头。

（2）眼内容物：包括晶状体，玻璃状体和眼房液。

①晶状体：位于虹膜与玻璃状体之间，形似圆形的双凸透镜，周缘借悬韧带连于睫状突。悬韧带弛张时，可以改变晶状体的凸度，来调节视力。

②玻璃状体：位于视网膜与晶状体之间，是无色透明的半流动状液体，外面包着一层很薄的透明膜，叫玻璃状体膜。

③眼房液：眼房内有透明的眼房液，眼房位于角膜与晶状体之间，由虹膜把眼房分为眼前房和眼后房，以瞳孔相通。眼房液不断流动，有运送营养及代谢产物的作用。此外，尚有曲折光线和维持眼内压的作用。

角膜、眼房液、晶状体和玻璃状体构成眼的屈光系统。

（3）眼球的血管与神经：眼球的血管来自眼内动脉和眼外动脉，眼内动脉的分支随视神经进入视网膜，叫中央动脉，呈放射状分布于视网膜。眼外动脉分布于巩膜、角膜缘、睫状突、虹膜、脉络膜和结膜等。

眼球壁的感觉，由三叉神经的眼所支配，血管膜还有植物神经纤维支配。

2.护眼器

（1）眼睑：分为上、下眼睑及瞬膜（第三眼睑），眼睑外被覆皮肤，内面为粉红色粘膜，称为眼睑结膜，眼睑结膜和眼球结膜的折转处构成结膜囊。在结膜靠近眼缘处，分布有眼睑腺，开口于眼内面，分泌有滑润角膜及眼缘的脂肪质分泌物。

牛的眼睑比马厚，隆起而柔软，第三眼睑的侧部呈叶形或勺形，比马的厚，边缘有窄的隆起。

（2）泪器：包括泪腺、泪管、泪囊和鼻泪管。泪腺位于眼球上外侧面，分泌泪液。泪液能润湿眼球表面，以保护角膜的透明。泪液还有冲去细微异物的作用。过剩的泪液，经下眼睑内边缘上的泪管口，流入泪囊进入鼻泪管，从鼻腔排出。牛的泪腺很深，不明显。鼻泪管比马的短，近于直管，开口靠近鼻孔的鼻腔前庭外侧壁上。

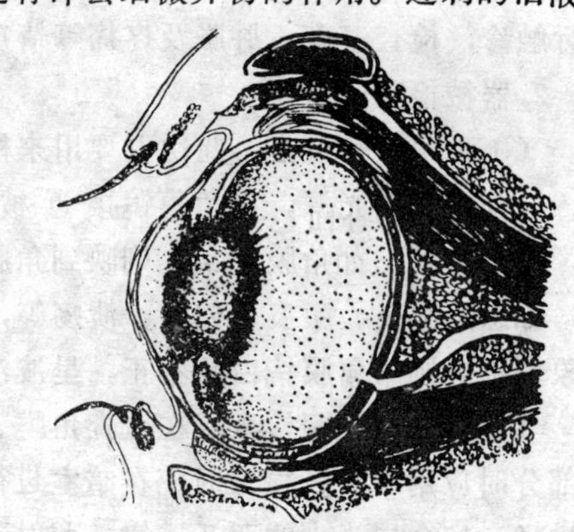
图8—1　马眼球纵断面

3.眼肌　眼睛

的肌肉共有七个，能使眼向各个方向转动。四个直肌能使眼球上、下、内、外转动，上斜肌能将眼球由上牵引向内，下斜肌能将眼球由下牵引向内，眼球掣肌能使眼球向后方移动。

（二）眼的检查方法

1.一般检查法　在检查之前，先进行问诊，从而了解发病经过和治疗等情况。在了解既往症之后，进行视觉能力的检查，全盲的家畜在活动中，变得胆怯和比较谨慎，经常以耳的运动保持警觉状态。在运动期间，高抬前肢。单侧眼盲者，经常将头歪向侧方。如果家畜安静站立，检查者站在家畜旁侧，用手或木棒呈欲击姿势，则患眼无反应。

对患眼进行检查时，需在自然光线或人工光线下进行。使家畜站在光线能进入被检眼内的位置，而检查者背着光线站立检查。

检查时要注意检查眼及眼的辅助器官的临床症状，有无羞明、流泪、眼睑肿胀及创伤，结膜囊内有无异物、寄生虫以及分泌物的性状，结膜及角膜周围有无充血，角膜及晶状体混浊程度，虹膜光泽与线纹，瞳孔散大与缩小等，必要时进行触诊，检查温度，肿胀及疼痛等情况。

2.器械检查法

（1）角膜镜检查：此法主要用来检查角膜表面是否平坦。检查者面向光源，以角膜镜接近被检眼，通过中央小孔，检查角膜。如角膜正常，则映到角膜上的圆圈轮廓规整，如患角膜炎、瘢痕、创伤、溃疡等，则角膜呈现不平，映象也不规则（角膜镜白轮不正，呈波浪状、变细或中断）。

（2）焦点光照检查：在检查角膜、眼前房及晶状体透明部分时应用本法。检查时应在暗室进行，用手电筒的光束通过10—15个屈光度的双凸透镜，照射到眼球上，从侧面检查角膜、眼前房、虹膜及晶状体的光照部分。

此外也可用浦尔金沙圣氏映象法，即在暗室内将蜡烛点燃置于距跟10cm处，从侧面检查，可以看到烛光的映象，第一个为清晰明亮的直象，是由角膜反射出来的。第二个映象是不甚清晰的直象，是由晶状体前反射出来的。第三个映象是不甚明亮的倒象，是由晶状体后面反射出来的。如烛光沿水平线转移时，则前两个映象也随烛光向同一方向转移，而第三个映象则与此相反。当房液或晶状体混浊时，则第二、第三映象不出现。

图8－2　角膜镜

（3）检眼镜检查：用检眼镜检查眼底，借以判定晶状体、玻璃状体及眼底的变化。其方法是先用1％硫酸阿托品溶液3—5滴点眼，经15—30分钟后使瞳孔散大，此时将灯光（电灯或手电筒）放在被检眼的侧方30cm处。检查者左手握持笼头，右手持检眼镜，使光束通过瞳孔，进入被检眼内。检眼镜要靠近睫毛处，检查者可经检眼镜的小孔，观察晶状体、玻璃状体及眼底的状态。

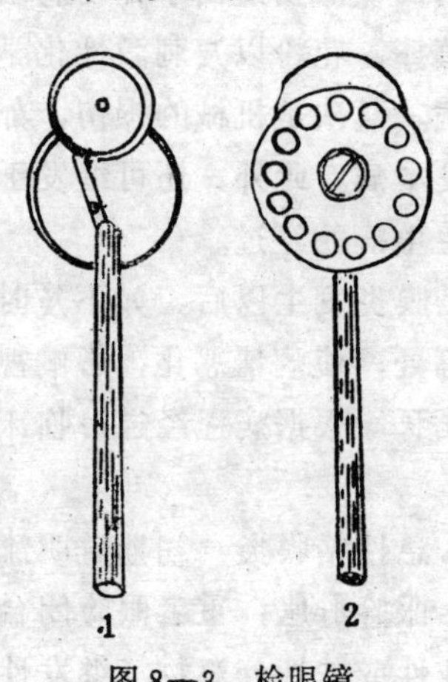

图8—3　检眼镜

1.前面　2.背面

一般正常眼底视毡呈绿色，其周围呈浅蓝

色，中央呈黄色。在绿毡内有多数黑点，绿毡下部有玫瑰黄色的横椭圆形，即视神经乳头。绿毡下方有淡红色树枝状血管，呈放射状分布。

牛的视毡与马稍有不同，绿毡的颜色比马的浅，并带有浅黄绿色，没有明显的深暗部分，在其边缘有斑点，绿毡面可见眼底的大部分。其视经乳头为不正形或椭圆形，在中心部能见到不大的凹陷，乳头为灰白色或淡黄色。有三对动脉及静脉由乳头中心分出，可达锯齿缘，上枝较其他两枝大，呈纵形方向走出，最初分出几乎成直角的细枝，进而再分出成锐角的较细的分枝。

一、结膜炎　结膜炎是眼睑结膜和眼球结膜的表层或深层炎症。常发生于各种家畜，临床上呈急性或慢性经过。根据其分泌物的性质，可分为浆液性、粘液性和化脓性结膜炎。

病因　主要是由于异物刺激，如风沙、灰尘、芒刺、谷壳、草棒、花粉以及刺激性化学药品等，进入结膜囊内而引起发病。其次是机械的损伤，如鞭打、笼头压迫和摩擦等也常致发本病。此外，还可继发于腺疫、流感、鼻炎、胸疫以及寄生虫病的经过。

结膜炎发生以后，如不及时治疗，则炎症波及到角膜、巩膜等处，使病情恶化，影响视力。

症状　根据病程经过，临床上分为急性结膜炎和慢性结膜炎。

1.急性结膜炎　初期羞明流泪，结膜潮红，随着病情的发展，眼睑肿胀，重者眼睑闭合，结膜表面有出血斑，有多量粘液性或脓性分泌物。继发性角膜炎时，角膜表面往往呈蓝色或灰白色混浊。

2.慢性结膜炎　一般症状较轻，不呈现羞明，分泌物脓稠，结膜暗红、肥厚呈丝绒状，由于分泌物的经常刺激、眼内角下方皮肤常发生湿疹、脱毛并发痒。

治疗　消除病因，消炎镇痛，防止光线刺激。

1.使用无刺激性的药液清洗患眼。如2％—3％硼酸溶液、0.01％新洁尔灭溶液等冲洗，消除异物及分泌物。

2.消炎镇痛，用纱布浸上上述药液敷在患眼上，装着眼绷带，每日更换药敷3次。也可用青霉素、四环素或可的松点眼。疼痛较重者可用1％—2％盐酸普鲁卡因溶液点眼。

3.分泌物过多可用0.3％硫酸锌溶液或1％—2％明矾溶液、1％硫酸铜溶液冲洗患眼。

4.慢性结膜炎可用0.5％—1％硝酸银溶液点眼或用硫酸铜棒涂擦眼结膜表面，然后立即用生理盐水冲洗，再行温敷。对慢性顽固性的病例，可用组织疗法或自家血液疗法。

二、角膜炎　角膜炎是角膜上皮的炎症。临床上分为表在性角膜炎和化脓性角膜炎。当转为慢性经过时，则形成角膜翳。

病因　角膜炎常由于外伤，如鞭打、笼头压迫、摩擦、倒睫及异物进入等所引起。化学药品的刺激也可致病。在某些疾病的过程中，如流感、牛恶性卡他热、传染性角膜结膜炎、混睛虫、结膜炎、周期性眼炎及维生素A缺乏症等，常继发或并发角膜炎。

症状　角膜炎在急性期往往呈现流泪、疼痛、眼睑闭合、结膜潮红、肿胀等一般眼病的症状。由于损伤部位、程度和感染的有无，临床症状也有差异。

1.浅在性角膜炎　角膜表层损伤，侧面观察可见角膜表层上皮脱落及伤痕。当炎症侵害角膜表层时，则角膜表面粗糙，侧面观之无镜状光泽，变为灰白色混浊，有时在眼角膜周围增生很多血管，呈树枝状侵入角膜表面，形成所谓血管性角膜炎。

2.深在性角膜炎　一般症状与表在性角膜炎基本相同，其主要区别是角膜表面不粗糙，仍有镜状光泽，其混浊的部位在角膜深部，呈点状、棒状及云雾状，其色彩有灰白色，乳白色、黄红色和绿色等。角膜周围及边缘血管充血，出现明显的血管增生，有时与虹膜发生粘连。

3.化脓性角膜炎　初期角膜周围充血、羞明流泪、疼痛剧烈，继而侵润形成脓肿，角膜上出现数目不定的、粟粒大至豌豆大的黄色局限性混浊，在混浊的周围生出灰白色的晕圈，轻者向外方破溃，流出脓液形成溃疡。重者向内方穿孔，形成眼前房蓄脓，此时往往继发化脓性全眼球炎。

当炎症消失而转为慢性时，在角膜面上仅留有白斑及色素斑，其形状呈点状或线状，也有呈云雾状者，混浊程度不等，称此种为角膜翳，根据其大小和部位的不同，呈现不同程度的视力障碍。

治疗　本病的治疗原则是消除炎症，促进混浊的吸收和消散。

1.消炎　首先用消毒药液冲洗（同结膜炎）然后用醋酸可的松或抗生素眼膏治疗，每天2—3次。

2.促进混浊消散　可施行温敷，用甘汞与蔗糖等量混合粉吹入眼内。或用2％黄降汞软膏点眼，每日2次。也可用10％敌百虫眼膏。

为加速吸收可于眼睑皮下注射自家血液每次2—3ml，隔1—2日注射1次。或于球结膜下注射氢化可的松与1％盐酸普鲁卡因等量混合液0.1—0.3ml。

此外，还可静脉注射5%碘化钾溶液，每日一次，每次20—40ml，4次为一疗程（马、牛）。口服碘化钾每日1次，每次8g，连用3次，也有一定疗效。

3.继发虹膜炎时，可用0.5%—1%硫酸阿托品点眼。当感染化脓时，用生理盐水冲洗后、涂抗生素眼膏，同时配合抗生素或磺胺类药物治疗。

急性角膜炎用球后封闭疗法，有较好的消炎镇痛作用。方法是应用0.5%—1%盐酸普鲁卡因10—15ml加入青霉素20—40万单位，在眼窝后缘向面嵴延长线作垂直线，其交点即注射部位。注射时，局部消毒后，用长10cm左右的针头，避开皮下的面横动脉，垂直刺入皮肤，直达眼窝底部，深约7—8cm（马、牛）缓慢注入药液，每周2次。或者将眼球下压，将针头刺入眼眶骨膜与眼球纤维膜之间，直达球后，药品剂量同前。

第二节 面神经麻痹

面神经麻痹是指面神经所支配的耳、眼睑、鼻及唇部的肌肉发生机能障碍的一种疾病。本病主要多发生于马属动物。根据其性质可分为中枢性麻痹和末梢性麻痹两种。

病因 中枢性神经麻痹，起因于脑部疾病，如脑炎、脑包虫或并发于马腺疫、感冒、腮腺炎、咽侧淋巴结炎、耳病及中毒等。

末梢性神经麻痹：常由于面神经及其分支受到创伤、挫伤、笼头的过度压迫和摩擦，此外潮湿、寒冷的刺激也可促使本病的发生。

症状 末梢性麻痹多为一侧性麻痹，中枢性麻痹多为双侧性麻痹。

末梢性麻痹：患病侧的耳及眼睑下垂，鼻翼塌陷，下唇下垂，上唇则歪向健侧，一侧鼻孔狭窄而发生轻度的呼吸、采食、饮水困难，咀嚼不充分，患侧颊部与臼齿间常积滞草料，口角流涎。

牛的面神经麻痹时，上唇歪斜不明显，反刍时表现单侧咀嚼。

猪的面神经麻痹时，鼻面倾斜，两侧鼻孔大小不均等，耳壳活动不灵活等。

中枢性麻痹：其主要症状是两耳呈现一侧性或两侧性下垂。当眼轮匝肌麻痹时，不能闭眼。眼睑举肌麻痹时眼睑下垂。提鼻唇肌麻痹时，唇部下垂，不能采食，鼻翼下垂，鼻孔开张不全，而发生吸气性呼吸困难。

治疗　首先除去致病因素，恢复神经机能，预防肌肉萎缩。

1.应用神经兴奋药，于耳下四横指处的面神经径路上，皮下注射硝酸士的宁溶液0.01—0.03g和20%的樟脑油10—20ml，交替进行，3—5次为一疗程。

局部治疗，可沿面神经径路涂擦10%樟脑酒精或四三一合剂。用药前后还可进行局部按摩，每日1—2次，每次15分钟。

对于由潮湿、寒冷刺激而致病者，可配合静脉注射水杨酸钠制剂。

2.电针治疗　第一针于太阳穴下方3—4cm处，与地面垂直将电针刺入皮下10—15cm；第二针于面嵴末端下方2cm处，与地面垂直刺入皮下5—10cm，然后接上电针机，通电电流由弱到强，频率由慢到快，以家畜最大耐受量为度，每次20—30分钟，每日或隔日一次，连续15—20天。

3.针灸治疗　针灸开关、锁口、上关或下关等穴位。

4.双侧性麻痹而致呼吸困难时，可将鼻翼背部的皮肤作成若干个纵褶横穿粗缝线，打结，造成鼻孔被动扩张。因其它疾病引起的面神经麻痹，需对原发病进行有效的治疗。

护理　在治疗本病的同时，加强护理是十分重要的。患畜采食困难，可进行人工饲喂，给予柔软的青干草或青草，经常用清水冲洗口腔，必要时可输液。

第三节　鼻镜断裂（豁鼻）

鼻镜断裂是发生于牛的鼻唇断裂成上下两个游离端，使牛不能带鼻环，而造成控制不便。

病因　主要是由于鼻圈的材料质地不良，如用铁丝或竹片等。鼻镜穿孔位置不当，如穿孔位置靠近鼻唇镜，当使役粗暴、过度牵拉、牛受惊恐而强力挣脱等，造成鼻镜断裂。

症状　鼻镜断裂后即可见到鼻唇分成上下两个游离端，断裂面为撕裂创。伤口不规则或呈线状伤口，创口不完全哆开，局部敏感、疼痛、出血。如损伤部位感染，会引起局部化脓，一般无全身症状。时而久之，局部炎症反应减退或消失，创面组织增生而肥厚，形成经久不愈之症。

治疗　主要实施鼻镜断裂修补术。

手术方法：按一般手术常规准备，采取横卧或站立保定。

麻醉：两侧眶下神经传导麻醉。用2%盐酸普鲁卡因溶液，每侧注射10ml。局部配合浸润麻醉。

手术方法：首先在上方游离端的正中部，用手术刀削成

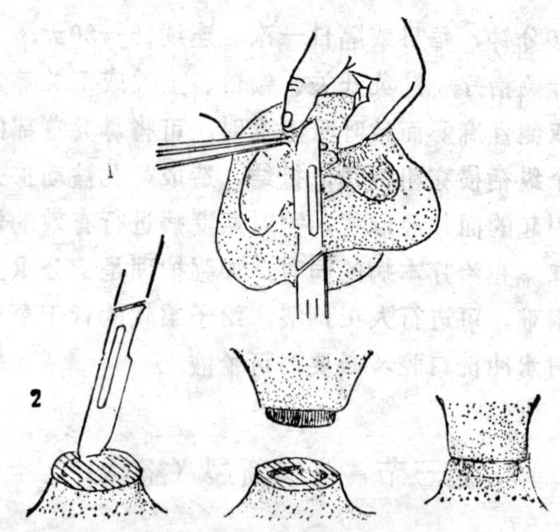

图 8—4　断端削成凸凹榫

1.制作凸榫　2.制作凹榫

一个榫状凸出端。再在下方游离端的正中部切削成凹榫。使二者恰好相对，互相嵌合，图8—4然后用两针头褥缝合使其嵌合紧密，再于接触面作3针结节缝合，使其吻合更加紧密。术后一周内带上笼嘴。保护术部，一般5天折除结节缝合线。8—10天折除缝合线（图8—5）。

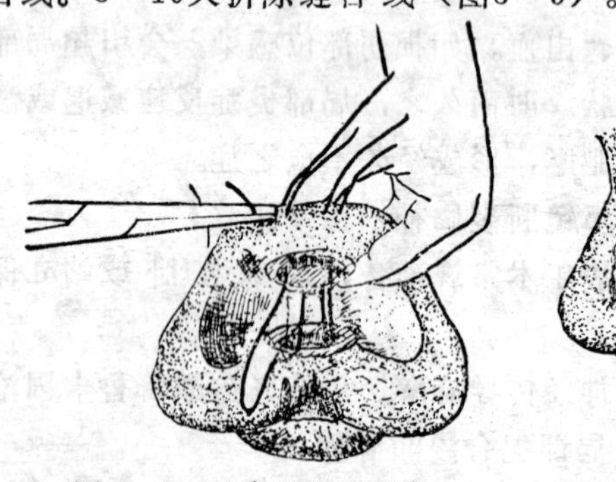

图 8—5　豁鼻凹凸榫缝合

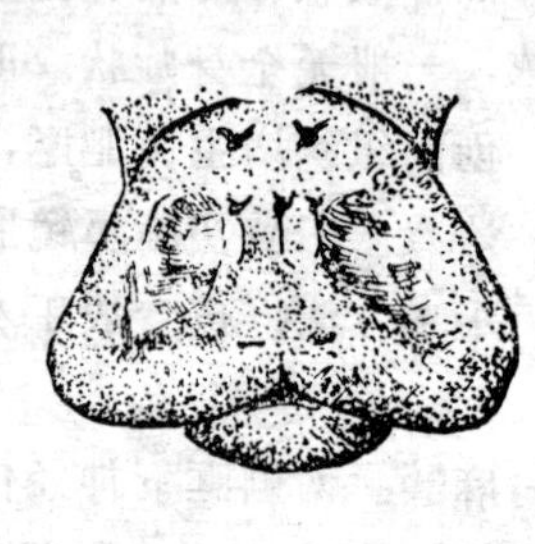

图 8—6　豁鼻缝皮肤

另一种方法是采用补鼻锥在距切口1.5—2cm处锥孔穿线，上下锥孔要对称，按照创面大小，一般穿线4—6对。然后用尖嘴长钳或要用两块小竹片把两断端夹紧，固定断端基部，切除陈旧创面及其增生的瘢痕组织，创面要整齐，上下要对称，切面要大，使上下创面完全能吻合。造成的新鲜创面进行止血后用生理盐水冲洗，创面撒胺苯磺胺粉或青霉素溶液。然后先结扎两侧，检查对合程度，再全部逐一打结，最后清洁术部，创口涂碘酊（图8—6）。

术后护理 术后7天内不要放牧，饲喂青软牧草，防止污水、污物等污染伤口。饲喂后带上笼嘴加以保护。

如果创口感染化脓，可用3％过氧化氢溶液或0.5％高锰酸钾溶液冲洗，再涂消炎软膏。

注意事项 鼻镜断裂后缺损过多，经修补后可能造成鼻孔狭窄者，不宜修补。断裂后在炎症发展期中不宜施术。

第四节 口腔疾病

一、舌损伤 舌损伤是发生于舌的创伤或断裂，多发生马、骡。

病因 当家畜不听使唤、骚动不安时，畜主猛力牵拉口衔而造成勒伤。牙齿磨灭不整，锐齿等，使舌常受到损伤。检查口腔时粗暴的牵拉舌或开口器装着失误等，都容易引起舌损伤。

症状 初期口腔中流出含有血液的唾液，有食欲，但采食咀嚼困难，口腔内疼痛。

口衔勒伤多发生于舌上方，深浅不等，有的可使舌的一部或大部断裂，初期出血程度依伤势不同而异。陈旧的多形成凹的炎症病灶。由牙齿引起的损伤多发生在舌的侧面，并且常常形成糜烂创面或发生坏疽。

治疗　首先清除致病原因，如损伤较轻，创面用0.05%高锰酸钾溶液冲洗口腔及清洗创面，然后于创面涂碘甘油（5%碘酊1份，甘油9份）。如果舌的创面口较大，需进行缝合处理。如果舌损严重或形成缺损时，需进行修补及缝合术。

舌缝合术　麻醉在舌突起前2—3cm处，用5—10cm长的针头垂直向口腔底部刺入，边进针边注射2%盐酸普鲁卡因15—20ml。然后抽回针头以45—60°角，刺向一侧的下颌内侧，直到针头刺至骨骼后稍微抽回针头注射2%盐酸普鲁卡因15—20ml。以同样方法再向另侧注射。经5—10分钟后，即发生麻醉作用。

手术方法：装上开口器。术部常规处理后，将舌拉出口外并适当固定。将缺损部分的表面用手术刀或手术剪加以修

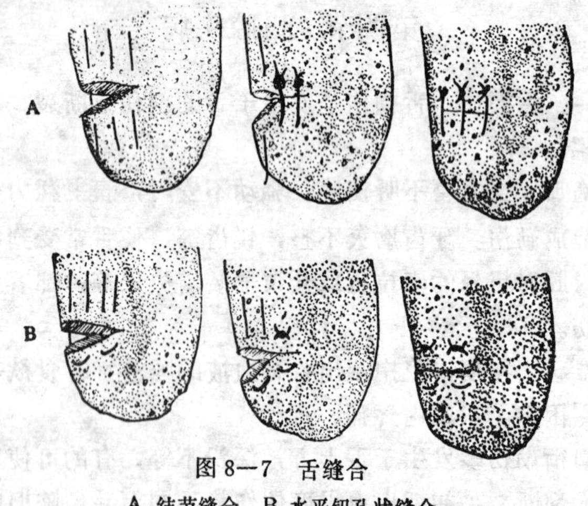

图8—7　舌缝合

A.结节缝合　B.水平钮孔状缝合

整，使创面整齐而新鲜。如发生坏死，可将坏死部分切除，充分止血。然后用水平扭孔状缝合法进行缝合，缝线需穿过舌厚度的1/2以上。当舌成形后造成舌面过短时，可将舌腹面的系带剪开，以增加舌的活动范围。若断端缺损超过10cm时就会影响舌的机能（图8—7）。

护理 术后24小时内不要饲喂。以后给予柔软饲料，每日用消毒药液冲洗口腔1—2次。8—10天后拆线。必要时用胃管投流质食物。

二、牙齿疾病

（一）牙齿发生异常

1.赘生齿或多生齿　是指在正常臼齿列前方的齿槽间隙，异常生长1—2个牙齿，从而妨碍咀嚼，致使患畜消化不良。对该齿可行拔除或截断处理。

2.换牙异常　幼畜生长发育至一定时期，乳齿脱落，永久齿长出而取代之。由于乳齿到期不脱，永久齿不得取代，而从乳齿下方生长出永久齿，引起咀嚼障碍。故可将乳齿拔除。

3.牙齿失位　由于齿槽骨膜炎致使牙根松弛或因换牙异常，受乳齿的压迫，牙齿未能在固有部位生长而失位。因而导致咀嚼障碍。对此种情况应实施拔牙术或截断术处理。

（二）牙齿磨灭不整　马的臼齿咀嚼面并不是上下相对吻合的，上颌左右两列臼齿距离比较宽，下颌两列臼齿间的距离比较窄，因此，上臼齿的外缘偏出于下臼齿的外缘，下臼齿的内缘偏出于上臼齿的内缘。这样的构造在正常的咀嚼活动中，上下臼齿的磨灭是均等整齐的，但由于各种因素的影响而不能正常磨损时，则发生磨损异常，这种异常就称为牙齿磨灭不整。可分为下列几种。

1. 锐齿　当上臼齿外缘及下臼齿的内缘经磨灭而显著尖锐，斜面异常增大时，称为锐齿。此种情况多发生于老龄及患顶疾病的家畜（图8—8，2）。

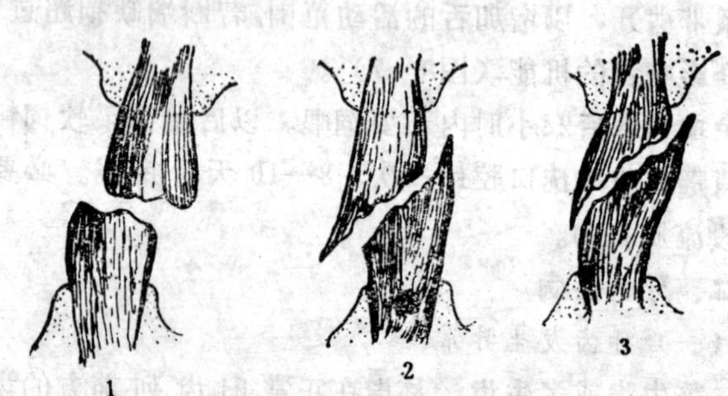

图 8—8　牙齿磨灭不整

1. 正常磨损　2. 锐齿　3. 剪状齿

马骡下颌齿列先天性过度狭窄或下颌肌肉发育不全及衰老、口腔患有疼痛性疾病等，常为本病发生的原因。当这种变化异常显著时，由于上下臼齿的重叠，则更限制其向侧方的运动，进而加重其异常的形成，如果锐齿程度严重时，则变为剪状齿。

临床症状：上臼齿的锐缘易损伤颊部粘膜，下臼齿的锐缘易损伤舌的侧面。患畜采食及咀嚼缓慢，咀嚼时头歪向一侧，用一侧咀嚼并呈间隙性，口角流涎，不时吐出草团，或在颊部与臼齿间夹有食团。因咀嚼不全，粪便内混有未消化的饲料，久之则导致患畜营养不良。

治疗：对于过长的锐齿可实施截断术。患畜柱栏站立保定，头部三角保定，装上开口器将舌拉于健侧，用齿刨的刃部对正牙齿的尖锐部分，将手柄用力冲击，即可将锐齿切除。切除后用齿锉子予以修整挫光。最后用 0.5%高锰酸钾溶液冲洗口腔。损伤的创面涂碘甘油，除去开口器，解除保定。

2.剪状齿　本病系由锐齿继续发展而来。此时患畜咀嚼障碍更加严重，引起口腔软组织更为严重的损伤，甚至引起颌骨挫伤。其治疗方法同锐齿。但是严重者只能除去锐缘而不能根治（图8—8，3）。

3.阶状齿　由于臼齿的齿质不良、牙齿发生异常或因龋齿、裂齿的缺损而发生。牙齿咀嚼面高低不平，相对齿列面形成阶梯状。咀嚼前后、左右受阻，发生咀嚼受阻，严重时过长齿嵌入对应的缺损齿位，压迫对应龈而引起疼痛。对过长齿应实施截断术或拔牙术。以缓解阻嚼困难（图8—9）。

4.波状齿　主要发生于3—4臼齿处。主要由于齿质硬度不一致，使咀嚼面磨损不均衡，造成齿列咀嚼面形成波状，严重时则形成过短齿与过长齿。前者与齿龈成水平，后者伸入对侧，压迫齿龈而引起疼痛（图8—10），患畜咀嚼困难。治疗法同阶状齿。

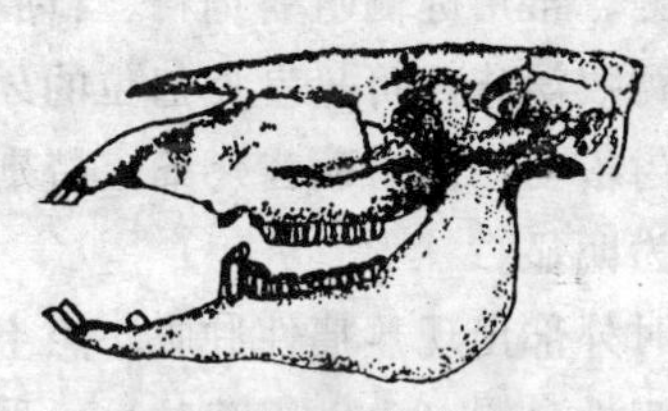

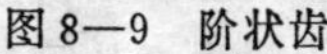
图8—9　阶状齿

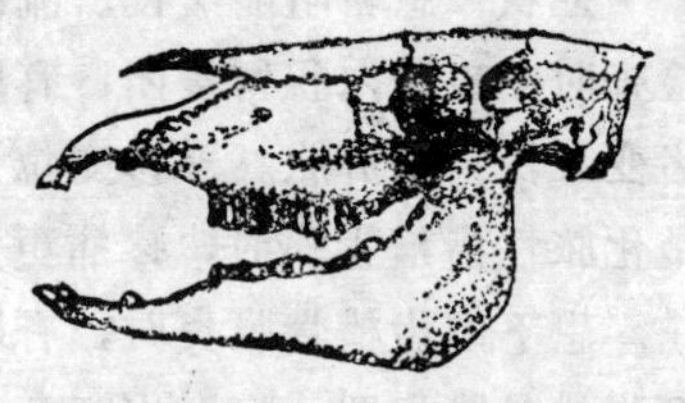

图8—10　波状齿

5.滑齿　主要因齿质不良，珐琅质与象牙质的硬度相似，形成同等程度的磨损，使牙齿的咀嚼面失去皱壁面变成平滑，从而造成患畜咀嚼不全。本病无较好的治疗，只能加强饲养，给予容易消化的饲料。

（三）拔牙术

保定：采取横卧保定。

麻醉：镇静加局部麻醉，或全身麻醉。

施术方法：将舌牵拉于健侧口角之外，然后装上开口器。用拔牙钳夹住齿冠，将钳上下活动，待牙齿齿根活动并发出吱喳音时，在牙钳与正常齿之间放入垫木做为支点，将患齿拔出。然后用0.5%高锰酸钾液冲洗口腔，向齿槽内填塞碘甘油纱布块。术后每日冲洗口腔，隔日更换创腔纱布。遗留的空洞，一般需20天左右才能长平。

（四）齿槽骨膜炎　本病是齿根与齿槽壁之间的骨膜组织的炎症。根据其性质可分为非化脓性与化脓性炎症。临床上常取急性或慢性经过。各种家畜均可发生。

病因　饲料中的芒刺，异物刺入齿根与齿槽壁之间的软组织，或剪齿、创齿、锉齿时使其松动或破折。拔除病齿后，使邻齿松动等。此外也常继发于齿髓炎、颌骨骨折、上颌窦蓄脓症口腔炎症等。

症状　患畜咀嚼缓慢、流涎、常用健侧咀嚼饲料。口腔检查时，口腔内积留食团，有腐败溴味，可见发炎部位的牙齿变位，齿龈肿胀。触诊变位齿松动，叩击病齿疼痛，特别是化脓性齿槽骨膜时，疼痛更为明显。

患下颌齿槽骨膜炎时，有时外部出现热痛性肿胀。患上颌齿槽骨膜炎时，有时出现一侧性鼻漏（上颌窦蓄脓）。取慢性经过的往往破溃，形成久不愈合的瘘管。从管口不断流出恶臭的脓液，有时混有饲料碎渣。从外口灌入药液时，则从口腔内流出。

治疗

1.非化脓性齿槽骨膜炎　用0.5%的高锰酸钾溶液冲洗口腔后，于患部涂碘甘油或樟脑酚合剂（酚30g、樟脑60g、75%酒精10ml)。口腔外患部涂鱼石脂软膏。必要时配合磺胺或抗生素治疗。

2.化脓性齿槽骨膜炎　如果牙齿在齿中很牢固，病变局限于齿根或炎症扩展到上下颌骨部发生蜂窝织炎时，可按非化脓性齿槽骨膜炎治疗，同时配合全身疗法。

如咀嚼困难，牙齿松动，病情顽固者，须将病齿拔除再配合治疗。

当继发齿槽瘘管时，应扩大创口，彻底刮除坏死组织，按一般瘘管及化脓创治疗。

预防　饲喂芒刺多的饲料时，要进行适当加工，以免刺伤发病。实施创齿、剪齿、锉齿、拔齿时严格按操作规程进行。对口腔炎、齿髓炎、龋齿等病，应早期发现，及时治疗，以防继发本病。

第五节　额窦及上颌窦蓄脓

本病主要指额窦和上颌窦内粘膜的卡他性或化脓性炎症。有时炎症波及到副鼻窦的骨组织。多呈慢性经过，由于炎性产物排除困难，而蓄积于窦腔内，故形成额窦或上颌窦蓄脓症。本病多见于马属动物，有时也发生于牛，其他家畜则少见，一般多为一侧性的。

病因　主要原因为额骨及上颌骨骨折、角骨骨折、牙齿疾病、鼻蝇幼虫或异物经鼻腔侵入窦内所引起。此外，常继发于腺疫、咽炎、鼻炎等病的过程中。

症状　多数病例不呈现全身症状，仅在病初患畜精神不振，食欲减退。通常由一侧鼻孔流出鼻液，初期为浆液性或浓淡不等的脓性鼻液，以后逐渐变为带恶臭的脓液。当患畜低头，咳嗽或打喷嚏时，鼻液流出量显著增加。由于排出的脓汁粘稠，粘膜肿胀或新生组织阻塞窦孔时，则不见排出脓性鼻液，而发生蓄脓，时而久之，骨质变薄、变形。触诊患部皮肤增温并有痛感，叩诊呈浊音，病畜并有不适之感。如骨质软化，则指压感有颤动，并发软，骨针能够刺入，因脓汁长时间刺激鼻粘膜，使其增厚，严重者则患侧鼻孔狭窄或被堵塞，此时患畜呼吸困难，并发出鼻狭窄音。

治疗 病的初期可用抗生素及磺胺类药物治，消除炎症、促进渗出物吸收。但在渗出物增多、呼吸困难、局部症状明显时，立即实施圆锯术，用防腐消毒药冲洗窦腔（如3％过氧化氢、0.1％雷夫奴尔、0.1％呋喃西林等），冲洗时尽量将头部低下，冲洗结束后积留在腔内的液体用细胶皮管吸净，再用脱脂纱布吸干，窦腔内喷洒青霉素或土霉素溶液。术后每日处理一次，随着病情的好转可隔日或2—3天处理一次，直至全愈。

早期服用辛夷散，对于本病也有一定疗效。

辛夷75g 酒知母60g 酒黄柏50g 沙参35g 木香15g 郁金15g共为末，开水冲调，候灌服。一般服用3—7剂。另外可根据病情加减，病初加荆芥、防风、薄荷等；脓多、腥臭加桂枝、贝母；体温升高加双花、连翘；局部肿胀加乳香、没药；重症者辛夷加倍，其他药可酌情加减。

护理 加强饲养管理，多喂富含维生素和蛋白质饲料，以利患畜康复。术后对术部按外科常规进行术后护理。

第六节　鞍挽具伤

鞍挽具伤是指由于鞍挽具对畜体的鬐甲、肩前、胸前、背、腰、臀部组织过度压迫、摩擦所引起的各种损伤，役畜发病较多。

病因

1.鞍挽具构造不良　主要是鞍挽具质量不好，大、小不合畜体，套绳长短不等，鞍褥硬固无弹性或厚薄不匀，以及鞍褥不洁等，致使鞍挽具不能很好的均匀接触相应的畜体部位，在压迫摩擦之下引起损伤。

2.畜体结构不良　主要是畜体结构特殊（如高鬐甲、低鬐甲、凸背、凹背、长肋、圆肋、平肋等），致使鞍挽具不能适合畜体结构，都可诱发本病。

3.鞍挽具安装，使用不当，负重不均等。

4.使役人员生疏，对家畜性情不熟，使役粗暴、负重过大，急行猛驰也可引起损伤。

5.其他　由于过度疲劳、跛行以及道路不平、出汗、阴雨、夜间作业等也可导致本病的发生。

症状　鞍挽具伤发病初期，局部脱毛增温并有剧痛、肿胀，初期柔软呈捏粉样或有波动，最后变为硬固，如局部发生坏死或化脓时，疼痛逐渐消失，根据组织受伤程度、作用时间长短及受害组织的不同，其临床表现也不一样。

1.擦伤　这是临床上最多见的一种。轻度的擦伤，患部被毛脱落，表皮磨损，伤面有浅黄色渗出液，干燥后形成薄痂皮覆盖创面。严重的擦伤则露出鲜红色的创面，且非常敏感，由于创面已暴露的淋巴管适于微生物侵入，往往逐渐遣成深部组织发生化脓性或腐败性感染，使病变趋于恶化。

2.鞍肿　是由鞍挽具对畜体相应部位的挫压、摩擦等而引起的不同性质的局部肿胀。由于被损伤组织的性质不同，所引起的局部肿胀的情况也不一样，临床上一般分为皮肤及皮下组织的炎性水肿、血肿及淋巴外渗，粘液囊炎等。

（1）皮肤及皮下组织的炎性肿胀：由于局部受鞍挽具的压迫与摩擦，使受伤部的组织、血管失去紧张力，而血管的通透性增强，同时引起代谢产物聚积于组织中。临床上多于揭鞍后2—3小时形成，患部皮肤及皮下结缔组织逐渐发生水肿样炎性侵润，形成一个或数个局限性肿胀，大小不一。患部增温，知觉敏感，呈捏粉样硬固与周围组织界线不明显。

（2）血肿或淋巴外渗：由于受鞍挽具压迫的重力分布不均，使局部遭受过度压迫，血管和淋巴管发生断裂而引起。血肿在揭鞍后即可发现，当血肿内形成纤维素块时，触诊有捻发音。淋巴外渗形成比较缓慢，呈明显的波动性肿胀，疼痛较轻，穿刺物为淋巴液。

（3）粘液囊肿：在鬐甲部顶点皮下出现局限性肿胀，触诊热痛并呈现波动，穿刺时流出粘液性渗出物。

3.皮肤坏死　由于鞍挽具的压迫，使局部皮肤血液供给断绝，使局部皮肤发生坏死。临床上多见为干性坏死，患部皮肤失去弹性，温度降低，感觉迟钝或消失，坏死的皮肤变为黑褐色或黑色，呈干涸皮革样。沿皮肤坏死部的外围出现局限性肿胀，经1周左右坏死的皮肤与周围健康皮肤界限明显，并出现裂隙。坏死皮肤脱落时伤面边缘干燥，呈灰白色，中央部位呈湿润鲜红的肉芽组织。如出现湿性坏死时，坏死组织软化，混在渗出液中。

4.脓肿　多由于组织损伤或血肿经过复杂的演变及受伤后继发感染所致。由于发生的部位不同，临床症状各异，鬐甲部脓肿由于脓液波及邻近的滑液囊或侵入肌膜与肌间结缔组织内，往往形成蜂窝织炎，使深部组织渐次坏死，而易继发鬐甲瘘。

治疗　根据局部损伤的程度及病理变化的不同，应采取不同的治疗方法。

1.皮肤擦伤　清洁创面后，患部涂擦5—10%龙胆紫或碘酊，如有淋巴渗出可撒布（1:9）碘仿磺胺粉，促进其收敛结痂。

2.炎性肿胀　可用硫酸钠或硫酸镁的饱和溶液湿敷，安得列斯粉加醋调和外敷，严重者可配合普鲁卡因加青霉素局部封闭。

3.粘液囊炎　可按炎性肿胀治疗，若效果不佳则尽早穿刺或切开排脓，注入复方碘溶液，必要时可施行手术摘除粘液囊。如感染化脓时尽早切开，并按脓肿治疗方法处理。

4.皮肤坏死　初期可用热水袋热敷或红外线照射，促进坏死皮肤干燥。当分界线形成时可用（1:9)碘仿硼酸撒粉，水杨酸撒粉等撒布于坏死组织与健康组织之间。当坏死皮肤干涸时，应及时切除坏死皮肤，创面涂布氧化锌软膏或鱼肝油软膏等，以促进上皮新生并防止继发感染。

5.脓肿　按脓肿治疗原则和方法处理。

6.血肿与淋巴外渗　分别按血肿与淋巴外渗的治疗原则的方法处理。

护理　鞍挽具伤发生以后，及时消除致病因素，停止使役，保持患部安静，防止感染。

预防　加强饲养管理，经常训练以加强鞍挽部的锻炼与适应性，改进鞍挽具，合理使役两侧负重要均匀。早期出现，及时治疗等。

复习思考题

1. 眼的基本构造、临床常用的检查方法。

2. 结膜炎、角膜炎的原因、症状及防治措施。

3. 面神经麻痹的原因、症状及治疗方法。

4. 牛鼻镜断裂的修补方法。

5. 舌损伤的手术治疗方法及术后护理。

6. 临床上牙齿疾病发生的种类。各种不同牙齿疾病的治疗方法和技术。

7. 额窦及上颌窦积脓的病因、症状、诊断及治疗方法。

8. 鞍挽具伤发生的病因、症状及治疗措施。

第九章 疝

腹腔脏器连同腹膜从解剖孔或病理性破裂孔脱出于皮下或邻近的解剖腔内称为疝。又称赫尔尼亚。各种家畜及犬猫均可发生。疝是由疝轮、疝囊，疝内容物构成。疝轮是指腹壁病理性破裂孔或天然孔，腹腔脏器经此孔脱出于皮下或解剖腔内。疝内容物是通过疝轮脱到疝囊的脏器如小肠、网膜、结肠、盲肠、瘤胃、真胃、子宫、膀胱及疝液。疝囊是包围疝内容物的外囊。主要由腹膜、肌肉、筋膜及皮肤等构成（图9—1）。

分类　按疝向体表突出与否，分为外疝（如脐疝）和内疝（如隔疝）。按解剖部位可分为腹股沟疝，腹股沟阴囊疝、脐疝、腹壁疝等。按疝发生原因可分为先天性疝和后天性疝。

一、外伤性腹壁疝

因钝性的暴力作用于腹壁使其肌肉或腹膜发生破裂，腹腔脏器经此破裂孔脱出于皮下。本病多发于马、牛、羊。

病因　一般因强大钝性暴力作用于腹部。如牛角顶撞，马踢和木

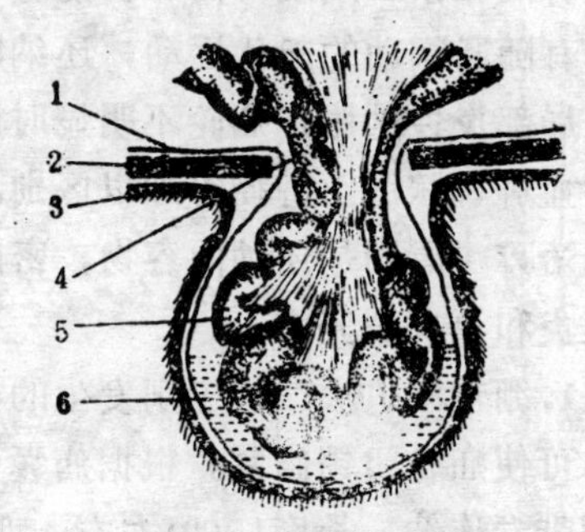

图 9—1 疝模式图

1.腹膜　2.肌肉　3.皮肤
4.疝轮　5.疝内容物　6.疝液

桩、车辕杆冲撞等机械性损伤引起。但皮肤未破裂，皮下肌肉、肌膜却断裂，有时伴发腹膜破裂，形成裂孔，脏器经此孔脱出于皮下。马多发生在膝前部与腹侧壁，牛羊多发生在下腹部。母猪因去势缝合不当而发生。

症状 腹壁受伤部位出现局限性、柔软、富有弹性及热痛的肿胀。发病初期患部出现炎性肿胀。因局部浮肿、溢血、淋巴外渗等致使疝轮、疝内容物的特征不明显。当炎症消退后，可见腹壁有半球形或卵圆形肿胀与周围组织有明显界限，肿胀大小不定。触诊柔软，有压缩性，触压时肿胀缩小，或能压入腹腔。能触到疝轮，听诊时可闻肠蠕动音。患畜横卧时挤压疝囊肿胀可消失。经久的病例，疝轮增厚较坚实。疝囊壁变厚。有时疝内容物与疝囊发生粘连而形成钳闭性疝时，患畜腹痛，卧地滚转，局部肿胀变硬，压有剧痛，脱出物不能还纳。时间久之病情恶化，疝囊穿刺抽出血样，混浊的恶臭液。

诊断 根据病因和临床特征可确诊。局部触诊可摸到疝轮。有的在按压疝囊时内容物能复位。听诊有胃肠蠕动音。视诊有随肠蠕动的起伏运动，还纳肠管时，有咕噜音等。病初因局部炎性肿胀，疝轮不明显时应注意与水肿、淋巴外渗、血肿、脓肿及肿瘤等加以区别。

治疗 原则是还纳内容物，密闭疝轮，消炎镇痛，严防腹膜炎和再次裂开。

1.绷带压迫法 适于刚发生的，较小的上腹壁可复性疝。可使疝轮闭锁修复。根据疝囊大小用竹片编一个竹帘，用绷带卷连结，长度15cm左右，两端磨成钝圆，竹帘竹片的间隔距离是0.5—1cm。另外准备一个厚棉垫。装着压迫绷带时，先在患部涂消炎剂，待将疝内容物送回腹腔后，把棉垫覆盖在患部。将竹帘压在棉垫上。再用绷带将腹部缠绕固定。也可先在患部涂消炎剂，疝内容物送回腹腔后，覆盖棉垫、用适宜的皮革（如轮胎胶皮经适当的裁削加工处理）压在棉垫上，并用皮带或布带前后左右绷紧，使棉垫紧紧压在疝孔上。随着炎性肿胀的消退，疝轮即可自行修复愈合。缺点是压迫部位有时不很确实，绷带移动时影响效果。要随时检查压迫绷带使其保持在正确位置上，经固定15天后，如已愈合即可解除压迫绷带。

2.手术疗法　为本病的根治疗法。

（1）术前准备及麻醉同开腹术。

（2）切开疝囊还纳内容物：局部按常规处理，在疝囊纵轴上将皮肤捏起形成皱壁切开疝囊，手指探查疝内容物有无粘连坏死。将正常的疝内容物还纳腹腔。如脱出物与疝囊发生粘连时要细心剥离，用温生理盐水冲洗，撒上青霉素粉或涂上油剂青霉素，再将脱出物送回腹腔。对钳闭性疝，切开疝囊后，如肠管变为暗紫色，疝轮紧紧钳住脱出的肠管。这时，可用手术剪扩大疝轮，用温生理盐水清洗温敷肠管。如肠管颜色很快恢复正常，出现蠕动，可将肠管还纳腹腔。如已坏死，可在健康部位将坏死肠段切除，行肠管吻合术，再将其还纳腹腔。

（3）闭锁疝轮：依据具体病例而异，先缝合腹膜，然后缝合腹肌。如缝腹膜较困难时，可将腹膜和腹横肌一起做螺旋缝合。对较小腹壁破裂孔，可采取腹壁各层一起缝合，对大的疝轮则常用钮孔状缝合法，对陈旧性腹壁疝闭合，如果疝轮瘢痕化，肥厚而硬固，或新发生的疝轮比较大，缝合后仍有撕裂的危险时，可将疝囊的皮下组织或将切口两侧的皮肌剥开，以修补疝轮。其方法是将一侧的结缔组织瓣或皮肌缝合在对侧疝轮的边缘上（必须是健康组织），然后再将对侧另一瓣覆盖在此瓣上面加以缝合。近年来有人选用不锈钢丝或聚丙烯网等材料，修补大疝轮取得成功。方法是将略大于疝轮的两块不锈钢丝网或聚丙烯网，一片放在腹膜外，一片放在腹黄筋膜外作结节缝合。闭锁疝轮前向腹腔内注入适量抗生素。疝轮闭锁后，依次缝合腹壁各层组织，对皮肤行圆枕减张缝合及结节缝合。在创口周围用普鲁卡因青霉素封闭，装无菌绷带和压迫绷带。

护理　术后防止患畜卧地，注意观察局部及全身状态。每日检查体温、脉搏、喂给青饲料及富含蛋白质饲料。对钳闭性疝，尤其注意肠管是否畅通，适当控制饲喂量。根据病情，术后每日适当补液或对症治疗。预防创伤感染可肌肉注射抗生素等。

二、脐疝　腹腔脏器经扩大的脐孔脱至皮下叫脐疝。多发生于幼畜，仔猪多见。分先天性和后天性两种。

病因　先天性脐疝多因脐孔发育闭锁不全或没有闭锁，脐孔异常扩大，同时因腹压增加，以及内脏本身的重力等因素致病。后天性脐疝多因出生后脐孔闭锁不全，断脐时过度牵引，脐部化脓，以及因腹内压增大，如便秘时的努责，肠臌气或用力过猛的跳跃等。

症状　脐孔部出现局限性、半圆形柔软的肿胀。大小不等。一般由核桃大至拳头大或更大。有的可随饲喂情况及体位的改变而增大或缩小。触诊无热无痛。若为可复性疝易摸到脐孔，能听到肠音。若为钳闭性疝有明显全身症状。病畜疼痛不安，食欲废绝，猪有呕吐现象。猪脐疝皮肤易磨破并伤及肠管造成粪瘘。有时继发腹膜炎。

诊断　易确诊。但应与脐部脓肿、感染、肿瘤等鉴别。

必要时作诊断性穿刺。

治疗

1.保守疗法　较小的脐疝可用绷带压迫患部。使疝轮缩小,组织增生而治愈。也可用95%酒精,碘溶液或10%—15%氯化钠溶液在疝轮四周分点注射，每点3—5ml促进疝轮愈合有一定效果。

2.手术疗法

（1）可复性脐疝：行仰卧保定，局部常规处理。局麻后，在疝囊基部靠近脐孔处纵向切开皮肤（最好不切开腹膜），稍加分离，还纳内容物，在靠近脐孔处结扎腹膜，将多余部分剪除。对疝轮做钮孔状或袋口缝合，切除多余皮肤并结节缝合。涂碘酊，装保护绷带。哺乳仔猪可行皮外疝轮缝合法。即将疝内容物还纳腹腔，皱壁提起疝轮两侧肌肉及皮肤，用钮孔状缝合法闭锁脐孔。对病程较长，疝轮肥厚、光滑而大的脐疝，在闭锁疝轮时，应先用手术刀轻轻划破脐轮边缘肌膜，造成新创面再缝合。

（2）钳闭性脐疝：先在患部皮肤上切一小口（勿伤内容物），手指探查内容物种类及粘连、坏死等病变。用手术剪按所需长度剪开疝轮，暴露疝内容物，剥离粘连物。如肠管坏死做坏死肠段切除及吻合术。再将肠管送回腹腔并注入适量抗生素。用袋口或钮孔状缝合法缝合疝轮。结节缝合皮肤，装压迫绷带。

术后护理　同外伤性腹壁疝。

三、腹股沟阴囊疝　此病较常见。根据解剖部位常分为以下几种：当脏器通过腹股沟管口脱入鞘膜管内，称为腹股沟疝。当脏器脱入鞘膜腔内，称为阴囊疝（鞘膜内疝）（见图9—2，1）。

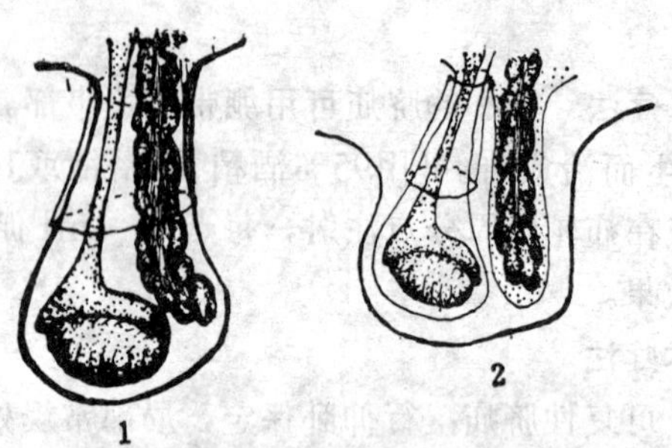

图 9—2 腹股沟阴囊疝

1.鞘膜内疝 2.鞘膜外疝

当脏器经腹股沟稍前方腹壁破裂孔脱入阴囊肉膜与总鞘膜之间，称为鞘膜外疝（真性阴囊疝）（图9—2，2）。临床上以鞘膜内疝为多见，常发生于猪及幼驹。

病因　分先天性和后天性两种，多为一侧性。先天性是腹股沟管内环过大所致。公猪有遗传性。后天性疝主要因腹压增高，使腹股沟管扩大所致。如爬跨、跳跃、后肢滑走或过度开张及努责等都可引起。腹股沟部的机械性损伤也可致此病。

症状　分可复性疝与钳闭性疝。

可复性疝：仔猪幼驹多发。多为一侧性。患侧阴囊皮肤紧张增大、下垂，无热痛，柔软有弹性，压迫时肿胀缩小，内容物能还纳于腹腔，可摸到腹股沟外环，腹压增大时阴囊部膨大，如肠管进入阴囊部。此处可听见肠蠕动音。

钳闭性阴囊疝：患畜突然腹痛、患侧阴囊增大，阴囊皮肤紧张、水肿、发凉、摸不到睾丸。运步时患侧后肢向外伸展，步样强拘，随着炎症的发展，局部血液循环障碍，钳闭部肿大，组织坏死，全身出汗，呼吸困难，体温升高，预后不良。

当发生鞘膜内阴囊疝时，外表一般不易看出。仅在脱出的肠道发生钳闭时出现腹痛，所以要结合临床经验或直肠检查方能确诊。

诊断　直肠检查大家畜的腹股沟内环在三指以上，并摸到进入腹股沟管内的脏器即可确诊。其次，应与阴囊积水、阴囊肿瘤、睾丸炎与副睾炎鉴别。

治疗　手术疗法是本病的根治方法。根据病畜年龄、畜别、疾病性质不同可取以下方法：

1.腹股沟管外环切开法　局部剪毛消毒及麻醉。先在患部表面将疝内容物送回腹腔，然后在患侧外环处与体轴平行切开皮肤，露出总鞘膜，将其剥离至阴囊底提起睾丸及总鞘膜，再将睾丸向同一方向捻转数圈，在靠近外环处贯穿结扎总鞘膜及精索，在结扎线下方1—2cm处前段总鞘膜，除去睾丸及总鞘膜，将断端塞入腹股沟管内。然后用结扎剩余的两个线头缝合外环，使其密闭。清理创部，撒消炎粉，缝合皮肤涂碘酊。为防止创液潴留，可在阴囊底部切一小口。

大动物实行此手术时，切口长约10—14cm，在外环3—4cm处，贯穿结扎总鞘膜及精索，最好作双重结扎，以免滑脱。如是鞘膜外疝时，切开阴囊皮肤可见在总鞘膜外有一疝囊，其中只有肠管或网膜，没有睾丸和精索，同时在腹股沟管外环附近可发现疝轮。如要保留睾丸时，将疝内容物还纳回腹腔后，捻转疝囊至疝轮处，然后用同样方法结扎疝囊基部，在结扎下1—2cm处剪断，将游离断端送入腹腔，填塞破裂孔，而后闭锁疝轮。但要注意不要伤害精索或闭锁外环。如摘除睾丸时用前述方法即可。

2.阴囊底部切开法　先还纳疝内容物，纵行切开阴囊底部皮肤，剥离总鞘膜至外环处，提起睾丸，送回内容物，捻转睾丸数圈，闭锁外环，用上述方法摘除睾丸和闭锁腹股沟外环。疝内容物发生钳闭时，可切开疝囊或总鞘膜，按外伤性腹壁疝的钳闭或粘连的治疗方法进行处理，然后再用上述方法闭锁腹股沟外环。

术后护理 同外伤性腹壁疝。

复习思考题

1.什么叫疝？疝由哪些部分组成？疝的分类？

2.常见的疝有哪几种？各自的症状特点及其治疗方法？

第十章 直肠及泌尿生殖器官疾病

一、直肠脱出 直肠脱是直肠末端一部分粘膜或直肠后部全层肠壁脱出肛门之外而不能自行缩回的一种疾病，多发生于仔猪或幼驹。

病因 病畜长期努责是引起直肠脱的主要原因，如长期下痢、便秘、肠炎等。促使发病的原因多为病畜瘦弱、维生素缺乏、使役过重等。

症状 病初直肠末端粘膜脱出时，可在肛门外形成一个鲜红色至暗红色的半球形突出物，表面形成许多横纹皱折，中央有一小孔，在排粪后或卧地时，突出明显。轻者能自行缩回，重者常不能缩回。经1—2日后，脱出部分粘膜瘀血、水肿、体积增大。继之沾有泥土、粪便，污秽不洁，粘膜干裂，以致发生坏死。

严重的病例，脱出部分较多，呈圆筒状，由肛门垂下，向下方弯曲，此时，常并发粘膜损伤，坏死或破裂。

治疗 原则是将脱出部分整复固定，防止破裂感染。

1.整复 用温热0.01%—0.25%高锰酸钾溶液、1%明矾溶液或高渗盐水清洗脱出部。除去患部泥土、草屑、粪渣、坏死粘膜等污物。涂上液体石蜡植物油整复。马、牛等大动物可取前低后高姿势。小动物可倒提起后肢，术者用手指谨慎地进行整复。如因水肿、瘀血，整复困难时，可用消毒针头在水肿瘀血部刺扎，边刺边用温热0.1%高锰酸钾溶液冲洗，并轻轻挤压，挤出水肿液和瘀血。剪去坏死组织，修整缝合破裂组织。涂上润滑剂或抗生素，送回肛门内。也可用2%明矾液冲洗患部，手指捏破肿胀坏死的粘膜整复。术后1—2天可有少量凝血块随粪便排出。

2.固定

（1）为防止再脱，可在肛门周围行袋口缝合。马、牛等大动物要留出二指宽的排粪口，猪留一小指排粪口。7—10天拆线。

（2）在距肛门边缘约1—2cm 处，分上下左右四点，每点皮下注射10%氯化钠溶液15—30ml或1%普鲁卡因酒精液10—30ml，使局部发生无菌性炎症，可起固定作用。

3.手术切除　当脱出部分发生坏死和深部组织发生感染时，可施行切除术。

先用2%普鲁卡因溶液30—50ml（大家畜）行腰荐部或尾荐部硬膜外腔麻醉。患部清洗、消毒后进行切除。手术方法是：在靠近肛门处，用消毒过的两根针灸针交叉穿过脱出的肠管将其固定，在固定针的外侧约2cm 处，切除坏死直肠。止血后，肠管断端的两层浆膜层和肌层分别作结节缝合。再用螺旋形缝合法缝合内外两层粘膜层。用0.1%新洁尔灭或0.1%高锰酸钾溶液冲洗，取下固定针涂上碘甘油或抗生素还纳于肛门内。

4.术后治疗

（1）抗感染：适当应用抗生素。根据病情实施对症治疗。

（2）中药治疗：可用补中益气汤：黄芪30g、白术30g、升麻30g、柴胡21g、党参30g、当归18g、甘草15g共为细末，开水冲，候温灌服，每日1剂，连服3天。

5.护理　术后禁食2—3天，以饲喂柔软饲料或麦麸粥，充分饮水，防止病畜卧地，术部保持清洁。

二、直肠破裂　直肠破裂是直肠壁全层或仅粘膜、肌肉层的破裂。可分为全破裂和不全破裂。常发生在直肠狭窄部。

病因　主要是损伤所致，多因直肠检查或通过直肠治疗某些疾病时病畜骚动不安，强烈努责，粗暴插入灌肠器，插入直肠的体温表折断、骨盆骨折、病理性分娩、直肠检查不熟练而使肠壁被手指戳破而造成。

症状

1.不全破裂　仅是直肠粘膜或粘膜肌层的破裂，出血较少，多能自愈。如果粘膜和肌肉层同时破裂，尤其是撕裂较大出血较多时，病畜不安、努责、排粪疼痛并带有鲜血、直肠检查时手臂往往带血，可摸到粘膜和肌肉层破裂而较粗糙的创口，有时形成创囊，蓄积血囊，蓄积血凝块和粪便，要特别注意防止穿透浆膜造成全破裂。

2.全破裂　多于受伤当时发生，呆立不动，有的排出血便。直肠检查可摸到破裂口，经此口可触到腹腔内脏器。粪便进入腹腔可引起弥漫性腹膜炎和败血症。全身症状迅速恶化。精神沉郁，肌肉震颤，耳及四肢末端厥冷，全身出冷汗，呼吸迫促，脉搏细弱、快而无节律，结膜发绀，腹壁紧张敏感，体温升高，一般病程短的体温急剧下降，少数病例常于1—2日内死亡。

诊断　主要根据直肠检查结合临床症状即可确诊。

治疗　及时保护破裂口，使病畜安静，减缓肠蠕动，严防肠内容物落入腹腔，制止腹膜炎的发展和败血症的发生。

一般治疗：出血较多者及时使用止血药物，如静脉注射

10%氯化钙溶液，肌肉注射止血敏、安络血或维生素K_3等。为使病畜安静可静脉注射5%水合氯醛溶液或肌肉注射氯丙嗪、安乃近。为减缓肠管运动，可用阿托品注射液。为防止感染可用抗生素等。止血后用0.1%高锰酸钾溶液清洗破裂部，除去伤口部粪便，涂抹白芨糊剂。白芨粉适量，用80℃热水冲成糊状，冷至40℃时，用纱布蘸取白芨糊剂，涂敷于直肠损伤部，每日1—2次，也可用磺胺乳剂涂敷。当有粪便蓄积时，应及时掏出，以减少对损伤部的刺激和压迫。除局部处理外，配合抗生素或磺胺类药物的全身疗法并补液。给予少量柔软饲料和适量盐类泻剂。

1.全破裂的治疗　及早手术，提高疗效。因破裂部不同，可选用下列方法：

（1）直肠内缝合：适用于直肠狭窄部后方的破口。站立保定，用2%普鲁卡因溶液进行腰荐硬膜外腔麻醉。破口后方用消毒纱布轻微反复擦拭。再将消毒纱布紧塞于破口前方。即防止向外排粪，又可用其撑开直肠。用开腔器撑开肛门后，用手电筒光或反光灯照明，便于缝合操作。缝合时，一手持置有长缝线的全弯针，慢慢带入直肠，线的另一端留在体外另一手固定。直肠内的手以拇指和食指持针尖部，针身藏于手心，用中指和无名指触摸创缘，并挟住破口一侧创缘的全层，拇指食指将针尖在距创缘1—1.5cm处，从粘膜进针，用无名指或掌心顶住针尾部，使针从浆膜层穿出，此时再用拇指和食指夹针拔出。用同样方法于相对应的另一侧创缘从浆膜进针，从粘膜穿出。然后将针线轻轻地拉出体外打结。先结一扣，用拇指或食指将结送入直肠内直至入针处，再结一个扣送至直肠内入针处，再以同样手法对创口进行全层螺旋形缝合，每缝一针后把缝线拉紧，最后一针打结固定。用指甲剪或隐刃刀将直肠内的缝线余端剪断取出。检查缝合效果，如有缺陷，再补缝。而后用白芨糊剂涂布于缝合的创口。

（2）腹腔内直肠缝合：适用于直肠狭窄部破裂和狭窄部前方破裂的创口。站立或仰卧保定。术前准备及麻醉同开腹术。切口应尽量靠近破裂口，切口部位在腹股沟口外环前方或耻骨前缘中线一侧，术式同开腹术，开腹后找到破裂口行全层一次性螺旋形缝合。对较小的马牛可一人缝合，右手伸入直肠内，左手伸入腹腔双手配合缝合。

（3）人工直肠脱出体外缝合是将支配直肠部的神经麻醉，把破裂的直肠拉出体外缝合。然后又按直肠脱整复。此法适用直肠壶腹前段狭窄部损伤。操作方法：侧卧或柱栏站立保定。全身麻醉，局部用普鲁卡因溶液作阴部神经与直肠后神经传导麻醉，也可行荐尾硬膜外腔麻醉。术者手指夹持消毒小块纱布进入直肠，拇指与中指夹住破裂口创缘两侧，谨慎徐缓地向外牵引破裂口的粘膜，使其翻至肛门外，脱出后，助手手指隔着纱布夹持破裂口固定，用生理盐水、0.1%高锰酸钾液或0.1%利凡若冲洗破裂口之后，用上述方法缝合破裂口并整复。

护理

1.使病畜安静，禁食2—3天，充分饮水，静脉注射25—30%的葡萄糖注射液500—1000ml，每日2—3次。

2.喂易消化，营养丰富的流汁饲料如豆浆、米粥等。当创口愈合后，可喂柔软青饲料。

3.为防止粪球停留于直肠破裂口处，每天掏除直肠内宿粪5—6次，酌情内服缓泻剂。

4.每日清理直肠口，损伤部涂白芨糊或磺胺乳剂2—3

次。

5. 为防止术后感染，用抗生素行全身治疗，每 8 小时一次，连用 6 天。必要时向腹腔注入适量青霉素、链霉素。

三、睾丸炎 是睾丸实质性的炎症，因睾丸与附睾紧密相连，则睾丸常与附睾同时发病。各种家畜均可发生。

由外伤引起：多为一侧性非化脓性睾丸炎。继发于其它疾病引起的，常为两侧性。并多为化脓坏死性睾丸炎。根据病程，临床上分为急性与慢性。

病因 由损伤引起的睾丸炎较为多见。如外伤、挤压、蹴踢、动物咬伤、尖锐硬物引起的刺创或撕裂伤等。由附近组织的化脓性炎症引起的如泌尿生殖器官化脓性炎症，可蔓延到睾丸和附睾丸而发生炎症。某些传染病的过程中，如睾疽、马腺疫、布氏杆菌病、结核、马媾疫等所继发。

症状 急性睾丸炎的初期，触诊睾丸及副睾肿胀、增温、疼痛、运动时患肢外展，当两侧同时患病时，两后肢叉开，运步不灵活，腰部僵硬，出现明显的机能障碍。随着病情的发展，鞘膜腔内蓄积浆液性纤维素性渗出物，阴囊皮肤紧张发亮。化脓时则局部和全身症状加剧，体温升高，精神沉郁，食欲减退，睾丸、附睾肿胀明显，触诊睾丸体积增大变硬，热痛反应剧烈，而后逐渐呈现化脓，有的向外破溃，甚至形成瘘管。

转为慢性时，热痛不明显，睾丸坚实，硬固。常引起总鞘膜与睾丸粘连，运步时，后肢有时呈现不同程度的机能障碍。由传染病继发的睾丸炎，多为化脓坏死性睾丸炎，其局部与全身症状更为明显，脓汁蓄积总鞘膜腔内，向外破溃，久则形成瘘管。

治疗

1.急性睾丸炎，可用醋酸铅、明矾溶液冷敷，或将栀子粉用蛋清调糊涂布。待炎症稍有缓和之后，可用湿敷。亦可局部涂布鱼石脂或樟脑软膏等。同时配合普鲁卡因青霉素（青霉素40万—80万单位，0.25%—0.3%盐酸普鲁卡因20—40ml）精索根部封闭，或0.25%盐酸普鲁卡因100ml静脉封闭，疗效更显著。

2.全身应用抗生素疗法或磺胺疗法有助于控制感染，消除睾丸的炎症。

3.慢性睾丸炎可涂樟脑软膏或鱼石脂软膏。

4.化脓性睾丸炎，手术切开排脓，并按创伤常规处理，或行睾丸摘除。

复习思考题

1.直肠脱出、直肠破裂的病因及治疗。

2.睾丸炎的病因、症状及治疗。

第十一章　四肢疾病

第一节　跛行的检查方法

一、跛行概述

（一）跛行的概念　跛行是家畜肢蹄或其邻近部位因病态而表现于四肢的运动机能障碍。跛行不是独立疾病，主要是四肢疾病或某些疾病的一种症状。为了有效地防治四肢病，减少经济损失，必须了解有关跛行的基本知识，掌握跛行的检查方法，以便建立正确的诊断并采取相应的合理的防治措施。

（二）跛行的原因　跛行的原因很繁杂，主要可归纳如下：

1.四肢的运动及支柱器官的疼痛性疾患，如关节、肌腱、腱鞘、骨等急性炎症，均可引起跛行。

2.由于慢性炎症过程，形成关节粘连、骨瘤、腱及韧带挛缩等，可引起四肢机械性障碍。

3.神经麻痹和肌肉萎缩，则四肢肌肉功能受障碍，而影响四肢的运动，出现跛行。

4.某些疾病过程，常可引起四肢机能障碍，如骨软症、风湿病、布氏杆菌病、睾丸炎等，均可引起跛行。

（三）跛行种类　主要根据患肢机能障碍的状态及步幅变化来确定。步幅是家畜运动中，同一肢两蹄迹间的距离，这一距离又被对侧肢的蹄迹分为两个半步，蹄迹前方的半步叫前半步，后方的叫后半步。健康家畜运动时，前后两个半步基本相等（图11—1）；当肢蹄患病时，则两个半步发生明显变化，据此将跛行分为：

1.支跛（踏跛）　患肢因疼痛而缩短负重时间，使对侧健肢提前落地。侧方望诊呈后方短步（图11—2）。患部多在腕、跗关节以下。

2.悬跛（运跛、扬跛）　患肢提举困难，伸扬不充分，抬不高迈不远，重者患肢脱拉前进。侧望呈前方短步（图11—3）。患部多在腕、跗关节以上。

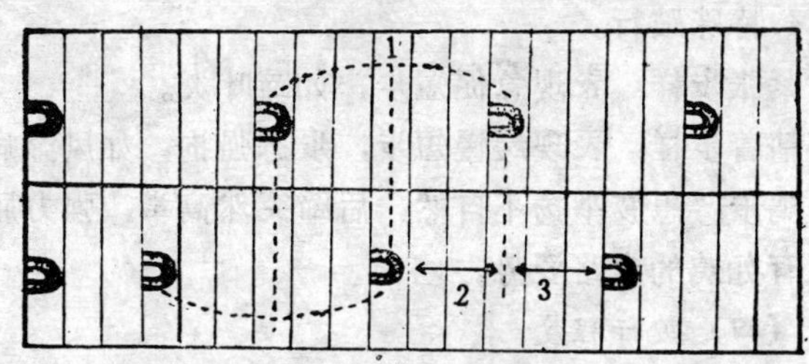

图 11—1　健康家畜的步样

1.一步幅　2.后半步　3.前半步

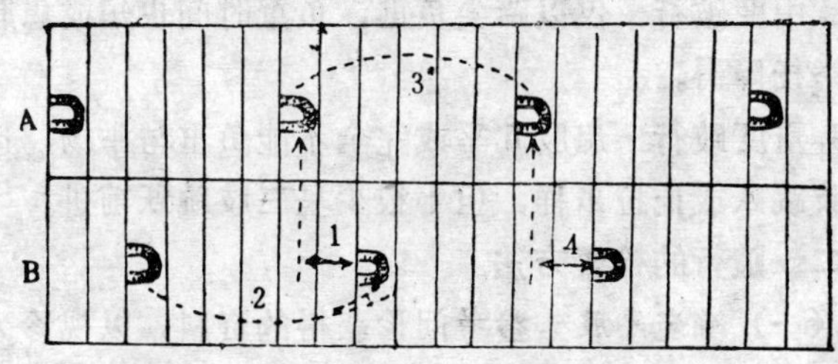

图 11—2　患支跛家畜的步样

A.健肢　B.患肢　1、4.后半步　2、3.一步幅

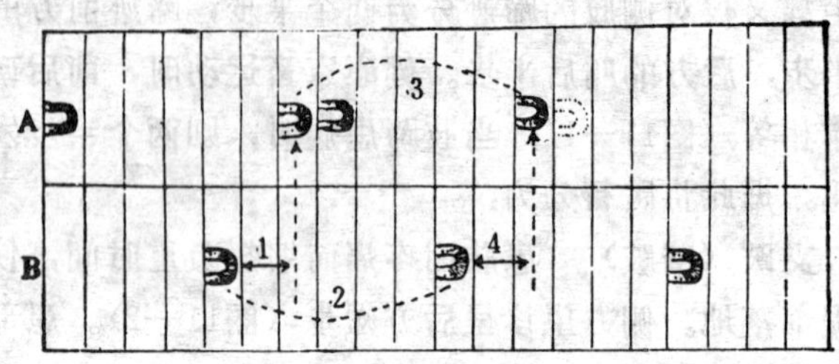

图 11—3　患悬跛家畜的步样

A.健肢　B.患肢　1、4.前半步　2、3.后半步

3.混合跛（混跛）　患肢举扬、负重机能均障碍，支跛与悬跛的特征同时存在。

4.特殊跛行。

紧张步样：表现急促短步，如蹄叶炎。

粘着步样：表现缓慢短步，步态强拘，如风湿病等。

鸡步：患肢举扬不自然，后蹄突然高举，强力屈曲跗关节，有如鸡的走路姿势。

（四）跛行程度

1.轻度跛行　全蹄面落地，但负重时间短或肢体举扬稍困难。

2.中度跛行　仅以蹄尖负重，负重时间也短或患肢有明显的举扬障碍。

3.重度跛行　患肢几乎或完全不能负重与举扬，运步时呈三肢跳跃或拖拉步样，但牛很少呈三肢跳跃前进。

二、跛行的检查方法

（一）确定患肢　参考问诊获得的资料，以视诊为主观察病畜站立和运动中所表现的异常状态，进而确定患肢。

1.站立检查　使病畜在平地上安静自然站立，从前、后、左、右对四肢的局部、负重状态、站立姿势，作全面的有比较的观察。着眼点是肢蹄各部有无创伤、肿胀、变形和肌肉萎缩等；四肢负重是否均匀，有无频繁交换负重的现象（牛是呈健肢内收支持体重、患肢呈外展姿势）；注意肢势变化及负重状态，一般疼痛性患肢经常伸向前方、后方、内侧或外侧，多以蹄尖、蹄侧或蹄踵部负重，表现系部　立、系关节不敢下沉，严重者患肢多呈提举状态而不愿负重。

牛患四肢病时，多不站立而卧下。若卧姿改变或卧而不愿起立，说明运动器官有疾患，有时从卧转站起时的异常状态可发现患肢。

2.运动检查　轻度跛行必须通过运动检查才能发现异常，确定患肢，并有助于判定患部。

运动检查应在广场上，利用不同地面和各种措施，先慢步后快步作直线运动，牵引缰绳以1m左右为宜。检查者从患畜的侧、前、后方有步骤地进行比较观察，主要观察内容是：

（1）举扬和负重状态：各关节屈曲、伸展是否充分，同名肢提举高度是否相等，系部倾斜是否一致，系关节下沉是否充分，蹄负面是否完全着地等，从中判定是前方短步，还是后方短步，以确定跛行种类，找出患肢。

（2）点头运动：一前肢患病，则对侧健肢着地负重的瞬间，头颈稍倾向健侧并将头低下；患病前肢着地负重时，则头向患侧高举。此种随运步而上下摆动头部的现象，称点头运动。即头低下时负重的是健肢，头高举时是患肢，概括为“点头行，前肢痛”，“低在健，抬在患”。

（3）臀部升降运动：一后肢患病，为使后躯重心移向对侧健肢，在健肢负重时，臀部显著下降，而患肢负重时臀部显著高举，称此为臀部升降运动，即臀部下降时负重的是健肢，臀部高举时负重的是患肢。概括为“臀升降、后肢痛”，“降在健、升在患”。

（4）运动量对跛行程度的影响：当关节扭伤、蹄叶炎等带疼痛性疾患时，跛行程度随运动量的增加而加剧；患风湿病等疾病时，跛行程度随运动量的增加而逐渐减轻乃至消失。

当跛行较轻，用上述方法不能确定患肢时，可采取下列措施，加重负荷促使跛行明显化。

上下坡运动：前肢支跛下坡时明显，后肢支跛上坡时明显；前、后肢悬跛上坡时均明显。

圆圈运动：支跛患肢在内圈时跛行明显，悬跛病肢在外圈时跛行明显。

急速回转运动：快速直线运动中，使病畜突然向内急转，则支跛病肢在回转内侧时跛行明显，而悬跛病肢在外侧时，跛行也加重。

软硬地运动：支跛患肢在硬地运动时跛行明显；而悬跛患肢在软地运动时跛行加重。

（二）寻找患部　确定患肢后，还必须根据运动检查时所确定的跛行种类及程度，有步骤、有重点地进行肢蹄检查，以找出患病部位。

1.蹄部检查

外部检查：主要注意蹄形有无变化；蹄铁形状、磨灭情况及钉节位置；蹄壁有无裂隙、缺损与赘生；蹄底各部有无刺伤物及刺伤孔等。检查牛蹄时，应特别注意趾间韧带有无异常。

蹄温检查：以手掌触摸蹄壁，以感知蹄温，并应作对比检查。若蹄内有急性炎症，则蹄温显著升高。

痛觉检查：先用检蹄钳敲打蹄壁、钉节和钉头，再钳压蹄匣各部。如家畜拒绝敲打和钳压或肢体上部肌肉呈现收缩反应或抽动患肢，则说明蹄内有带痛性炎症存在。

2.肢体各部的检查 使患畜自然站立，由冠关节开始逐渐向上触摸压迫各关节、关节侧韧带、粘液囊、屈腱、腱鞘、骨骼及肢体上部肌肉等部位，注意有无肿胀、增温、疼痛、变形、波动、肥厚、萎缩及骨赘等变化。

3.被动运动检查 即人为地使动物的关节、腱及肌肉等作屈曲、伸展、内收、外转及旋转运动，观察其活动范围及疼痛情况、有无异常音响，进而发现患病部位。

4.传导麻醉检查 用上述方法不能确定患部时，可用2—4%盐酸普鲁卡因溶液5—20ml注射于神经干周围，进行传导麻醉检查。若注射后10—15分钟发生麻醉作用而跛行消失，说明病变部位在注射点的下方；反之病变是在其上方，须行第二次麻醉检查。麻醉的顺序和神经是：系关节下部指（趾）神经支；系关节上部掌（跖）神经；正中神经与尺神经；胫神经与腓神经。向可疑部位进行浸润麻醉检查亦可。施行传导麻醉检查时，勿使病畜快步运动或急速转弯，以免发生意外；两次麻醉注射的间隔时间不应少于1小时；凡可疑骨折、韧带及腱的不全断裂，禁用此法检查。传导麻醉检查对肢体下部单纯带痛性疾患引起的跛行，有确诊价值。

5.X射线检查 四肢疾病用X射线进行透视或照像检查，可获正确诊断。兽医临床广泛用于诊断关节反常、骨折、骨化性骨膜炎、蹄部骨病及蹄内异物等。

由于肢蹄病的种类很多，病因不同，病变亦有大小、轻重和新旧之分，所以应将上述各种检查所得的丰富材料，进行认真的分析、对比，反复研究和归纳总结，作出初步诊断，再经治疗验证，得出最后诊断。

第二节 关节疾病

一、关节扭伤 在间接的机械外力作用下，关节发生瞬间的过度伸展、屈曲或扭转，引起韧带和关节囊的损伤，称关节扭伤。本病是家畜四肢关节的多发病，以系、冠、肩和髋关节扭伤最常见。

病因 在使役或运动中，由于失步蹬空、滑走、急转、急跑骤停、跳跃、跌倒、一肢陷入洞穴而急速拔出等，使关节的伸、屈或扭转超越了生理活动范围，引起关节周围韧带和关节囊的纤维剧伸，发生部分断裂或全断裂所致。

症状 扭伤后立即出现跛行：站立时患肢屈曲，减负体重以蹄尖着地或免负体重而提举悬垂；运动时呈不同程度的跛行。患部肿胀，但四肢上部关节扭伤时，因肌肉丰满而肿胀不显著。触诊患部热痛，被损伤的关节侧韧带有明显压痛点，被动运动使受伤韧带紧张时，疼痛剧烈。若关节韧带断裂，则关节活动范围增大，重者尚可听到骨端撞击声音。当转为慢性经过时，可继发骨化性骨膜炎，常在韧带、关节囊与骨的结合部受损伤时形成骨赘。

系关节扭伤：马、骡多发，牛亦有发生。多损伤关节内、外侧韧带，有时波及关节囊。轻者稍显机能障碍，局部肿胀，有热痛反应；重者站立时以蹄尖着地，系关节屈曲，系部直立，运动时系关节屈曲不充分、不敢下沉，常以蹄尖着地前进，呈中等程度支跛，触诊患部有明显热、痛、肿，被动运动患病关节疼痛剧烈。

冠关节扭伤：多损伤关节内、外侧韧带和关节囊。马多发生。临床特点基本同系关节扭伤。

肩关节扭伤：牛较多发生。站立时，患肢肩部弛缓无力、弯曲，以蹄尖着地。运动时，举扬困难，步幅缩小，作弧形外划前进，呈混跛。触诊肩部有热痛。被动运动则剧痛不安。

髋关节扭伤：马、骡和耕牛常见。站立时屈曲膝、跗关节，以蹄尖着地，患肢外展。运动时基本为混跛，患肢呈外展姿势，后退运动疼痛明显。触诊局部无明显变化。被动运动有疼痛反应，尤以作内收姿势时更为明显。

治疗　原则是制止溢血和渗出，促进吸收，镇痛消炎，防止结缔组织增生，避免遗留关节机能障碍。

制止溢血和渗出：急性炎症初期1—2日内，用压迫绷带配合冷敷疗法，如用布老氏液、饱和硫酸镁盐水或10％—20％硫酸镁溶液以及2％醋酸铅溶液等。亦可用冷醋泥贴敷（黄土用醋调成泥，加20％食盐）或以等量栀子与大黄粉，用蛋清加白酒调成糊状外敷。必要时可静脉注射10％氯化钙溶液或肌肉注射维生素K_3等。

促进吸收：当急性炎症缓和、渗出减轻后，及时改用温热疗法，如温敷、温脚浴等，每日2—3次，每次1—2小时。可用布老氏液、鱼石脂酒精溶液、10％—20％硫酸镁溶液、热酒精绷带等。亦可涂抹中药四三一合剂（大黄4份、雄黄3份、冰片1份，研成细末蛋清调合）、扭伤散（膏）、鱼石脂软膏或用热醋泥疗法等。

如关节腔内积血过多不能吸收时，在严密消毒无菌条件下，可行关节腔穿刺排出，同时向腔内注入0.5％氢化可的松溶液或1％—2％盐酸普鲁卡因溶液2—4ml加入青霉素40万单位，而后进行温敷配合压迫绷带；不穿刺排液，直接向关节腔内注入上述药液亦可。

镇痛消炎：局部疗法同时配合封闭疗法，用0.25%—0.5%盐酸普鲁卡因溶液30—40ml加入青霉素40—80万单位，在患肢上方穴位（前肢抢风、后肢巴山和汗沟等）注射；也可肌肉或穴位注射安痛定或安乃近20—30ml。可内服跛行镇痛散（当归、土虫、乳香、没药、地龙、川军、血竭、南星、然铜各25g，红花、骨碎补各20g，甘草40g。前肢痛加桂枝、川断各25g，后肢痛加杜仲、牛膝各25g，共研细末，黄酒250ml为引，开水冲调、候温，马、牛一次灌服）或舒筋活血散。必要时，可用抗生素与磺胺疗法。

局部炎症转为慢性时，除继续使用上述疗法外，亦可涂擦刺激剂，如碘樟脑醚合剂（碘片20g、95%酒精100ml、乙醚60ml、精制樟脑20g、薄荷脑3ml、蓖麻油25ml）、松节油、四三一合剂等，用毛刷在患部涂擦5—10分钟，若能配合温敷，则效果更好。韧带断裂时可装着固定绷带。

此外，应用红外线或氦—氖激光照射、碘离子透入及特定电磁波谱疗法等均有良好效果。

二、关节滑膜炎 关节滑膜炎是关节囊滑膜层的渗出性炎症。其病理特征为滑膜充血、肿胀及渗出增多，使关节腔内蓄积多量的浆液性、浆液纤维素性及纤维素性渗出物。

临床上以马、牛、骡的跗、腕、系及膝关节的急性和慢性滑膜炎为多见，猪、羊、禽类均有发生。

病因 本病主要由机械性损伤引起，如常在不平道路上负重役、长途奔走，幼龄家畜使役过早和肢势不正及关节软弱等，均可致病。

亦常继发于关节扭伤与挫伤、脱臼等。

此外，副伤寒、腺疫、布氏杆菌病及骨软症等疾病过程中，也易继发本病。

症状　急性关节滑膜炎：站立时，患病关节屈曲，减负体重，若为两肢同时发病则不断交替负重。运动时，关节屈、伸不全，呈支跛或混跛。患病关节肿大、热痛、压之有波动，被动运动有剧烈疼痛。关节肿胀的位置依患病关节的不同而异：腕关节时在前方、系关节时是侧方、膝关节时是上方、跗关节时是前方及内、外侧的肿胀明显。

慢性关节滑膜炎：关节腔蓄积大量渗出物，关节囊高度膨大，触诊有波动而无热痛。跛行不明显，但关节屈伸缓慢、不灵活，易疲劳。

跗关节滑膜炎又称飞节软肿，多为慢性经过。关节的内、外侧及前面常呈现三个椭圆形凸出的柔软肿胀，以手交互压迫三个肿胀点，可感知其中液体的串流，肿胀波动明显，但无热痛。若积液过多，则可导致运动障碍，站立时，患病关节不断屈曲和提举。

治疗　原则是制止渗出、促进吸收、消除积液，恢复机能。

急性炎症初期，为制止渗出，可参照关节扭伤所采用的冷却疗法，并装着压迫绷带或石膏绷带，同时配合封闭疗法。

可的松对急、慢性浆液性滑膜炎有良好效果。先无菌抽出渗出液，再用0.5%氢化可的松2.5—5ml内加青霉素20万单位，注射前以0.5%盐酸普鲁卡因溶液作1:1稀释，再行关节腔内或关节周围分点皮下注射，隔日一次，连注3—4次。注射后装着压迫绷带，可提高疗效。

此外，用微温的2%盐酸普鲁卡因溶液10至20ml内加青霉素20万单位，进行关节腔内注射，也有良好效果。

急性炎症缓和后，为促进吸收，可用温热疗法或装置热湿性压迫绷带，如饱和硫酸镁、饱和盐水溶液湿绷带或鱼石脂酒精绷带以及石蜡疗法和热醋泥疗法等。

慢性炎症，可参照关节扭伤时涂擦刺激剂或进行温敷，装着压迫绷带，并配合理疗，可提高疗效。

当关节内积液过多不易吸收时，可行穿刺抽出，并注入氢化可的松或盐酸普鲁卡因青霉素，再包扎压迫绷带。

静脉注射水扬酸制剂或10%氯化钙注射液100ml，连用数日，也有良好的辅助治疗作用。

三、脱臼 由于外力作用，使关节头脱离开关节窝，失去正常接触而出现移位，称脱臼。本病常发生于牛、马的髋关节和膝关节，肩、肘、指等关节也有发生。

病因 主要是由于突然强烈的外力直接或间接作用于关节，使关节韧带和关节囊被破坏所致。此外，关节发育不良或患有结核、腺疫、维生素缺乏等疾病时，稍加外力也可引起脱臼。

症状 关节脱臼的共同症状是：

关节异常固定。由于关节头离开关节窝而卡住，有关韧带和肌肉高度紧张，使其在异常位置而失去正常活动性。被动运动时受限制，并出现抵抗。

关节变形。脱臼关节骨端向外突出，局部呈异常隆起或凹陷。

患肢可呈延长或缩短，全脱臼时患肢短缩，不全脱臼患肢延长。

肢势改变。脱臼关节的下方发生肢势改变，可出现内收、外展、屈曲或伸展等姿势。

脱臼关节常有肿胀、疼痛及增温表现。

机能障碍。伤后立即出现重度跛行。

临床上较常见的马膝盖骨上方脱臼的特征是，膝盖骨转位于股骨内侧滑车嵴的顶端，被膝内直韧带的张力固定，不能自行复位。因此患肢强直，站立时膝关节及跗关节高度伸直向后方挺出，完全不能屈曲；运步时患肢不能提举，僵硬、伸长，蹄尖拖地或三肢跳跃前进；局部触诊可发现膝盖骨向上转位和膝内直韧带过度紧张。

诊断　关节脱臼时可根据上述症状进行诊断，但须注意与关节骨端骨折鉴别。

被动运动检查，关节脱臼时呈基本不动或活动不灵，并在被动运动后仍恢复异常固定状态，带有弹拨性。而骨折脱位时无此特征。

治疗　原则是整复、固定和恢复机能。

整复前肌肉注射二甲苯胺噻唑或作传导麻醉，以减少肌肉和韧带紧张、疼痛引起的抵抗，再灵活运用按、揣、揉、拉和抬等整复方法，使脱出的骨端复原，恢复关节的正常活动。整复后应安静1—2周，限制活动。为防止复发，下肢关节用固定绷带包扎3—4周，上肢关节可涂擦强刺激剂或在关节周围分点注射5%盐水 5—10ml 或酒精 5ml 或自家血液20ml，引起关节周围急性炎症肿胀，达到固定目的。

马的膝盖骨上方脱臼时，可使患畜骤然急剧后退，趁关节伸展之际使其自然复位；或于臀部猛击一鞭，使之突然前进，有时可复位；亦可用圆绳之一端在颈基部绕圈打结，另一端绳套在患肢系部，在用力向前方牵引的同时，术者以手掌用力向下推压移位的膝盖骨，并使患畜急剧后退（或后坐），使膝关节伸展向前挺出，在牵、压、退三者配合下使其复位；也可使患肢在上作侧卧保定，全身麻醉后，采取后肢前方转位法，用力向前牵引患肢，助手配合推压膝盖骨使其复位。然后再进行固定。若整复困难，可切断膝内直韧带，方法是：使患肢在下作横卧保定；将健肢前方转位，患肢固定于木桩上；在胫骨嵴内上方约2cm膝中直韧带与膝内直韧带之间皮肤剪毛消毒，在间隙的最低位置，用宽针呈纵向垂直刺入1cm左右，然后转向膝内直韧带放平，使刃向外与膝内直韧带呈垂直相交，并向胫骨内髁方向轻轻运动小宽针，此时可听到“沙沙”的切割声，割断即可复位。若切割困难，可切开皮肤将膝内直韧带分离暴露后再行切割。术后皮肤缝一针，并涂碘酊消毒。

四、关节周围炎 关节周围炎是关节囊纤维层、韧带、骨膜及周围结缔组织的慢性纤维素性炎症及慢性骨化性炎症。其病理特征是关节外生成骨赘粘连，关节侧韧带增厚无弹性或骨化。本病多发生于马的腕、跗、系及冠关节。牛也有发生。

病因 关节扭伤，关节周围组织、骨膜的损伤，骨折，韧带剧伸，关节脱臼，腱及腱鞘的炎症等，均可诱发关节周围炎。由于关节组织受到长期刺激，起初主要是大量结缔组织增生和骨膜纤维性增殖（纤维性关节周围炎），以后出现骨膜、关节囊纤维层、韧带及周围结缔组织骨化，形成明显的骨赘（骨化性关节周围炎）。有时骨化组织范围很广，包围关节以致形成关节外骨性粘连（假性关节粘连），但关节内无变化。

症状 初期关节周围呈弥漫性坚实的硬肿，有热痛。站立时，患病关节屈曲，以蹄尖着地；运步时，呈混跛或支跛。

后期关节粗大变形，肿胀坚硬如骨，无痛，皮肤可动性小。关节活动范围变小或完全不能活动，被动运动有痛感。运步时，关节伸展不充分，尤以运动开始时明显，经一段时间运动后，关节强拘现象逐渐减轻至消失。患畜易疲劳。病期长者，可因增生的结缔组织收缩而发生关节挛缩。

治疗　本病病期长，治愈缓慢，坚持治疗可收到一定效果。

初期可用温热疗法，如石蜡疗法、热酒精绷带疗法等，防止纤维性炎症转为骨化性炎症。

后期主要是消除跛行，可用强刺激疗法，如用1:12升汞酒精溶液局部涂擦，每日一次，至皮肤结痂止，间隔5—10天再用药，可连用三个疗程。亦可在骨赘明显处作常规消毒和局部麻醉后，进行1—2个穿刺和数个点状烧烙，以制止骨质增生，促进关节粘连，消除跛行。操作完毕，要注意消毒并包扎绷带。也可以用高功率的CO_2激光聚焦照射。

进行强刺激疗法时，可配合盐酸普鲁卡因封闭疗法，数日后牵遛患畜，能提高疗效。

第三节　腱、腱鞘、粘液囊疾病

一、屈腱炎　屈腱炎即指（趾）深屈肌腱、指（趾）浅屈肌腱和系韧带的炎症。马、骡前肢和牛后肢发病率高，其中深屈肌腱炎尤以其副腱头的炎症较多见，浅屈肌腱炎次之，系韧带炎较少。

病因　肢势不正（卧系、系关节细弱）、蹄形异常（蹄壁过长、蹄踵过低）、四肢负重不均衡及腱质发育或营养不良等，可导致使役中肢体负重时屈腱过度伸展而发病。

急剧运动、奔跑，在不平道路上过度使役，跳跃，使屈腱过度牵引，均易发生本病。

屈腱直接受到挫伤、打击、踢伤等，以及附近炎症的蔓延，亦可发生本病。

有时蟠尾丝虫的侵袭，可诱发本病。

在上述病因作用下，运动中屈腱受到过度的紧张和牵引，超过了其弹性和韧性的生理范围，造成腱纤维发生部分断裂或牵张，局部呈现炎症变化。当转为慢性经过时，局部结缔组织增殖使腱肥厚、失去弹性，严重者屈腱骨化。

症状

急性屈腱炎：病畜站立时，蹄尖着地，系部直立，系关节不敢下沉。指（趾）深屈肌腱炎时，患肢稍前踏或呈垂直状态；指（趾）浅屈肌腱炎时，患肢多伸向前方；系韧带炎时，患肢伸向远前方。运动时，屈腱不敢伸张，系关节不敢下沉，呈重度或中等度支跛，但指深屈肌腱的腕腱头炎时为支混跛；快步运动时，患肢支撑不稳，易跌倒、跛行加重。患部呈热痛性肿胀，尤以背屈系关节使屈腱紧张时疼痛明显。指深屈肌腱炎的肿胀多在掌后内、外侧，腕腱头炎时肿胀是在掌后上半部靠内侧；指浅屈肌腱炎的肿胀多在掌后下1/3处呈鱼腹状；系韧带炎时的肿胀多在掌后最下部靠近系关节处。

慢性屈腱炎：跛行轻微，慢步行走多不明显，但系关节不灵活，下沉不充分，向前突出；快步时跛行明显，易蹉跌。病程久者可呈腱性突球（滚蹄）。患部硬固肥厚不平坦，无痛，腱失去弹性，常与周围组织粘连，皮肤失去移动性。

治疗　可参照关节扭伤的疗法。对慢性初期病例，可试用醋酸可的松3—5ml加等量的0.5%盐酸普鲁卡因溶液分点注于患腱局部皮下，4—6日一次，3—4次为一疗程；对慢性较久的病例，可用强刺激疗法（烧烙、涂布强刺激剂等）。治疗的同时，须注意矫正肢势与蹄形，进行适当的削蹄、装蹄、防止滚蹄，装厚尾蹄铁；对已发生屈腱短缩而导致腱性突球者，可施行深屈肌腱部分切断术：系部腹侧作常规消毒处理；在系部沿指深屈肌腱前内缘，将皮肤切开3—4cm；再用刀或剪切断部分腱质，一般可切断腱的1/3—1/2，即约切断0.7—1.2cm，通常0.7cm即可；彻底清创，撒布磺胺粉，皮肤结石缝合，可包扎绷带；术后第四天开始运动，促进腱断端瘢痕形成，预防再发生短缩。

预防　合理使役，注意保护屈腱免受外力的过度刺激，防止腱部损伤。对肢势不正、蹄形异常者，应及时矫正，进行合理削蹄与装蹄。

二、腱断裂　腱的连续性被破坏而发生分离或部分分离称腱断裂。牛、马均有发生，常见于指（趾）屈肌腱、跟腱、指总伸肌腱和跗前屈肌腱等部位。腱断裂可分为开放性腱断裂、非开放性腱断裂和全断裂及部分断裂等。

病因　开放性腱断裂多由锐利的刃性物体（镰刀、铁锨、锄头、犁铧）损伤而引起。非开放性腱断裂是由于急跑、急停、滑走、跳越障碍或具有引起屈腱炎的因素等，使腱的牵张超越了弹性限度和韧性的生理范围；钝性物体的打击、冲撞、蹴踢等；附近化脓性炎症、腱抵抗性减退、骨软症及缺乏锻炼等，均可引起腱断裂。

症状

屈腱全断裂：指（趾）深屈肌腱全断裂，突然呈重度支跛，站立时以蹄踵着地，严重者蹄球着地，蹄底向前，蹄尖翘起，系关节明显下沉，系部呈水平状态。指（趾）浅屈肌腱全断裂，多发生在冠骨上端两侧或系关节后上方。系韧带断裂多在分支部。局部可见明显增温、肿胀和疼痛，有时触诊可感知腱的缺损（凹陷）。开放性者，伤部出血并可摸到腱的断端。

跟腱断裂：患肢前踏，不能负重，关节过度屈曲下沉，跖骨极度倾斜，跟腱弛缓有凹陷。

指总伸肌腱全断裂：突发悬跛，指关节伸张不全，提举困难，易蹉跌；站立无异常。多发生于蹄骨伸腱突附着部，触诊蹄冠前中央部可发现疼痛性肿胀。

诊断　屈腱全断裂可根据症状作出诊断。屈腱的不全断裂与屈腱炎的区别有一定难度，但比屈腱炎的跛行表现为重，几乎不能负重。

治疗　原则上是防止感染，缝合断端，合理固定，促进再生。

治疗腱断裂的关键是合理固定，方法可用石膏绷带、夹板绷带等。

腱的全断裂（包括开放性腱断裂经一般外科处理后）可施行缝合术，使断端密接，促进修复。现时多采用皮外腱缝合法：局部常规消毒，用粗丝线距腱断端5—8cm处的肢体一侧，刺入皮肤达腱下，针再转向肢体后方刺透腱的全层并穿出皮肤，然后距此穿出点适当距离处，将针返回穿透皮肤及腱的全层后，再转向肢体另一侧，使针通过腱下穿出皮肤；距前一针缝合的3—4cm处，以同样方法再缝一针。将上述两针的线端分别在肢体两侧打结。断腱的另端亦按上法处理。最后将腱断端两侧的上、下线头分别拉紧打结即可（图11—4）。最后装固定绷带，3—4周愈合后，拆除绷带和缝线。

开放性腱断裂，除局部消毒处理外，可用抗生素控制感染并进行对症治疗。

腱断裂还可用碳纤维缝合，碳纤维可诱发腱的再生。用碳纤维素缝合断腱，再包扎石膏绷带，腱的愈合很快，是近代腱断裂缝合的最佳方法。

病畜要加强护理，注意防止患部活动。可配合矫形蹄铁，如装长连尾蹄铁等，减少患腱紧张。经2—3周后，可适当进行牵遛运动，以防肌肉萎缩和腱挛缩。

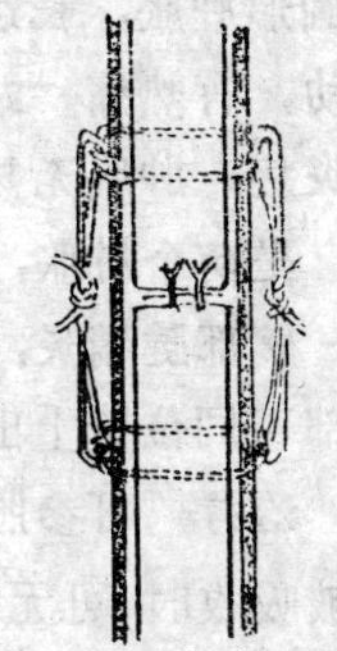

图 11—4　皮外腱缝合法

三、腱鞘炎　腱鞘部的浆液性、浆液纤维素性及纤维素性炎症称腱鞘炎，多发于指（趾）部和跗部腱鞘，以慢性者最多见。

病因　基本同于屈腱炎的病因。

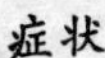

症状

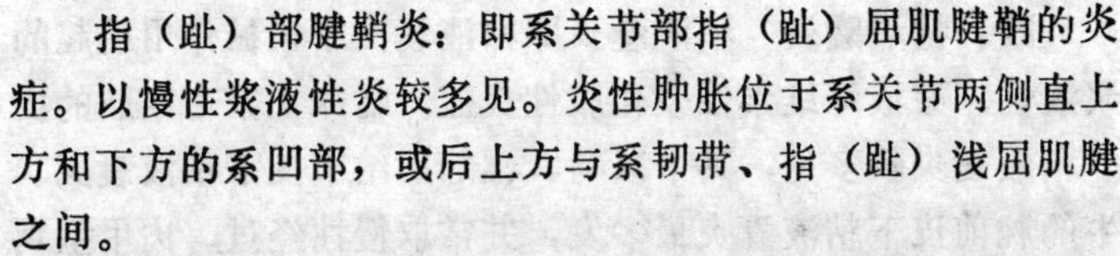

指（趾）部腱鞘炎：即系关节部指（趾）屈肌腱鞘的炎症。以慢性浆液性炎较多见。炎性肿胀位于系关节两侧直上方和下方的系凹部，或后上方与系韧带、指（趾）浅屈肌腱之间。

急性时，局部热痛，柔软有波动，提举患肢压诊可感知鞘内渗出液的流动。站立时，患肢系关节掌屈，蹄尖着地；运动时，呈支跛，系关节强拘，活动性小。

慢性经过，无热痛，有明显的腱鞘软肿和波动。或腱鞘与腱粘连，触诊腱鞘壁显著肥厚而坚实，使系关节的运动发生障碍，易疲劳。

化脓性腱鞘炎跛行显著，局部变化明显，有时排出脓性液体，病畜体温升高。

跗部腱鞘炎：以趾长伸肌腱鞘炎多见，于跗关节前有长椭圆形肿胀，长达18cm，并被三条横韧带压隔成节段，肿胀波动，有热痛。站立时屈曲跗关节，运步时呈混合跛行。慢性炎症，肿胀无热痛，无跛行。趾浅屈肌腱和跟腱的腱鞘炎时，呈两个肿胀：其一在跟节上，另一个在其下方。

腕部腱鞘炎：常为慢性浆液性炎，跛行较轻或无，可在腕部不同位置上出现肿胀。

治疗　可参照关节扭伤的疗法。当腱鞘内渗出液过多不易被吸收时，可无菌穿刺抽出后，注入2%—3%盐酸普鲁卡因溶液10—20ml，内加青霉素40万单位，再配合温敷。如未痊愈，可间隔3—4日再抽注一次。也可应用0.5%氢化可的松溶液2.5—5ml内加青霉素20万单位注入腱鞘内，3—5日一次，连用2—4次，并装着压迫绷带。

可用低功率的氦氖激光照射患部，效果良好。

化脓性腱鞘炎应彻底排脓，并用抗菌药物。

四、粘液囊炎　粘液囊炎即粘液囊由于机械作用引起的浆液性、浆液纤维素性及化脓性炎症。临床上家畜四肢的皮下粘液囊炎较多见，其中以马、骡的肘结节皮下粘液囊炎、牛的腕前皮下粘液囊炎最多发，并常取慢性经过；肉用型鸡常见有龙骨粘液囊炎（胸囊肿）。

病因　主要是粘液囊长期受机械刺激所致，如与地面的压迫、摩擦、蹴踢、跌打、冲撞，以及挽具、铁尾、饲槽、墙壁等的压迫与摩擦，尤以牛厩床不平、牛栏狭小更易发生。此外，周围组织炎症的蔓延以及腺疫、副伤寒、布氏杆菌病等疾病经过中，也可发生。

症状　粘液囊炎的共同症状是：

急性经过时，粘液囊紧张膨胀，容积增大，热痛，波动，有机能障碍。皮下粘液囊炎的肿胀轻微，界限不清，常无波动，机能障碍显著。

慢性炎症时，患部呈无热无痛的局限性肿胀，机能障碍不明显。若为浆液性炎症时，粘液囊显著增大，波动明显，皮肤可移动；若为浆液纤维素性炎时，肿胀大小不等，在肿胀突出处有波动，有的部位坚实微有弹性；若纤维组织增多时，则囊腔变小，囊壁明显肥厚，触诊硬固坚实，皮肤肥厚，甚至形成胼胝或骨化。

化脓性炎时，多为弥漫性，波及周围组织发生蜂窝织炎，有时体温升高，机能障碍显著。

肘结节皮下粘液囊炎：亦称肘肿或肘头瘤，马及大型犬多发，主要是慢性经过，肿胀大小不等，无痛，无跛行。但急性或化脓性炎症时，肘头部热痛，呈弥漫性肿胀。运步时避免屈曲肘关节，悬跛明显。化脓性炎症继续发展可形成脓疡，不断向外排脓，易形成瘘管。马肘结节皮下粘液囊炎的外观见图11—5。

腕前皮下粘液囊炎：亦称膝瘤或冠膝，牛多发。患部呈渐进性无痛性肿胀，肿胀可达排球大，有的极坚硬，有的柔软有波动，一般无跛行，但肿胀过大或成胼胝时出现跛行

图11—5　马肘结节皮下粘液囊炎　　图11—6　牛腕前皮下粘液囊炎

（图11—6）。

治疗　治疗原则是除去病因、抑制渗出、促进吸收、消除积液。

急性或慢性病例，可采取滑膜炎的疗法。

若肿胀过大渗出物不易消除时，可穿刺抽出后，注入10％碘酊或5％硫酸铜溶液或鲁格氏液或5％硝酸银溶液等进行腐蚀。

若囊壁肥厚硬结时，可行手术摘除。

化脓性粘液囊炎时，应早期切开，彻底排脓后，再按化脓创处理。

预防　加强饲养管理，防止局部压迫和摩擦。地面与厩床要平整，多铺褥草。畜舍、畜栏要宽广。

第四节　骨　折

在暴力的作用下，骨的完整性被破坏，出现断、裂、碎现象，称为骨折。临床上以马、牛的四肢骨骨折较为多见。

病因　主要是暴力作用，如打击、跌倒、冲撞、挤压、蹴踢、牵引及火器伤等。有时肌肉强烈地收缩以及骨质疾病时亦可发生骨折。

根据骨折部是否与外界相通，分为开放性骨折和非开放性骨折；根据骨折的程度，分为完全骨折和不全骨折；根据骨折线的位置，分骨干骨折、骨骺骨折和关节内骨折。

症状　骨折时常伴有周围软组织的损伤。

疼痛　骨折发生后，疼痛剧烈，肌肉颤抖，出汗，自动或被动运动时表现更加不安和躲闪。触诊有明显疼痛部位，骨裂时，指压患部呈线状疼痛区，称骨折压痛线，依此可判定骨折部位。

肿胀　因出血及渗出，骨折部呈明显肿胀。

异常变形　完全骨折时，因骨折断端移位，使骨折部位外形或解剖位置发生改变，患肢呈弯曲、缩短、延长等异常姿势。

异常活动和骨摩擦音　肢体全骨折时，活动远心端，可呈屈曲、旋转等异常活动，并可听到或感知骨断端的摩擦音或撞击声。

机能障碍　肢体全骨折时，患肢突然发生重度跛行，表现为不能屈伸或负重，呈三肢跳跃前进（不全骨折跛行较轻）；肋骨骨折时呼吸困难；脊椎骨折时可发生神经麻痹及肢体瘫痪。

开放性骨折时，创口哆开，骨折断端外露，常并发感染。

严重骨折病例，常有体温升高或发生休克。

诊断　肢体全骨折，可依异常变形、异常活动和骨摩擦音，开放性骨折可依创口外露的骨断端而确诊。不全骨折可查找骨折压痛线。

此外，可进行X射线透视或照像检查。

直肠检查有助于髋骨、腰椎部骨折的诊断。

治疗　原则是正确整复、合理固定、促进愈合、恢复机能。

急救措施：骨折发生后，首先使患畜安静，防止断端活动和严重并发症。为此，可用镇静和镇痛剂；再用简易夹板临时固定包扎骨折部；注意止血，预防休克；开放性骨折，创伤内消毒止血，撒布抗菌药物后，固定包扎，以防感染。

治疗方法：先正确整复。患畜侧卧保定，全身浅麻醉或局部浸润麻醉后，采取牵引、旋转或屈伸以及提按、捏压断端的方法，使两断端正确对接，恢复正常的解剖学位置。

合理固定。骨折断端复位后，为防止发生再移位和促进愈合，可装置石膏绷带或夹板绷带固定，马可吊在柱栏内(牛不能长期吊起，犬、羊可自由活动)。开放性骨折，应先清除创内坏死组织、骨碎片等，创伤处理后，撒布抗菌药物，再装着固定绷带或有窗固定绷带。

整复固定后，要加强护理。可注射抗菌、镇痛、消炎药物，补充钙制剂，配合内服中药接骨散(血竭、土虫各100g，没药、川断、牛膝、乳香各50g，然铜、当归、南星、红花各25g，研为细末，分两次服，白酒250—500ml为引)，每日一剂。

后期要注意机能锻炼，3—4周后可慢步牵行运动，每日1—2次，每次10—20分钟。

应用氦氖激光进行患部照射，可促进骨痂形成，对骨折愈合有良好作用。

第五节　蹄部疾病

一、蹄叶炎　蹄壁真皮的局限性或弥漫性的无菌性炎症称蹄叶炎。马、骡两前蹄多发，有时四蹄同时发病，牛则多见于两后蹄。

病因　尚不十分清楚，目前一般认为其发生与机体过敏反应和神经反射有关。临床上蹄叶炎常见的发病因素有：

饲养失宜。当长期饲喂过多的精饲料或饲料骤变而缺乏运动时，可引起消化障碍，产生的有毒物质吸收后造成血液循环紊乱，蹄真皮瘀血发炎。

使役不当。如在硬地或不平道路上重度使役或持续使役久不休息、长期休闲突然服重役，均可使组织中产生大量乳酸与二氧化碳，吸收后导致末梢血管瘀血，引起蹄真皮的炎症。

蹄形不正。如高蹄或低蹄，狭窄蹄或过长蹄等，使蹄机严重障碍，影响蹄部血液循环而发病。

继发于其它疾病。如胃肠炎或便秘后、中毒、感冒及难产、胎衣不下等，可引起本病。

在上述因素作用下，蹄真皮毛细血管扩张、充血，血液停滞，血管壁通透性增强，炎性渗出物积于真皮小叶与角小叶之间，压迫真皮而引起剧痛。炎症继续发展，渗出液大量积聚压迫蹄骨，破坏真皮小叶与角小叶的结合，造成蹄骨变位下沉乃至蹄底穿孔，蹄前壁凹陷致蹄轮密集，蹄尖翘起，蹄匣变形而呈芜蹄（图11—7）。

图11—7 芜 蹄

症状

急性蹄叶炎：突然发病。站立时，若两前蹄患病，则两前肢前伸，蹄踵负重，蹄尖翘起，头高抬，两后肢伸入腹下，呈蹲坐姿势，站立过久时，常想卧地；若两后蹄患病，则头颈低下，两前肢后踏，两后肢诸关节屈曲稍前伸，以蹄踵负重，腹部卷缩；若四蹄同时患病，初期四肢前伸，而后四肢频频交换负重，肢势常不一定，终因站立困难而卧倒。强迫运动时，均呈急速短促的紧张步样。

局部检查，可见病蹄指（趾）动脉搏动增强，蹄温增高，敲打或钳压蹄壁，有明显疼痛反应，尤以蹄尖壁的疼痛更为显著。

由于剧烈疼痛，常引起肌肉颤抖、出汗、体温升高、脉搏增数、呼吸迫促、食欲减退、反刍停止等全身症状。继发者尚有原发病症状。

慢性蹄叶炎：病蹄热痛症状减轻，呈轻度跛行。病久呈芜蹄，患畜消瘦，生产性能下降。

治疗　原则是除去病因、消炎镇痛、促进吸收，防止蹄骨变位。

放血疗法：为改善血液循环，在病后36—48小时内，可颈静脉放血1000—2000ml（体弱者禁用），然后静脉注入等量糖盐水，内加0.1%盐酸肾上腺素溶液1—2ml或10%氯化钙注射液100—150ml。放胸腔血、蹄头血亦可。

制止渗出和促进吸收：病初2—3日内，可行冷敷、冷脚浴或浇注冷水，每日2—3次，每次30—60分钟。以后改为温敷或温脚浴。

封闭疗法：用0.5%盐酸普鲁卡因溶液30—60ml分别注射于系部皮下指（趾）深屈肌腱内外侧，隔日一次，连用3—4次。静脉或患肢上方穴位封闭亦可。

脱敏疗法：病初可试用抗组织胺药物，如内服盐酸苯海拉明0.5—1g，每日1—2次；或用10%氯化钙溶液100—150ml、10%维生素C注射液10—20ml分别静脉注射；或皮下注射0.1%盐酸肾上腺素溶液3—5ml，每日一次。

静脉注射高渗氯化钠、高渗葡萄糖溶液300—500ml或皮下注射盐酸毛果芸香碱等均有良好作用。

为清理肠道和排出毒物，可应用缓下剂。用地塞米松能减轻血小板的凝集，维持红细胞的弹性，强化毛细血管循环，保护毛细血管的完整性。乙酰丙嗪有降压解痛作用，马、牛、猪可用盐酸埃托啡、乙酰丙嗪注射液 0.01mg/kg。静脉注射乳酸钠、碳酸氢钠，亦可获得满意效果。

为改善蹄的代谢，增加角质生成所需要的营养物质，可用蛋氨酸 40g、500 kg （马），分 4 日服后，再用 30g 分 6 日服。

体温过高或为防感染，可用抗生素疗法。

慢性蹄叶炎，可注意修整蹄形，防止芜蹄。已成芜蹄者，配合矫形蹄铁。

预防　合理喂饲和使役，长期休闲者应减料；长途运输使役时，途中要适当休息，并进行脚浴；日常要注意护蹄。

二、蹄底创伤　蹄底创伤即尖锐物体造成的蹄真皮的损伤，包括蹄钉伤及蹄底刺创。本病多发生于大家畜。

病因　钉伤是装蹄时下钉不当引起，如蹄钉直接刺入蹄真皮（直接钉伤）或钉身靠近、弯曲压迫蹄真皮(间接钉伤)等。

蹄底刺创是铁钉、铁丝、碎铁片、茬子等尖锐物体刺入蹄底或蹄叉，损伤深部组织所致。

症状　直接钉伤在装蹄后，病畜即呈疼痛不安，患肢挛缩；拔出蹄钉后，可从钉孔流出血液，有时钉尖带血。

间接钉伤常在装蹄后2—3日（个别可长达月余）患肢站立时呈蹄尖着地，系部直立，有时表现挛缩；运动时呈中等度支跛；用检蹄钳敲打或钳压患蹄的钉头、钉节时，患肢疼痛挛缩，有时可压出污秽黑色液体；蹄温升高。

蹄底刺创常在运动中突然发生支跛，检查蹄底及蹄叉可发现刺入的异物或刺入孔（有时经削蹄后方能发现）。钳压患部剧痛并可流出污黑液体。

若蹄底创伤发生化脓感染，则呈重度支跛，站立时表现为患肢挛缩，蹄温增高。钳压、敲打患部疼痛剧烈，肌肉颤抖或挛缩。若脓汁蓄积而排出困难，常延至蹄冠缘或蹄踵部破溃排脓，可继发蹄冠蜂窝织炎。有时从钉孔、刺入孔流出灰黑色腐臭的稀薄脓汁。

重者可有体温升高、食欲减退、精神不振等表现。

诊断　通过问诊获得线索，根据症状，并除去蹄铁，仔细检查患蹄，即可确诊。

治疗　原则是除去蹄铁及刺伤物，防止感染，彻底排脓，加强护理。

先清洗蹄部，除去蹄铁及刺伤物体，再用1—2%煤酚皂或0.1%福尔马林溶液彻底洗刷蹄底。

直接钉伤，拔出蹄钉后，向钉孔内浇注碘酊即可。再次装蹄时，应避开该钉孔。

间接钉伤及蹄底刺创，经上述处理后，用蹄刀稍加扩大创口，并灌入3%过氧化氢溶液冲洗后，再注入碘酊，拭干，最后以蜂蜡或石蜡密封创口，用帆布片包扎，防止感染，保持干燥，每隔2—3日，换药一次。

若化脓，可用2—3%煤酚皂或0.1%高锰酸钾、新洁尔灭溶液进行温脚浴，每日2—3次。亦可扩大创口呈漏斗状，直达蹄真皮，彻底排脓；用3%过氧化氢或0.1%高锰酸钾溶液彻底冲洗后；再以浸0.1%雷夫奴尔溶液或磺胺乳剂的纱布块充填，亦可撒布碘仿、碘仿磺胺粉（1:9），最后按前述方法密封包扎，每经3—5日换药一次，至化脓停止。

可配合应用安痛定或封闭疗法。若体温升高、全身症状明显，应对症治疗并给予抗生素。

三、蹄叉腐烂 蹄叉角质腐烂分解引起蹄真皮的炎症，称蹄叉腐烂。一般以马的后蹄多发。

病因 主要是畜舍泥泞不洁，粪尿长期浸蚀，使蹄角质脆弱腐败分解所致。此外蹄叉过削、蹄踵过高、运动不足等，使蹄叉角质抵抗力减弱而诱发本病。

症状 病初从蹄叉中沟或侧沟开始，角质出现裂隙，形成分叶状或溃烂成大小不等的空洞，排出污黑色腐臭液体。病变侵害真皮，则出现跛行，在软地或沙地上运动时，跛行更明显。病情继续发展，角质发生块状脱落而使蹄真皮裸露，常出现颗粒状肉芽，易出血，并附有灰黑色恶臭分泌物，可继发蹄叉癌，影响患肢负重。

治疗 原则是除去病因，改善蹄部卫生，彻底消除腐烂角质，防腐消炎。

首先除去腐烂角质，以2%煤酚皂溶液彻底清洗患部，擦干后涂布碘酊。再撒布高锰酸钾粉、碘仿磺胺粉（1:9）或水杨酸磺胺粉（1:5）等，并填入浸有松馏油的麻丝或纱布或碘酊棉球；亦可用沸腾的动、植物油灌注患部。最后装蹄绷带或铁板蹄铁。注意护蹄，防止粪尿、污水浸泡。

若出现蹄叉癌时，可用高锰酸钾粉研磨或用5%硝酸银液腐蚀，亦可进行烧烙或用CO_2激光气化患部，除去赘生组织，再按上述方法治疗。必要时应用抗生素。

预防 保持畜舍清洁干燥，按期修蹄和改装蹄铁，注意护蹄。

四、指（趾）间皮肤增殖 指（趾）间皮肤增殖即指（趾）间皮肤及皮下组织的增殖性反应。通常是在指(趾)间隙背侧部位发生。本病又称指（趾）间瘤、指（趾）间赘生物、指（趾）间增殖性皮炎等，各种品种的牛均可发生，荷兰牛和海福特牛发病率较高，以后肢，尤其是一后肢的发病率最高。据报道，北京市的黑白花奶牛发生本病也较普遍，并且以4—6岁龄、1—3胎次的母牛发病率高，有蹄变形与无蹄变形牛的发病率差异极显著。

病因　引起本病的确切原因尚不清楚。此病为非特异性感染，并未检出特异性病原菌。一般认为与遗传有关。潮湿、粪尿、泥浆污染常是引起本病的重要条件。蹄向外过度扩张致指（趾）间皮肤紧张和剧伸，某些变形蹄等均易引起本病。多给肉用牛浓厚饲料，使蹄间脂肪蓄积过多，皮肤角化，均是发生本病的诱因。有人观察指（趾）骨外生骨瘤与本病发生有关；另有人观察缺锌可引起本病。

症状　本病多见于后肢，可单侧发生，亦可见于两后蹄。增殖物多在外侧趾轴侧。

病初，从指（趾）间隙一侧开始增殖的小病变仅致皮肤红肿、脱毛，有时破溃，但不引起跛行，不仔细观察常被忽略。

指（趾）间穹窿部皮肤进一步增殖时，形成“舌状”突起，此突起随病程发展，不断增大增厚，其表面由于压迫坏死或受伤破溃引起感染时，可有渗出物，气味恶臭。根据病变大小、位置和感染程度等对指（趾）的压力，牛呈不同程度的跛行。若增殖组织相当大，压迫蹄部使两指(趾)撑开，则呈持久性的严重跛行。在指（趾）间隙前端皮肤，有时增殖成“草莓”样突起，由于破溃感染致使受触、压时疼痛剧烈，患畜驻立小心。增殖的突起，以后可角化。增殖物可致指（趾）间隙扩大或出现变形蹄。

有跛行时，泌乳量可明显降低，严重病例每天降低产量更多。

治疗　局部用药：可用福尔马林、硫酸铜等各种防腐药液清洗、消毒后包扎，48小时换药一次，必须保证牛栏、蹄部干燥，经数周可恢复；较小的增殖物除腐蚀外，亦可用烧烙法，但均不易根治。

手术切除：这是最好的根治方法，不复发。

病畜先行肌肉注射2%二甲苯胺噻唑注射液 2—4ml，趾间穹窿部两侧皮下注射0.5%盐酸普鲁卡因溶液 10—20ml；横卧保定，患肢在上用绳缚于柱上，其余三肢绑缚一起，注意保定好头部。

局部清洗干净，常规消毒，局部麻醉后，用绳或徒手将两趾分开，充分暴露趾间和增殖物。术者左手持组织钳将增殖物夹住；右手持刀，在靠近增殖物基部的健康皮肤上做梭形切口，勿过浅（摘除不彻底易复发）或过深（易伤及趾间背侧大血管和趾间韧带），以暴露趾间脂肪为宜，两侧切口于增殖物后缘相交，彻底切除增殖物，突出于创口的脂肪可适当切除一部分，以利创口整齐对合；手术中如不碰到大血管，则出血不多；撒布抗生素粉，皮肤作2—3针结节缝合闭合创口；助手将两趾靠拢，用呋喃西林纱布敷于其上，最后在两趾尖部用电钻打孔，穿入铁丝，使两趾靠拢、固定，外打蹄绷带，并用塑料布或油布作防水包扎即可。

一般2—3周可愈合，拆除绷带。

预防　注意日常管理工作，保持牛床、蹄部干燥清洁，尤应注意水槽与饲喂地的清洁；每日可用硫酸铜脚浴或由潮解石灰池经过；经常注意护蹄、削蹄，防止蹄变形。

复习思考题

1.什么叫跛行？跛行的分类及诊断方法。

2.关节扭伤、飞节软肿的症状及治疗。

3.膝盖骨脱臼的症状及治疗方法。

4.关节周围炎的症状及治疗措施。

5.屈腱炎、腱断裂的概念、病因、症状及治疗方法。

6.腱鞘炎、粘液囊炎的症状、诊断及治疗措施和方法。

7.骨折的分类、症状、诊断及治疗。

8.蹄叶炎的概念、病因、发病机理、症状及治疗方法。

9.蹄底创伤、蹄叉腐烂、指（趾）间皮肤增殖的概念、病因、症状及治疗。

第三篇 产科学

第十二章 产科生理

第一节 妊娠

妊娠是指从受精开始到分娩为止，这一正常生理过程。精子进入卵子，其细胞核相互融合，形成一个新的细胞（合子)，称为受精。这是新生命的开始，也是整个繁殖过程的一个重要环节。

各种家畜受精的部位都是在输卵管壶腹部的后段。精子进入卵子内部，是依次穿过卵丘细胞、透明带和卵黄膜。精子头部含有透明质酸酶，可以溶解、穿入卵丘细胞，使之崩解并裸露卵子。精子穿过透明带后，精子头部即附着在卵黄膜上，此时对卵子产生了“激活”作用，卵子又开始进行发育，然后，精子头部进入卵黄内，在卵黄表面形成一个突起。然后精子细胞核内逐渐形成雄原核，卵子在精子进入后逐渐形成雌原核。当雌雄二原核达到充分发育的某一阶段时，都收缩并融合在一起，核仁、核膜消失，形成合子。

一、怀孕期 怀孕期是指从受精开始至分娩为止。一般是由最后一次配种日期开始计算。怀孕期的长短可以受遗传、品种、年龄、环境因素以及胎儿的影响。一般而言，早熟品种、年轻母畜、营养良好或怀孕的后1/3期营养不良（牛、羊)、单胎动物怀双胎、怀雌性胎儿、胎儿发育较大时，怀孕期都较短。否则都稍长。马类家畜冬季配种者，可因光照短而附植延迟，营养条件差，或卵巢激素分泌减少，而怀孕期都较长。马类家畜胎儿的遗传类型对怀孕期的长短也有影响。如马怀骡子比怀马约长10多天，驴怀骡子比怀驴的大约短6天左右。

表12—1 各种动物的怀孕期

附表

动物	怀孕范围（天）	平均天数	平均月数
黄牛	274—291	285	9.5
水牛	300—315	307	10
奶牛	250—305	280	9
马	307—413	380	12.6
马怀骡	332—374	351	11.7
驴	350—396	370	12.3
驴怀骡	340—406	364	12
绵、山羊	146—160	150	5
猪	110—123	115	4
狗	59—65	62	2
猫	55—60	58	2
兔	28—33	30	1

二、受精卵的发育及胚泡的附植

（一）受精卵的发育　受精卵形成以后继续发育，经过一系列细胞有丝分裂，由单细胞变为多细胞，这一分裂过程称为卵裂，经形成桑椹胚、囊胚及胚泡，然后附植于子宫内。

受精卵以后即开始进行第一次分裂，称为卵裂。卵裂是在输卵管内开始并进行的，当合子逐渐向子宫移动时，逐步分裂为越来越小的分裂球。细胞达到16—32个时，在透明带内形成一实体细胞群，称为桑椹胚。这一阶段的特点是在卵裂过程中合成大量的去氧核糖核酸（DNA）。以后，在细胞间隙内开始聚积液体，并且出现内腔，称为胚囊腔，这时称为胚囊期。在此期间，中空的球状体的一侧聚积了一个细胞堆，称为细胞群。这是以后发育成胚胎的部分。胚囊的周围包着一层很薄的细胞，称为滋养层，是初期供给胎儿营养物质的部分。随着内细胞堆的不断发育，以后逐渐形成三个胚层，这是进一步发育成身体各部分和胎膜的基础。当三个胚层形成时，胚囊也开始改变形状。首先是由于充满液体而使囊腔变大，通常在1—2日之内胚囊便形成充满液体的薄壁囊。在此期间，大约是受精后7—9天左右，透明带消失，胚囊也就逐渐由球状变为管状囊，并迅速延伸。此后，胚囊就变成透明的泡状，即称为胚泡。

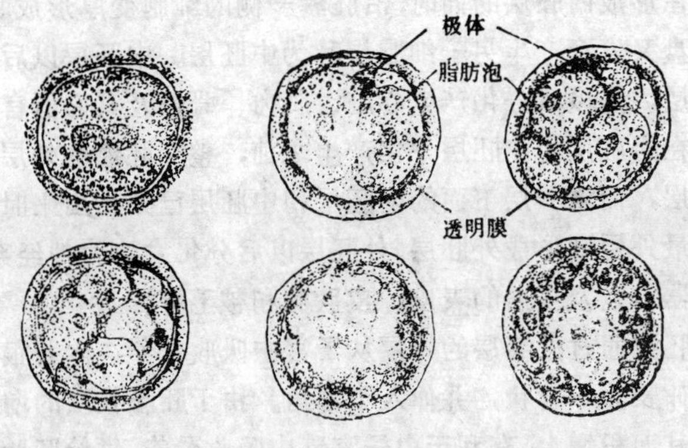

图 12—1　卵裂过程

（二）胚泡的发育及附植　胚泡的发育主要是三个胚层的形成。猪的在7—8天、牛第14天、绵羊第10—14天开始胚层的形成。在胚囊周围的透明带消失后，露出里面的滋养层细胞，直接与子宫上皮层接触。此时滋养层开始迅速增殖，内部液体不断增加，使滋养层的壁发生折叠。在几天之内，胚囊就由原来的球形变成伸长的线管状。这时原来的内细胞群只占据管状胚囊中的一小部分。此时子宫内膜也发生高度折叠，而胚囊的外层（绒毛）即附植于子宫内膜上，这就是附植的开始，这时胚胎完全依靠吸收子宫乳作为营养。

各种家畜早期胚胎的卵裂速度和进入子宫的时间各不相同，一般来说，怀孕期短的家畜较快，怀孕期长的家畜略慢。

胚囊形成以后，内细胞群开始有新的细胞发育，并逐渐向下发展，在原来的滋养层内形成新的一层为内胚层，由内胚层形成的腔称为原肠，以后随着胚胎的发育，又由内胚层分化产生尿囊和膀胱。

在形成内胚层的同时，沿胚囊一侧的细胞变厚形成胚盘。从胚盘又发育产生另一细胞层称为中胚层。中胚层以后发育成多层，是以后分化产生心脏、肌肉、骨骼及其它器官。

在内脏层和中胚层分化产生之前，整个胚囊的外层属于滋养层，而滋养层下面的内胚层和中胚层已分化出来时，胚盘的最外层即形成外胚层。外胚层以后分化发育为神经系统、感觉器官以及皮肤的表皮、皮肤腺和被毛等。

胚泡通过滋养层的外层从子宫中吸收营养，生长很快，迅速伸长为一管状，并伸入子宫角。由于胚囊长度的增加，可使其面积增大，有利于由子宫乳中吸收营养，供给胚胎发育的需要。由内细胞团构成的胚盘，位于囊胚中部的管壁上，同时位于子宫系膜的对侧（子宫角大弯）。

胚泡初形成时，在子宫内呈游离状态。以后，由于胚泡腔内液体增多，胚泡变大，在子宫内的活动受到限制，与子

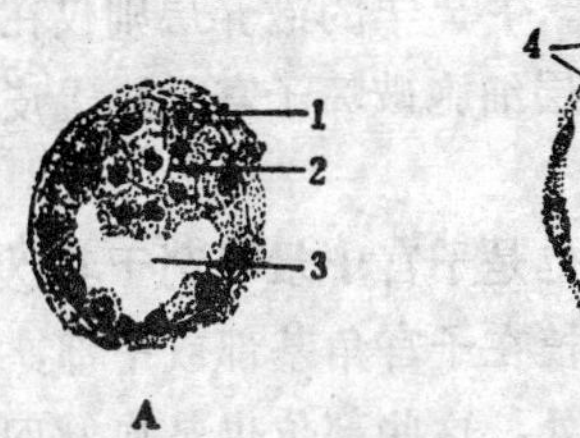

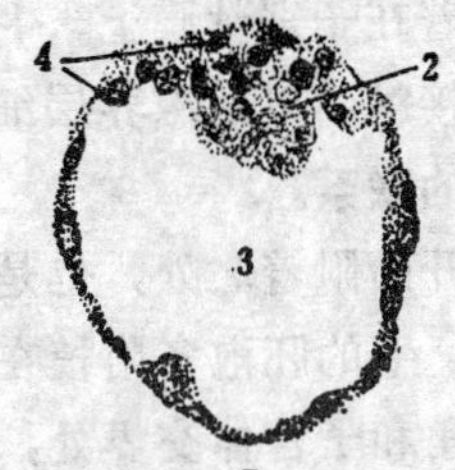

图 12—2　猪的囊胚

A.配种后 4 天　B.配种后 6 天
1.透明带　2.内细胞堆　3.囊胚腔　4.滋养叶

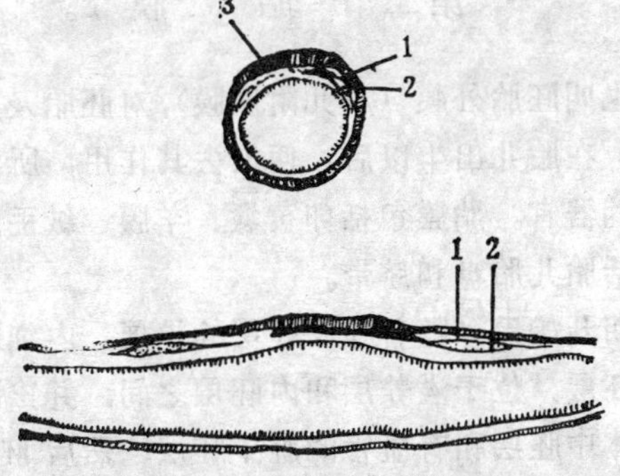

图 12—3　猪的胚泡横切面

1.体中胚叶　2.脏中胚叶　3.外胚叶

宫上皮的接触即变得密切而附着下来，即称为附植。

附植发生的过程乃是子宫内膜与胚泡相互作用的过程，也是一个渐进的过程。初期母体胎盘和胎儿胎盘的联系比较疏松，以后逐渐变得紧密。这段时间在牛为20—40天，绵羊为11—22天，猪为14—24天，马为7—13周，附植的成败，与早期胚胎的存活或死亡具有密切关系。

各种家畜的附植有所不同，猪的胚泡在迅速生长变长时，滋养层形成皱壁，同时子宫粘膜的皱壁也加深，胚泡皱壁逐渐附着在子宫粘膜上。牛、羊的滋养层则仅在子叶处与子宫粘膜接触，以后滋养层细胞破坏子宫粘膜上皮，而逐渐发生紧密的联系。

胚泡开始附着之处，也是子宫中最有利于其发育的地方。例如，牛的胚泡多附植在子宫角基部或中部，马的则附植在子宫角和子宫体交界处，这些部位也是血管网最丰富的地方。

第二节 胎 膜

胎膜也叫胚胎外膜（胎儿附属膜），对胚胎及胎儿的发育非常重要，在胎儿出生以后，便失去其作用，所以胎膜是一个暂时性的器官。胎膜包括卵黄囊、羊膜、绒毛膜和尿膜，另外还包括胎儿胎盘和脐带。

胚囊期开始后，随着胚胎胚层的扩展，内细胞团的胚盘外生出外胚层，位于滋养层和内胚层之间，并逐渐分裂成为无血管的体中胚层和有血管的脏中胚层。然后胚盘稍微下陷，滋养层和体中胚层沿胚盘周围向胚胎上方形成羊膜皱壁，并逐渐合拢而融合，把胚胎包围起来。此后，皱壁的两层分成内外两层，内层为羊膜。外层的外面逐渐生出大量绒毛，称为绒毛膜。在胚体壁向上形成皱壁的同时，内胚层和脏中层也向胚盘下形成皱壁，将原肠分为胚胎体内的原肠和体外部分—卵黄囊。在牛、羊和猪的卵黄囊和原肠之间仅借一条细管相通。尿囊是从原肠后端生出的一个育囊，突出于胚胎之外。随着胚胎的逐渐发育，尿囊迅速增大，充满尿水。尿囊的外壁与绒毛膜融合，形成尿膜绒毛膜；尿囊的内壁与羊膜融合，形成尿膜羊膜。尿膜绒毛膜即发生胎盘的作用，卵黄囊借滋养层与子宫内液体发生的交换作用即被替代，卵黄囊逐渐萎缩而消失。

一、卵黄囊 家畜在胚胎发育初期，都有一个较大的卵黄囊。而且卵黄囊上有完整的血液循环系统，起着原始胎盘的作用，胚胎即借卵黄囊和滋养层从子宫乳中吸收营养。在形成尿膜绒毛膜以后，卵黄囊的作用逐渐为其取代，卵黄囊也就开始萎缩，到脐带形成时，卵黄囊的遗迹便包在脐带内而最后消失。

二、羊膜 是由胚胎的滋养层和体壁中胚层从胚胎的头尾和两侧向上包围形成的一个腔体（羊膜囊），是最靠近胎儿的一层膜，呈透明的囊状，上面无血管分布。所有家畜的羊膜都是包围在绒毛膜腔内的。羊膜脐轮处的卵黄囊柄部与胚胎相连，并在此处形成脐孔。

羊膜囊内充满羊水，羊水是由羊膜上皮细胞分泌而来。怀孕初期为清亮而透明的粘液状，以后逐渐变成淡黄色、黄色或黄褐色，量多时则胎儿在羊膜囊内能转动。在怀孕末期羊水又比较清亮而有粘性，其量相对的减少。

各种动物羊膜的结构并不相同，马及肉食动物的羊膜紧贴尿膜内层，形成尿膜羊膜，使整个羊膜囊浸在尿水中；反刍动物及猪的羊膜在胎儿的背部和两侧紧贴绒毛膜，形成羊膜绒毛膜，其余部分形成尿膜羊膜而浸在尿水中。

羊水的作用：羊水作为一种缓冲物质，胎儿游离于羊水之中，可以防止胎儿发育受到影响；可以缓冲从子宫外面来的压迫和撞击；也可以防止胎盘、子宫壁及脐带受到胎儿压迫而使血液供给发生障碍；羊水也可以防止胎儿和周围组织发生粘连；在分娩时羊膜囊在子宫收缩的压迫下突入子宫颈，有助于子宫颈的扩张；羊水具有滑润产道，有利于胎儿排

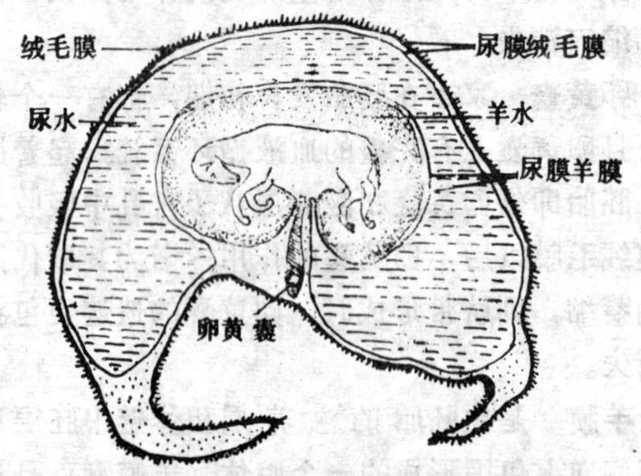

图 12—4　马的胎膜模式图

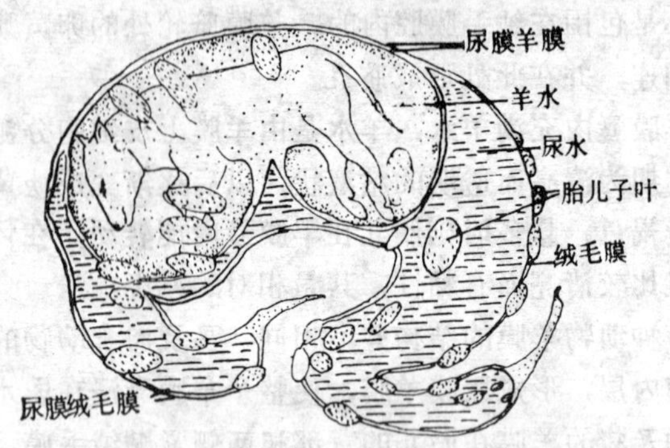

图 12—5　牛的胎膜模式图

出。

三、尿膜　尿膜是由胚胎后肠从胚胎腹侧后端突出来而形成的，尿膜囊与胚胎腹腔内将来形成膀胱的部分相连接，因此可以看作是胚胎的体外膀胱。在胚胎的脐带和脐孔逐渐形成时，尿膜借脐尿管与胎儿的膀胱相通。当尿囊完全形成后，尿膜就分为内外两层，外层与绒毛膜粘连在一起称为尿膜绒毛膜，内层与羊膜相粘连称为羊膜尿膜。

尿膜囊内有尿水，其来源一方面是通过脐尿管由胎儿膀胱而来的尿液，另一方面是尿囊上皮的分泌物，初期尿水透明、量少，随着怀孕期的增长而量多。如马在怀孕3个月时为400—800ml。怀孕至中期为淡黄色，其量也随之增多，牛2000—4000ml、马3000—6000ml。怀孕末期为棕黄色。其量达到牛8—15L、马4—10L、羊0.5—1.5L、猪的量少，仅有10—24ml。尿中的作用和羊水相同，分娩时子宫收缩压迫尿膜囊使其进入子宫颈，有助于子宫颈扩张。根据尿膜的位置，可将尿膜囊分为内外两层，这两层分别和羊膜、绒毛膜的关系在牛、羊、猪和马是各不相同的，因而分娩时的情况和助产的关系也不一样。

牛、羊的尿膜内层只覆盖在羊膜的一侧和两端上，构成尿膜羊膜。羊膜的另一部分和大弯处与绒毛膜粘连在一起，叫羊膜绒毛膜。尿膜外层是在羊膜绒毛膜之外的部分，和绒毛膜粘连在一起形成尿膜绒毛膜。猪的情况和牛、羊的基本相同。所以在分娩时，尿膜绒毛膜先突出至阴门外破裂，然后胎儿带着尿膜、羊膜向外排出，这时由于受到尿膜绒毛膜和羊膜绒毛膜的牵制，尿膜羊膜就破裂，羊膜不会包着胎儿，因而胎儿产出时，不会因为胎膜不破而使胎儿发生窒息。

马的情况则完全不同，尿膜内层覆盖在整个羊膜上，尿膜的外层则与整个绒毛膜粘连融合，因此马的胎儿是位于羊膜、尿膜两个同心囊中。羊膜囊游离于尿膜绒毛膜囊中，二者仅借脐带的尿膜部分发生联系。所以在分娩时，尿膜绒毛膜囊先破裂，然后尿膜羊膜囊包着胎儿向外排，在排出过程中，尿膜羊膜囊被扯破，偶而尿膜羊膜囊不发生破裂，胎儿即会发生窒息。故在分娩时，应予以注意。

四、绒毛膜 绒毛膜是胎膜最外面的一层膜，所有家畜的绒毛膜都整个地包围着胚胎和其它胎膜。绒毛膜靠胎盘和子宫粘液膜相接触，胎儿和母体的联系是通过胎盘来实现的。绒毛膜表有绒毛，绒毛是在尿囊增大时，其外层和绒毛膜融合，并使之血管化时生出的。各种家畜绒毛的分布及其与子宫粘膜的联系各具特点，因而胎盘也有种间的差异。

马的绒毛膜内面和尿膜的外膜结合在一起，绒毛膜外面均匀地覆盖有小绒毛。

反刍动物的绒毛膜内面松软，和羊膜尿膜粘连着，绒毛膜上的绒毛呈簇丛状分布。

猪的绒毛膜内面和羊膜及尿膜接触，整个绒毛膜表面都分布有绒毛。

狗的绒毛膜是呈椭圆形的囊，中部绕以带状物，上有绒毛。

五、胎盘 胎盘是指尿膜绒毛膜和子宫粘膜发生的关系所形成的一种构造，尿膜绒毛膜形成胎儿胎盘，子宫粘膜部分形成母体胎盘。胎儿的血管和子宫的血管分别分布到自已的胎盘部分上去，而并不直接相通，仅在此发生物质交换，以保证胎儿发育的需要。

不同种类的动物具有不同类型的胎盘，马和猪是上皮绒毛膜型胎盘，牛、羊是结缔组织绒毛膜型胎盘（图12—6）。

上皮绒毛膜胎盘是在子宫粘膜表面上皮向粘膜深部凹陷，形成许多细管（腺窝)。胎儿的尿膜绒毛膜上面的绒毛表面有一层上皮细胞，其下面有许多血管，绒毛直接插入子宫粘膜上皮的腺窝内。由于绒毛均匀的分布在绒毛膜上，所以称为弥散型胎盘。绒毛与子宫粘膜上皮之间的关系并不很

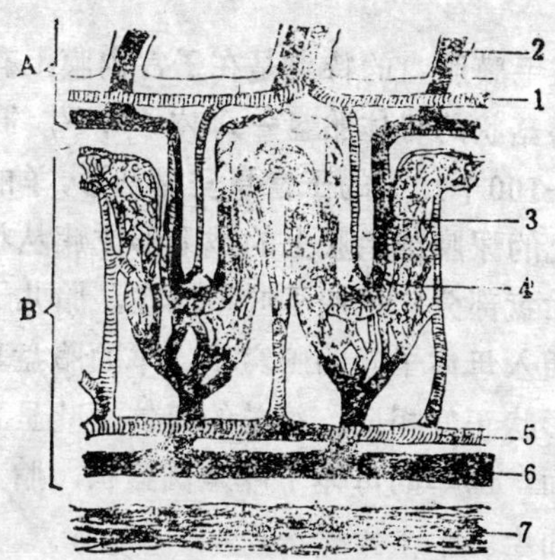

Ⅰ.胎盘构造模式

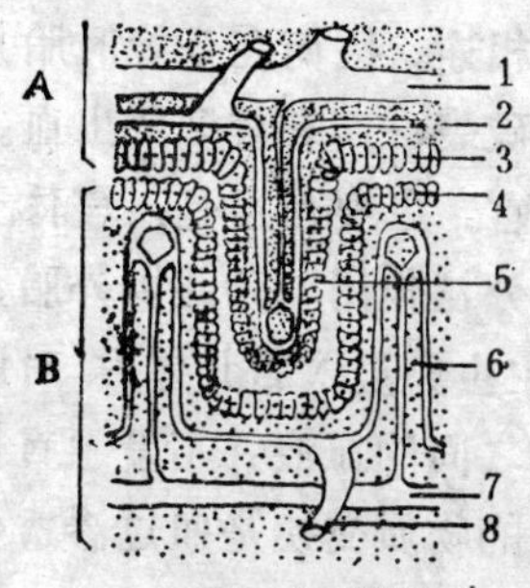

Ⅱ.上皮结缔绒毛膜胎盘

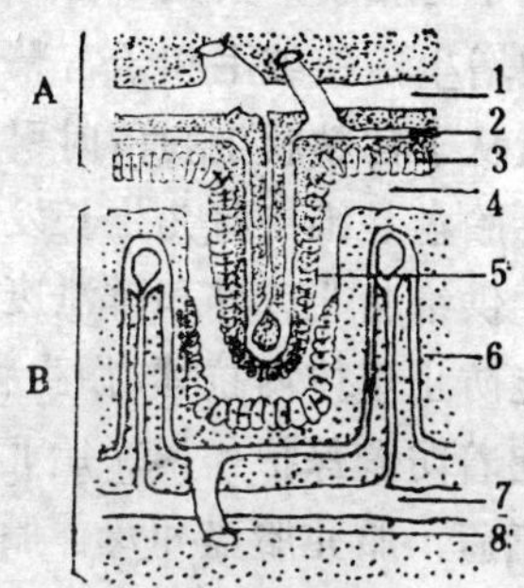

Ⅲ.上皮绒毛膜胎盘

图 12—6　胎盘构造模式图

Ⅰ:胎盘构造模式　A.胎儿胎盘　B.母体胎盘.
1.胎儿静脉　2.胎儿动脉　3.绒毛上皮　4.腺窝上皮　5.母体静脉　6.母体动脉　7.子宫肌肉

Ⅱ:上皮结缔绒毛膜胎盘　Ⅲ:上皮绒毛膜胎盘
1.胎儿动脉　2.胎儿静脉　3.滋养层　4.子宫　5.绒毛　6.结缔组织　7.母体动脉　8.母体静脉

紧密，彼此之间容易脱离。因此，马和猪在分娩后胎衣很容易脱落。

结缔组织绒毛膜胎盘的特点是在子宫内膜上有许多子宫阜逐渐发育成蘑菇状的母体胎盘—母体子叶（牛约有70—120个，羊约有90—100个)。牛的子宫阜呈圆凸形，羊的则呈中间凹陷形。在胎儿的尿膜绒毛膜上的绒毛形成簇丛状，即称为子叶，是胎儿胎盘部分，也叫子叶型胎盘。胎儿子叶包着母体子叶，绒毛插入母体子叶的腺窝中。羊的胎盘基和牛的相同，但子叶的形状正好相反。绵羊的母体子叶呈盂状，将胎儿子叶包在里面，山羊的母体子叶呈圆盘状，胎儿子叶呈丘状附着于其凹面上。

狗的绒毛膜带状部分构成胎儿胎盘，上面的绒毛深深的插入子宫粘膜，紧贴子宫血管的内皮。在绒毛插入处的粘膜剧裂增生，使绒毛和子宫粘膜紧紧相连。因而在分娩时胎儿胎盘从子宫粘膜上脱落时引起血管破裂，而有较多的出血。

胎盘是维持胎儿生长发育的器官，主要功用是：气体交换；供给胎儿营养和排泄废物；内分泌作用。除此以外胎盘还能防止母体内抗体、微生物及寄生虫卵进入胎儿体内，对胎儿起着防御保护作用。胎儿和母体之间的血液并不发生直接的流通，胎儿胎盘和母体胎盘之间的物质交换是通过渗透作用，弥散作用以及复杂的生物化学变化过程。

六、脐带 脐带是胎儿与胎膜之间连系的索状物，其外膜是由羊膜形成的羊膜鞘，其内由脐血管、脐尿管及卵黄囊的遗迹所构成。在脐带的根部，牛、羊的脐动脉和脐静脉各有两条，入脐孔之后脐静脉合为一条；脐血管与脐孔组织的联系较松，断脐后血管断端缩至腹腔内。马和猪脐带内有两条动脉和一条静脉彼此缠绕在一起。

马的脐带较长，所以马卧下分娩时脐带不断，站起来时才断裂。其它动物的脐带都比较短，当胎儿生下时，脐带即被拉断。

第三节　怀孕时母体的变化

一、生殖器官的变化　怀孕以后，随着胚胎的发育及内分泌的作用下，整个有机体逐渐发生改变，生殖器官的变化最为明显。

1.卵巢　在排卵后即逐渐生成黄体，怀孕以后黄体即持续存在下来。黄体分泌孕酮，是维持怀孕过程的重要物质。卵巢中不再发育形成卵泡，所以，怀孕后摘除黄体，都会在几天内发生流产。

怀孕以后，卵巢的位置随着子宫的重量及体积的增大而向前向下移位。

2.子宫　怀孕以后，子宫的形状、体积、粘膜、血管均发生显著的变化。

怀孕后，子宫体积逐渐增大，单胎怀孕时，首先从孕角和子宫体开始增大。马怀孕时胚胎位于一侧子宫角和子宫体交界处，所以这里首先扩大。牛、羊、马孕角的增大主要是子宫大弯向前扩张，小弯则伸张不大。孕角比空角大的多。怀孕末期，牛、羊子宫占据腹腔的右半，并超过中线达到左侧，瘤胃被挤向前移。马的子宫位置于腹腔中部，有时偏左或偏右侧。猪的子宫角最长（可达1.5—3m）曲曲折折地位于腹腔底部，向前可达横隔膜。狗和猫的子宫内有许多胎儿，形似管状。妊娠初期子宫角中有呈壶腹状的膨大部分，妊娠末期则消失。两侧子宫角形成襻曲，向前达到横隔膜和肝脏。

怀孕后期，子宫肌纤维逐渐增长，由于胎儿及胎水使子宫发生扩张，因此子宫壁变薄。子宫扩韧带由于肌纤维肥大和结缔组织增殖而变厚。

子宫粘膜于受精后，在雌激素和孕酮的作用下，血液供给增多，上皮增生，粘膜增厚，并形成大量皱壁，使面积增大，子宫腺扩张、伸长，细胞中糖原增加，而且分泌增多，以利于囊胚的植入和供应胚胎发育所需要的营养物质。以后子宫粘膜形成母体胎盘。

3.子宫动脉　随着胎儿发育所需要的营养物质增多，血液供给也必须增加，分布到子宫上的血管分支增多，而且变粗。子宫中动脉和子宫后动脉的变化尤为明显，至怀孕末期，马、牛的子宫中动脉可达手指粗，同时出现怀孕脉搏。

4.子宫颈　怀孕后子宫颈收缩很紧，而且变粗。粘膜增厚，粘膜上皮的单细胞腺分泌粘稠的粘液，填充于子宫颈内，称为子宫颈塞，将子宫颈完全封闭起来。起着保护胎儿的作用。子宫颈的位置，随着怀孕期的增加而由前向后推移。至怀孕后期，由于子宫扩张很大，又回到骨盆腔内。

二、全身变化　怀孕以后，在黄体和胎盘的激素影响下，其它内分泌腺的机能也发生变化。怀孕以后，母体新陈代谢旺盛，食欲增加，消化能力提高，所以孕畜的营养状况转好。但是到了怀孕末期，孕畜则变为清瘦。

在怀孕后半期，如果孕畜矿物质及维生素饲料供应不足，母体骨组织钙盐就减少，故后肢易发生跛行，牙齿也可受到缺钙的影响。

心、血管系统在怀孕的影响下，也发生变化，左心室肥大，时常出现较轻度腹水和腹下水肿（妊娠浮肿）。

随着胎儿的逐渐增大，腹内压力增高，因而内脏器官的容积减小。孕畜排尿、排粪次数增多，而每次量减少。由于横隔膜受到压迫，氧分压低，而且胎儿需氧量增加，所以呼吸次数增加，呼吸形式由胸腹式变为胸式呼吸。随着胎儿的发育，腹围增大，腹部轮廓发生改变。至怀孕后半期，孕畜行动变得稳重、谨慎，容易疲乏和出汗。

第四节　怀孕诊断

为了掌握家畜在配种之后是否怀孕，必须进行怀孕检查。如果已怀孕，则应改善饲养管理，注意使役情况，保证胎儿发育和母体健康。如果没有怀孕，则应密切注意再次发情并适时配种。如果是即未怀孕，同时又不发情，则应作进一步检查，并加以合理治疗。

怀孕诊断不但要求准确，而且要求作出早期诊断，这在生产上具有重要意义。

怀孕诊断的方法很多，基本分为三类，即临床诊断法、实验室诊断法和特殊诊断法。但是这些方法各有其特点。

一、问诊　必须认真、态度亲切和蔼，要求畜主实事求是回答。问诊时需注意询问以下有关内容：

1.过去配种及受胎情况，已往分娩及产后的情况。如果上述已往情况都良好，又没有生殖器官疾病，那么怀孕的可能性较大。

2.最后一次配种的确实日期，由配种日期才能知道是否到了检查的时间。如果是怀孕，由于怀孕日期的长短不同，母畜的变化及胎儿的发育也就不同，检查的方法、对象也就不完全一样。

3.最后一次配种之后，曾否再发过情？如果再未发情，可能已怀孕。反则可能未怀孕。但是猪怀孕后出现发情的也有，往往拒配。

4.食欲、精神和营养状况是否较前有所变化？一般怀孕后，食欲增加，营养状况改善，精神良好。怀孕后期变得清瘦。

5.乳房、腹部是否逐渐增大？怀孕以后，乳房和腹部开始逐渐增大。

二、视诊 注意营养状况及被毛状况有无改善。乳房是否胀大？

腹部外形变化：马、牛至怀孕后半期，腹部显得不对称，怀孕则下垂突出，腹肋部凹陷。下垂突出部分：马为左侧，牛、羊为右侧，猪是下腹部。

胎动：胎动是指胎儿活动所造成的孕畜腹壁的颤动。怀孕7—8个月，观察乳房前的下腹壁或侧腹壁的最突出部分。

妊娠浮肿：马比牛发生腹下水肿者较多。一般开始发生于产前一个月。分娩后10天左右自行消失。

三、触诊 系从腹壁触摸胎儿及胎动的方法。各种家畜触诊，只有在怀孕后期方能有效。

马、驴是在左侧进行。检查者立于左侧，面向臀部略为弯腰，左手搭于马背部，右手掌托于左下腹壁（膝关节前与脐孔的联线下），手掌始终不离开腹壁，一推一松，反复推动几次，可触得有硬固物顶撞手掌，即是胎儿。为了准确起见，须将手掌移动位置，反复操作。在7—8月以上的，都可以触到胎儿。

牛的触诊是在右侧进行，方法基本同马。

羊的触诊是检查者面向后，两腿夹住羊的颈部，然后用两手从左右两侧伸入下腹壁兜住羊的腹部，两手交替向上触压，即可触到胎儿，有时还可以摸到子叶。

猪的腹壁厚，胎儿较小，触诊较困难。通常用搔痒使猪卧下，然后左手放入相当于倒数第二对乳头处的贴地面一侧腹壁，另一手掌由上向下触压，并交替进行，可感到有无胎儿。

四、阴道检查 阴道检查主要是观察阴道粘膜、粘液及子宫颈的变化。由于这种检查方法存在某些缺点，如早期诊断困难；卵巢上有持久黄体时，阴道内出现与怀孕相似的变化；当子宫颈和阴道有病理变化时，往往不表现怀孕症状。所以只能作为其它检查方法的辅助方法之一，实际临床上很少应用。

五、直肠检查 直肠检查是隔着直肠壁来触摸卵巢、子宫（角、体、颈）、子宫阔韧带、子宫动脉及胎儿。这是大家畜怀孕诊断中最基本、最可靠的方法，而且能够大致确定怀孕的时间。

直肠检查前的准备工作和操作方法见“《临床诊断》直肠检查部分”。

直肠检查时应注意下列几点：

1.怀孕早期，胚囊很小，子宫变化不大，触摸子宫要轻，以免伤害胚囊，引起流产。

2.检查过程中，肠管往往紧缩，或形成空洞，这时需耐心等待到肠蠕动弛缓时，再继续检查。否则会造成肠管损伤，或招致流产。

3.最好在早晨饲喂前，或绝食半日后进行检查。此时，便于触诊和判断。

直肠检查的顺序和方法：

马的检查是由卵巢开始，再摸子宫角、子宫体、子宫颈，最后触摸子宫动脉。一侧检查完毕后，再检查另一侧；在怀孕中、后期，因子宫前移，可以直接触摸子宫。

牛是先从子宫颈开始，子宫颈长6—10cm呈硬的圆筒状。再将中指向前滑动，寻找角间沟；然后将手向前向下再向后，试图把两个子宫角全部掌握在手内，而后分别触摸两个子宫角。在经产的大母牛，子宫角不呈绵羊角状，而且垂入腹腔，不易全部摸到。这时可先握住子宫颈将子宫向后轻拉，然后向前即可摸到子宫角。

摸过子宫角以后，在子宫角尖端外侧或下侧触摸到卵巢。可用一只手去触摸两侧的子宫角及卵巢。

在怀孕两个月以上的牛，由于子宫角已变形，卵巢位置下降，这时靠触诊子宫、子宫中动脉及胎儿来作出判断。

六、实验室诊断

（一）子宫颈粘液苛性钠煮沸试验

原理　怀孕时子宫颈粘液蛋白含量增多，在碱性溶液作用下粘液蛋白分解成糖，糖遇碱则呈淡褐色或褐色。

方法　用子宫颈钳或长镊子从子宫颈采取黄豆大小的粘液一块置试管内，加入10%的苛性钠溶液2—4ml，煮沸1分钟，观察反应。

结果　阳性——液体呈褐色至暗褐色。

阴性——液体为透明黄色。

（二）子宫颈粘液比重测定

原理　怀孕1—9个月的母牛子宫颈阴道粘液的比重为1.013—1.016。未怀孕者比重不到1.008，因此，可利用比重为1.008的硫酸铜溶液来测定子宫颈阴道粘液的比重来判定怀孕与否。

方法　用子宫颈钳或敷料钳采取子宫颈粘液黄豆大小一块，放入比重为1.008的硫酸铜溶液内，浸入表层下1—2cm，观察结果。

结果　阳性——粘液块迅速沉入管底。

阴性——粘液块浮在表面5—6秒钟不向下沉。

第五节　正常分娩与接产

母体怀孕以后，经过一定时期，胎儿发育成熟，在各种因素的共同作用下，母体将胎儿及其附属膜从子宫内排出体外，这一生理过程称为分娩。

一、分娩发生的原因　目前一般认为，分娩的发生并不是由某一特殊因素所致，而是许多因素综合发生作用的结果。

（一）机械的刺激　到妊娠末期，胎儿迅速生长，由于胎儿增大，胎水增多，致使子宫过度膨胀，子宫内压不断增高，这就一方面直接刺激子宫肌的收缩反应；另一方面使子宫肌对雌激素和催产素的敏感性增强，因此产生分娩现象。双胎比怀单胎的怀孕期短，有助于证实这一点。也有人认为是因为子宫张力增强后，胎盘血液循环量减少，引起缺血，刺激胎儿活动，引起子宫收缩，而发生分娩。

（二）激素的作用

1.催产素　催产素是垂体后叶分泌的激素，能使子宫发生强烈收缩，对分娩起着重要作用。

在分娩开始阶段，血中催产素的含量变化不大，但在胎儿排出时则达到高峰，随后又降低。在怀孕末期，孕酮分泌量减少，雌激素分泌量升高，可以激发垂体后叶释放催产素，启动分娩。也可能是子宫颈发生了扩张，胎儿对子宫颈和阴道的刺激，反射性地使垂体后叶释放出大量催产素，导致胎儿产出。

2.孕酮　胎盘及黄体产生的孕酮，对维持怀孕起着非常重要的作用，孕酮能够抑制子宫收缩。这种抑制作用一旦被消除，既成为引起分娩的诱因。在家畜，血液中孕酮浓度的下降正是发生在分娩之前，这可能是胎儿糖皮质类固醇刺激子宫合成前列腺素，抑制孕酮的产生所致。

3.雌激素　雌激素为胎盘所产生，至怀孕末期逐渐增加，主要作用是使子宫颈、阴道、外阴及骨盆韧带变为松弛。至分娩开始时达到高峰，从而增强子宫肌的自发性收缩。

此外，尚有前列腺素、肾上腺类皮质激素、松弛素类，都对分娩起着一定的作用。

（三）中枢神经系的协调作用，胎儿的前置部分刺激子宫颈及阴道之后，通过神经传导使垂体后叶释放出催产素，从而增强子宫收缩。外界环境因素的干扰也是通过中枢神经系统对分娩发生作用。

（四）胎儿因素，尤其在牛、羊对于启动分娩起着非常重要的作用。

综上所述，各种家畜分娩的机理可能各有所不同，有的因素可能比其它因素起着更重要的作用。但是，分娩的启动因素可能是各种因素共同作用的结果。

二、决定分娩的因素　分娩是胎儿从子宫中通过产道排出来。分娩过程如何，主要取决于产力、产道及胎儿，也就是母体和胎儿两个方面。一般情况下，这三种因素是互相适应、相互协调的，分娩就能顺利进行，否则就可能发生难产。

（一）产力　产力是指胎儿从子宫推出的力量，主要是子宫肌收缩力，其次是腹肌收缩的力量。这两者共同构成产力。子宫肌的收缩称为阵缩，腹肌和隔肌的收缩称为努责。

阵缩是有节律的收缩，起初，子宫的收缩短暂、不规律、力量也不强；以后则逐渐变为持久、规律、有力。每次都是由弱到强，持续一定时期又减弱消失。两次阵缩之间有一间歇。

阵缩对胎儿是非常重要的。子宫壁收缩时血管受到压迫，胎盘上血液循环及氧的供给发生障碍；间歇时，子宫松弛，血管所受压迫消失，胎盘上的血液循环及氧的供给恢复。否则，胎儿在排出过程中会因缺氧而死亡。

（二）产道　产道是指胎儿产出时的必经之路，其大小、形状、松弛度等，直接影响分娩过程。产道包括软产道和硬产道两部分。

1.软产道　包括子宫颈、阴道、前庭及阴门，这些都是由软组织所构成的。

子宫颈在怀孕时紧闭；分娩前变得松弛、柔软；分娩时扩张并能适应胎儿顺利通过。阴道、前庭及阴门在分娩前和分娩时也变得松弛、柔软并富有弹性，并能扩张使胎儿通过。所以，在分娩时，软产道的松软程度和扩张力和胎儿产出是否顺利有直接关系。

2.硬产道　是指骨盆。是由荐骨、前三个尾椎、髋骨（耻骨、荐骨、髂骨）及荐坐韧带所构成。

骨盆入口，是腹腔通往骨盆的孔道，是由荐骨基部（顶部）、髂骨干（两侧）、耻骨前缘（底部）所组成。骨盆入口的大小，是由有关的荐耻径、横径及倾斜度所决定。

荐耻径（上、下径）是岬部到骨盆联合前端连线的长度。岬部是第一荐椎体前端向下突出的地方。

横径，有上、中、下三条。上横径是荐骨基部两端之间的距离；中横径是指骨盆入口最宽的地方，即两髂骨干上的腰肌结节之间连线的长度；下横径是耻骨梳两端之间连线的长度。

倾斜度是指髂骨干与骨盆底所形成的夹角。

荐耻径、中横径的长度决定骨盆入口的大小；两者长度的差距决定入口的形状，差距越小，越接近呈圆形。骨盆入口越大越圆，胎儿头越容易进入骨盆腔。倾斜度越大，髂骨干越向前方倾斜，骨盆顶后端活动部分就越向前移，当胎儿通过骨盆狭窄部即两侧坐骨上棘之间时，骨盆顶部就容易向上扩大，胎儿也就容易通过。

骨盆出口，是由第三尾椎，两侧由荐坐韧带及半膜肌的起点，下由坐骨弓等所形成的。出口的上、下径是第三尾椎体和坐骨联合后端连线的长度。由于尾椎活动性大，上下径在分娩时容易扩大。

出口的横径是两侧坐骨结节之间的连线，坐骨结节构成出口侧壁的一部分，因为坐骨结节越高，出口的骨质部分也就越多，就越会妨碍胎儿的通过。

骨盆腔，是骨盆入口与出口之间的腔体。骨盆腔的大小决定于骨盆腔的垂直径及横径。

垂直径是由骨盆联合前端向骨盆顶所作的垂线。

横径是两侧坐骨上棘之间的距离。坐骨上棘越低，则荐坐韧带越宽，胎儿通过时骨盆腔就越能扩大。

骨盆轴，实际上是一条假想线，是通过骨盆入口荐耻径、骨盆垂直径及出口上下三条线的中点，线上的任何一点距骨盆壁内面各对称点的距离都是相等的。表示出胎儿通过骨盆时所走的路线。骨盆轴越短、越直，胎儿通过就越容易。

各种家畜骨盆的特点：

马：骨盆入口近似圆形，倾斜度大。骨盆侧壁的坐骨上棘较小，荐坐韧带宽，骨盆横径较大。出口的坐骨结节较低，因而参与构成出口的骨质部分较少，出口容易扩大。骨盆底宽而平。骨盆轴为一向上稍凸的弧形，短而直。所以胎儿排出比较容易（图12—7）。

牛：骨盆入口的中横径比荐耻径小，呈竖的长圆形；倾斜度较马的小。骨盆壁的坐骨上棘很高，向内倾斜，所以骨盆腔横径小，荐坐韧带也因而较窄。骨盆底凹陷大而且后部向上倾斜，致使骨盆轴呈曲折形，即先向上向后、再水平向后、再向上向后，胎儿在排出过程中必须按照这一曲线改变方向。出口的坐骨结节高，也影响着胎儿的排出（图12—8）。

羊：入口呈椭圆形，入口倾斜度大，骨盆顶的最后两荐

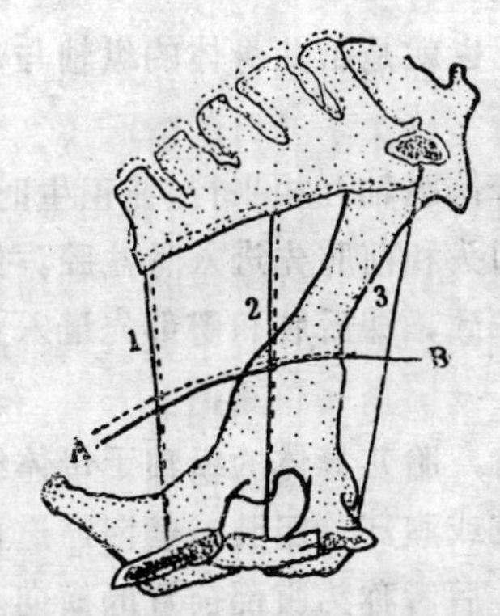

图 12—7 马的骨盆轴

（虚线表示胎儿通过路径）

A—B.骨盆轴 1.骨盆出口径
2.骨盆高径 3.骨盆入口径

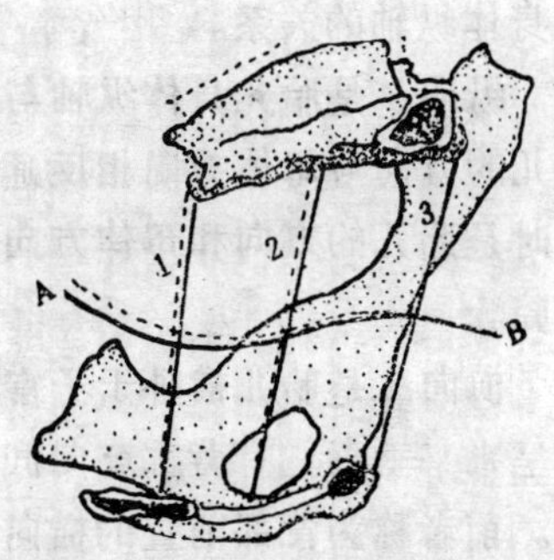

图 12—8 牛的骨盆轴

（虚线表示胎儿通过路径）

1.入口荐耻径 2.骨盆腔垂直径
3.出口上下径 A-B.骨盆轴

椎及尾椎的活动性大。坐骨上棘低，并向外翻。骨盆底比牛阔而浅，所以骨盆轴与马的大致相同，为一弧形。所以有利于胎儿排出。

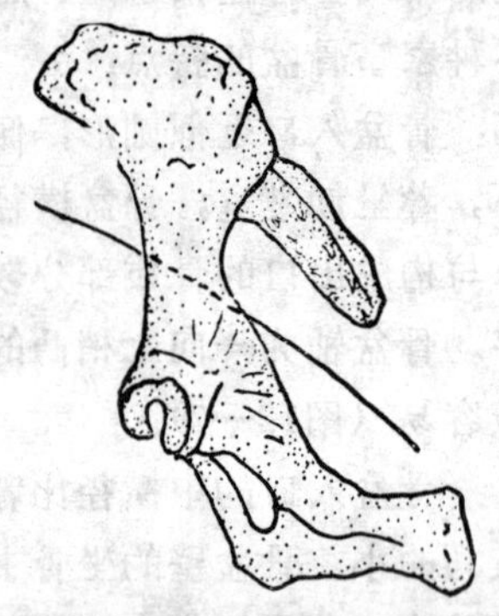
图 12—9 猪的骨盆轴

猪：骨盆入口为椭圆形，入口倾斜度很大。坐骨上棘及坐骨结节较发达，但骨盆底宽而平，坐骨后部宽大。骨盆轴向后向下倾斜近乎直线，故胎儿通过比较容易。

三、分娩时胎儿与母体产道的关系 分娩过程的正常与否，取决于胎儿体积与骨盆容积之间的相互关系以及胎儿各部分与母体产道之间的相互关系。

1.胎向 是指胎儿的方向，也就是胎儿身体的纵轴与母体身体纵轴的关系。

纵向：是胎儿身体纵轴与母体纵轴互相平行。在正生时，胎儿的方向与母体方向相反，即头和前肢先进入骨盆腔。倒生时是胎儿的方向和母体方向一致，即后肢和臀部先进入骨盆腔。

横向：是胎儿横卧于子宫内，胎儿身体的纵轴于母体纵轴呈水平垂直。有背部朝向产道或腹部（四肢）朝向产道两种。前者称为背部前置的横向，后者称为腹部前置的横向。

竖向：是胎儿身体纵轴向上与母体纵轴上下垂直。有的背部向着产道，称为背竖向；有的腹部向着产道，称为腹竖向。

纵向是正常的胎向，横向和竖向是反常的胎向。

2.胎位　即胎儿在子宫内的位置，是指胎儿的背部与母体背部或腹部的关系。

上位：是胎儿伏卧于子宫内，背部在上靠近母体的背部及荐部。

下位：是胎儿仰卧于子宫内，背部朝下靠近母体腹部及耻骨。

侧位：是胎儿侧卧于子宫内，背部朝向母体腹侧壁（右侧或左侧）。

其中上位是正常的。侧位如果倾斜度不大，仍可视为正常胎位。

3.胎势　是指胎儿在子宫内姿势。也就是胎儿各部分是伸直状态或是屈曲的。

4.前置　是指胎儿的某部分和产道的关系，哪一部分向着产道，就叫哪一部分前置。

在正常分娩时（正生）是两前肢前置，头颈置于两前肢之间之上。倒生时，则后两肢前置并伸直。这样胎儿以楔状进入产道，就容易通过骨盆腔。在猪，正生时胎儿的姿势是头颈伸直，两前肢向前伸直或肘关节屈曲，或者向后伸于胸下两旁；倒生时，两后肢伸直，或屈曲于腹下，呈坐骨前置。因为，小猪的四肢较短而且柔软，不容易因姿势的关系而造成难产，所以这些姿势一般情况下都认为是正常的。当胎儿发育过大时，如同时姿势又反常，往往可造成难产。

四、分娩的预兆　随着胎儿的发育逐渐成熟和分娩期的临近，母畜的生殖器官及骨盆部发生一系列变化，以适应排出胎儿及哺育仔畜的需要。因此，母畜的精神状态和全身状况也随着发生一系列改变。通常把这些变化称为分娩的预兆。根据这些变化，可以预测分娩的时间，以便做好接产的各项准备工作。

（一）乳房的变化　分娩前乳房膨胀增大。奶牛一般在产前10天开始，马约在产前2个月，驴约1.5个月，猪在产前半个月左右，乳房基部与腹壁之间出现明显的界线。

对于判断分娩时间比较可靠的是乳头及乳汁的变化。经产牛在分娩前10天左右，可从乳头中挤出少量初乳及胶样液体，到产前两天乳头中充满初乳，有时出现漏乳现象，漏乳开始后数小时至1天即分娩。猪在产前三天左右，乳头向外胀，中部两对乳头可以挤出少量清亮液体；产前1天左右，可以挤出1—2滴初乳，产前半天，前部乳头能挤出1—2滴初乳，产前6小时左右后部乳头也能挤出初乳，中部乳头可成股挤出。羊在产前2—3天，乳房膨大胀满，乳房基部有红晕带，可以挤出粘稠的乳汁。马在分娩前数天，乳房膨大，而且变硬，乳头内充满乳汁，产前当日或次日出现漏乳现象。驴在产前3—5天，乳头基部开始膨大，产前2天，整个乳头均变粗大，呈圆锥状，乳头中可挤出初乳。

乳房的变化和母畜的营养状态有直接的关系，经产畜与初产畜也不一样，因此，不能单独从乳房的变化来判断分娩的具体时间。

（二）软产道的变化　子宫颈在分娩前1—2天开始肿大、松软。子宫颈塞溶解，流入阴道，有时流出于阴门之外，呈透明、拉长的线状。这在牛和山羊比较明显。猪有时见于产前数小时，马常无此现象。

阴道壁松软，并且变短，这在马、驴较明显。阴道粘膜潮红。粘液由原来的浓稠变为稀薄、滑润。

阴唇在分娩6—7天，逐渐柔软、肿胀，增大2—3倍，皮肤上的皱壁展平。马和乳山羊表现不太明显。

（三）骨盆韧带　骨盆韧带在临近分娩时开始变为松软，至产前12—36小时荐坐韧带后缘变得非常松软，外形消失，尾根两旁只能摸到一堆松软组织，而且荐骨两旁软组织塌陷。荐骨可以左右活动的范围大，有利于胎儿排出。

（四）精神状态　产畜在临产前有精神抑郁及徘徊不安等现象，产畜都有离群寻找安静地方进行分娩的准备。猪在产前6—12小时有衔草作窝现象。此外，还有食欲不振，排泄量少而次数增多。乳牛产前7—8天，体温升高到39—39.5℃，产前12小时左右体温则下降0.4—1.2℃；分娩过程中或产后又恢复到分娩前的体温。其它家畜也有类似的变化。

综上所述，都是分娩即将来临的预兆，但在预测分娩时间时，应该全面观察、分析，才能作出综合正确的判断。

五、分娩过程　整个分娩期是从子宫开始出现阵缩起，至胎衣完全排出为止。分娩过程是一个有机联系的完整过程。通常人为地分成三个时期。

（一）开口期　是从子宫开始阵缩起，至子宫颈充分开大为止。这一时期一般只有阵缩，没有努责。

这一时期，产畜都是找一个安静的地方等待分娩。表现食欲减退，轻微不安，时起时卧，尾根抬起，常作排尿姿势，并不时排出少量粪尿。脉博呼吸加快。

开口期中母畜的表现有种间差异、个体差异，经产畜和初产畜也有较大差异。

开口期持续的时间，牛为0.5—24小时，绵羊3—7小时，山羊4—8小时，猪2—12小时。

（二）产出期　是从子宫颈充分开大，胎囊及胎儿的前置部分进入产道，母畜开始努责，至胎儿排出或完全排出

（双胎及多胎）为止。在此期间，阵缩和努责共同发生作用。

在产出期产畜表现极度不安，不时起卧，前蹄刨地，后肢踢腹，回头顾腹，喉气、拱背努责；随后在胎头通过骨盆腔及其出口时，产畜一般均侧卧，四肢伸直，强烈努责。努责数次后，休息片刻。然后继续努责，脉搏呼吸加快。脉搏马为每分钟80次，牛80—130次，猪100—160次。

由于强烈阵缩与努责，胎膜带着胎水被压迫向产道内移动，然后胎膜破裂，流出胎水（破水），胎儿也随着努责向产道推进。当努责间隙时，胎儿又退回子宫；但在胎儿头部进入骨盆腔之后，间隙时不再退回。在产出期中，胎儿最宽部分的排出需要时间较长，特别是胎头。当胎头通过骨盆腔及其出口时，产畜努责强烈，牛、羊常有叫声。在胎头露出阴门以后，产畜稍微休息。如为正生，在产畜努责配合下胎儿胸部排出。然后努责缓和，胎儿其余部分也随之排出，脐带也自行被扯断（牛、羊），仅胎衣滞留子宫内。此时，产畜不再努责，休息片刻后起来照顾新生子畜。

牛、羊和猪的脐带一般都是在胎儿排出时就从皮肤脐环之下被扯断。马卧下分娩时则脐带不断，等母马站起来或幼驹挣扎时，才被扯断。

各种家畜在产出期的特点：

牛、羊：努责开始后，产畜即卧下；有时也时起时卧，至胎头通过骨盆的坐骨上棘之间的狭窄部时才卧下，有的牛在胎头通过阴门时才卧下。牛、羊的努责一般较马缓和，但每次努责的时间较马长。胎儿头部通过骨盆时也较马慢得多。

牛、羊的胎膜多数是羊膜绒毛膜先形成一个囊，突出于阴门外，当阵缩和努责加强时，随着胎儿向产道的推力加大，羊膜绒毛膜受尿膜绒毛膜的牵制，使突出的水囊破裂（破水），流出淡白色或微黄色的粘稠羊水。尿膜绒毛膜至胎衣排出时才破裂。所以牛、羊胎儿排出来时，身体都不会被完整的羊膜包着，故不会发生胎儿窒息的危险。

牛产出期的时间为0.5—6小时。双胎时两胎儿相隔20—120分钟。水牛产出期平均19分钟。绵羊为15分钟至2.5小时。双胎儿间隔5—60分钟。山羊为0.5—4小时，两个胎儿相隔时间多为5—15分钟。

猪：其子宫收缩除了纵的收缩以外，还有分节收缩。收缩是由距子宫颈最近的胎儿前方开始，子宫的其余部分则不收缩；然后两子宫角轮流收缩，逐渐达到子宫角尖端，依次将胎儿完全排出来。由于各个胎儿的胎膜囊端都是彼此相连的，形成一条有许多间隔的胎膜囊管道，所以胎儿是顶破与前一胎儿之间的间隔，穿过这一管道而被排出。

猪在这一时期多为侧卧。胎膜不露出在阴门之外；胎水也很少，每生一个胎儿之前有少量胎水外流。母猪努责时后腿伸直，翘起尾巴每次生出一个胎儿，依次全部排完胎儿。

猪的产出时间是根据胎儿数目及其间隔的时间而定。第一个胎儿排出较慢，一般为10—60分钟，胎儿排出的间隔时间平均2—3分钟；引进品种较慢，多为10—30分钟。

马、驴：在产出期开始之前，阴道已大为缩短，子宫颈位于阴门之内不远的地方，质地柔软，但并不开张，开始努责时即卧下。经过数次努责，子宫颈内口附近的尿膜绒毛膜脱离子宫粘膜，带着尿水，呈一囊状，进入子宫颈，并将子宫颈撑开，当子宫断续收缩时，更多的尿水进入此囊，然后在阴门口破裂，而流出尿水，呈黄褐色稀薄液体，称为第一胎水。第一胎囊破裂后，尿膜羊膜囊即露出于阴门口或阴门之外，并能看到胎儿蹄及羊水。羊水亦称为第二胎水，产畜休息片刻后，努责更加强烈，随即胎儿排出，胎囊往往在胎儿头、颈、前肢排出过程中被撕裂，母马分娩后常不愿立即站起来，胎儿排出后胎囊有时不破裂，助产人员应立即撕破，以免发生窒息。

马产出期持续时间为10—30分钟。

（三）胎衣排出期　胎衣排出的时间，是从胎儿排出后算起，到胎衣完全排出来为止。胎衣是胎膜的总称。

胎儿排出之后，产畜即安静下来，几分钟后，子宫再次出现微弱的阵缩。此时努责停止或轻微。胎儿排出后，胎儿胎盘血液循环停止，绒毛体积缩小，同时母体胎盘已不需要原来那么多血量，血液循环减弱，子宫粘膜腺窝的紧张性降低。因此，二者之间的间隙扩大，借助露在外面胎膜重力的牵引，绒毛膜便从腺窝中脱落下来。

因为母体胎盘血管不受破坏，所以，各种家畜胎衣脱落时都不出血。胎衣排出的快慢，因各种家畜的胎盘构造不同而异。马和猪的胎盘属于上皮绒毛膜型，母子的胎盘结合比较疏松，胎衣容易脱落。马的胎衣排出期为 5—90 分钟。猪的胎衣分两堆排出，排出的时间为10—60分钟。牛的胎盘属于上皮绒毛膜与结缔组织绒毛膜混合型，母子的胎盘组织结合比较紧密，同时由于子叶呈蘑菇状结构，子宫收缩不易影响到腺窝。所以，只有当母体胎盘组织张力减轻时，胎儿胎盘的绒毛才能脱落下来，牛的胎衣排出时间一般为2—8小时，最长达12小时。羊的胎盘由于子叶的构造与牛不同，故排出历时较短。绵羊为0.5—4小时，山羊为0.5—2小时。

在胎衣排出过程中，单胎家畜的子宫收缩是由子宫角尖端开始的，所以胎衣也是先从子宫角尖端开始脱离子宫粘膜，形成套叠，然后逐渐翻着排出来，因而尿膜绒毛膜的内层翻在外面。在难产或胎衣排出延迟时，偶尔也有不是翻着出来的。

六、接产 分娩是母畜繁殖的一个生理过程。在正常情况下，母畜有本能去完成，而不要过早的过多干预。但是动物在家养以后，失去了自由，运动量大大减少，食物改变了，生产性能增强了，环境的干扰增多，这些因素都可能影响母畜的分娩过程。所以接生的目的是观察分娩过程是否正常，或者稍加帮助，以减少母畜的体力消耗。异常时，须及时助产，以免母子受害。

（一）助产的准备工作 为了使接产工作能够顺利进行，必须做好仔细的准备工作，尤其是在一些较大型的企业。

1.产房 在国营农牧场和养殖企业，应根据自己的条件准备好专用的产房。产房应宽敞、清洁、干燥、阳光充足、通风良好。墙壁、饲槽、地面要便于消毒，褥草要经常更换。猪的垫草不可过长和铺得过厚，以免影响小猪活动。猪的产房内要设护子栅。冬天应设置取暖设施，产房温度一般不应低于15—18℃。

根据预产期，应在产前7—15天将马、牛移入产房，以便熟悉环境，并每天检查产畜健康状况，注意分娩预兆。

2.药械及用品 在产房里药械用品应放置于适当的位置。常用的药品有：70％酒精、2％—5％碘酊、新洁尔灭、催产素、强心药等；器械有：注射器、脱脂棉、脱脂纱布，常规外、产科器械、临床检查器械等；物品有：细绳、毛巾、肥皂、大块塑料布、照明设备、足够的热水等。

3.接产人员、生产企业、大型农牧场，应配备训练有素的接产人员，严格遵守接产的操作规程，严格值班制度，尤其是夜间值班，因为家畜分娩多在夜间。

（二）正常分娩的接产

1.临产前清洗母畜的外阴部，并用消毒药水擦洗。用尾绷带缠好尾根，并拉向一侧固定于颈部。接生人员穿好工作服、围裙、胶靴，消毒手臂，并作必要的产前检查。

2.在大家畜，当胎儿进入产道时，可将手臂伸入产道检查，以确定胎向、胎位、胎势是否正常，以便确定分娩情况。如果是正常，应任其自然产出。否则，应及早采取救治措施。

3.当胎儿唇部或头部露出阴门时，如果上面盖有羊膜，可将其撕破，将胎儿鼻孔内的粘液擦净，以利呼吸。

4.注意观察产畜努责及产出过程是否正常。如果产畜努责、阵缩微弱，无力排出胎儿；产道狭窄，胎儿过大，产出滞缓；正生时胎头通过阴门困难，迟迟没有进展；倒生时产出困难等，均应迅速强行拉出胎儿，以免因缺氧而窒息。如果纯属阵缩微弱，可及时注射催产素及其它药物。

5.对新生仔畜的处理

（1）擦干口鼻内的羊水及粘液，观察呼吸是否正常，如无呼吸应立即抢救（参见新生仔畜窒息）。

（2）处理脐带，牛、羊产出后，脐带一般均被扯断，因脐血管回缩，脐带仅为一羊膜鞘。马的脐带则不断，可在距肚脐3—5cm处涂碘酊消毒，将胎盘上的血液挤入胎儿体内，将脐带双重结扎后剪断，涂碘酊，加以包扎。

（3）擦干身体，将仔畜身上的羊水擦干，尽可能让母畜舐干，以使产畜舐食羊水，有利于促进子宫的收缩，促使胎衣排出。

（4）扶助仔畜站立，帮助找到乳头，协助仔畜吃奶。

6.胎衣排出后，应检查是否完整及有无病理变化，排出的胎衣检查后，应及时埋掉，切勿让产畜吞食掉，以免引起不良恶果。

七、产后期 从胎衣排出到生殖器官复原，这段时间称为产后期。产后期生殖器官的主要变化如下：

（一）子宫 怀孕后子宫发生一系列变化，产后都要恢复原来的状态，称为复旧。

当胎儿排出以后，子宫迅速缩小。产后头一天大约每分钟收缩一次，产后3—4天逐渐少到每10—12分钟收缩一次。这种收缩使怀孕期间伸长的子宫肌细胞缩短，子宫壁变厚，以后子宫壁中增生的血管变性，部分被吸收；部分肌纤维和结缔组织也变性被吸收，剩下的肌纤维变细，于宫壁又变薄。子宫并不能恢复到原来的大小形状。

分娩以后，子宫粘膜上发生再生现象，一部分粘膜实质变性、萎缩并被吸收。怀孕期中作为母体胎盘的粘膜表层发生变性脱落，并由子宫腺的上皮增生而重新生长出新的上皮。再生过程中变性脱落的母体胎盘，残留在子宫内的血液、胎水以及子宫腺的分泌物被排出来，这种混合液体称为恶露。产后头几天恶露量多，因其内含有血液而呈红色，并含有母体白色的胎盘碎片。以后颜色逐渐变淡，血量减少，大部为子宫颈及阴道分泌物。最后变为无色透明，停止排出。正常的恶露有血腥味。如果有腐臭味，便是有胎盘滞留或产后感染。恶露排出期长，且色泽、气味反常或呈脓样，则表示子宫内有病理变化，应及早采取治疗措施。

在子宫肌纤维及粘膜发生变化的同时，子宫颈也逐渐复旧。

马的子宫复旧较快，产后8—12天完成。恶露量不多，产后3天停止排出。产后13—25天子宫内膜已完全更新。

牛产后恶露很多，产后3—4天开始大量排出，持续时间也较长。头两天暗红，以后呈粘液状，逐渐变为透明，10—12天停止排出。

牛在产后12—14天，子宫基本上就恢复了原来的形状及大小。子宫颈的收缩是从内口开始。产后1—2天，子宫颈一般收缩到人的手勉强通过，3—4天仅能伸入二指，5—7天后一个手指也不易插入。至产后45天，子宫就能恢复原状。

水牛产后期恶露较多，但持续时间较短。完全复旧平均需49天。产后的前2周复旧速度快，以后逐渐减慢。

羊恶露不多，绵羊在产后4—6天停止，山羊一般约两周左右。子宫复旧至少需24天才能完成。

猪恶露很少，初期为污红色，以后变为淡白色，继则变为透明，一般在产后2—3天停止排出。子宫上皮在产后3周即已更新。子宫复旧在产后28天以内完成。

（二）卵巢　分娩以后卵巢内即有卵泡发育，但是产后出现第一次发情的时间各不相同。马产后发情来得早。牛产后发情来得晚。

（三）阴道、前庭及阴门　在分娩后4—5天即复原。

（四）骨盆及其韧带　在分娩后4—5天恢复原状。

（五）妊娠浮肿　马、牛腹下妊娠浮肿，产后即逐渐缩小，一般在产后10天左右消散。乳房浮肿在产后数天即消失。

八、产后母畜的护理　在分娩过程中，母畜丧失水分较多，所以产后及时供给足够的温水或麸皮汤、稀粥等。

分娩时母畜整个机体，特别是生殖器官，发生剧烈变化，机体抵抗力降低，胎儿通过产道时可能造成许多表层的损伤，子宫颈张开，子宫内积存大量恶露，这些都为微生物的侵入和繁殖创造了条件。因此，产后要注意外阴部的清洁，用消毒药液清洗外阴部、尾根及后躯。常更换清洁的垫草。

产后应给予品质良好、易于消化的谷类饲料，以后逐渐恢复日粮。马3—6天，牛10天，绵羊3天，山羊4—5天，猪8天。

产后要注意观察母畜有无努责，如果出现频频努责，应及时检查子宫是否还有胎儿或有子宫内翻等，应及时处理。

对产后母畜要定期检查，注意恶露的质和量，排出的时间长短。每日测量体温，检查外阴部，乳房及其它有无炎症及损伤，若及早发现应及时处理。

复习思考题

1.各种家畜的怀孕期。

2.胎膜的形成，各种家畜胎膜的构造及其特点。

3.胎盘的构造，各种家畜胎盘的特点。

4.怀孕后母畜生殖器官的变化及全身变化。

5.怀孕诊断的方法与步骤。

6.分娩发生的原因，各种家畜骨盆的特点。

7.胎向、胎位、胎势与分娩过程的关系。

8.分娩的预兆。分娩的过程。

9.正常分娩的接生方法。

10.各种家畜产后期的变化。

第一节　怀孕期疾病

一、流产　流产是指胚胎或胎儿与母体的正常生理关系被破坏，而使妊娠中断，胚胎在子宫内被吸收，或排出体外死亡的胎儿，称为流产。它可以发生在妊娠的各个阶段，但是妊娠早期多见。各种家畜均可发生。

病因　引起流产的原因很多，可以分为传染性流产和非传染性流产。

传染性流产：主要是由于病原微生物侵入而引起，常发生于某些传染病过程中，如牛、羊的布氏杆菌病、沙门氏杆菌病以及马的传染性流产等。

非传染性流产：主要是由于饲养管理不当而引起的。主要包括下列几种：

营养性流产　由于饲料品质不良，缺乏某些营养物质，以及饲养管理失误，贪食过多，消化机能紊乱等而引起。

损伤性流产　外界机械性损伤，引起子宫收缩。如冲撞、蹴踢、剧烈的运动，蹬空闪伤、使疫不当、过劳以及粗暴的直肠检查、阴道检查等。

习惯性流产　怀孕时虽然饲养管理条件正常，但由于连续的几次流产而引起习惯性流产，这种流产主要是由于内分泌异常或形成条件反射所致。

药物性流产　母畜在怀孕时大量服用泻剂、利尿剂、驱虫剂和误服子宫收缩药物，催情药和妊娠禁忌的其他药物。

此外，也常继发于子宫阴道疾病、胃肠炎、疝痛病、热性病及胎儿发育异常等。

症状　在流产发生之前，表现拱腰、屡作排尿姿势，自阴门流出红色污秽不洁的分泌物或血液，病畜有腹痛现象。进而根据胎儿的情况出现下列现象：

1.隐性流产　即胚胎在子宫内被吸收称为隐性流产。主要发生在妊娠初期，胚胎尚未形成胎儿。胚胎死亡后组织液化，被母体吸收，或者在下次发情过程中随尿排出。未表现任何临床症状。另种是配种后再未发情，经检查已怀孕，但过一段时间后又再次发情，从阴门中流出较多的分泌物。而发生了隐性流产。

2.早产　有和正常分娩类似的前征和过程，排出不足月的胎儿，称为早产。一般在流产发生前2—3天，乳房肿胀，阴唇肿胀，乳房可挤出清亮的液体。早产的胎儿如有吸吮反射时，可加以挽救，精心管理，人工喂养以使其存活。

3.小产　排出死亡未发生变化的胎儿，是最常见的一种流产。胎儿死亡后，可引起子宫收缩反应，于数天之内将死胎及胎水排出。

4.延期流产　也称死胎停滞。胎儿死亡后，囊巢中黄体的机能仍然正常，因而子宫反应微弱，子宫颈封闭较紧，外界的病原微生物不易侵入，胎儿不发生腐败分解，但又不排出，久之胎水及胎儿组织水分被吸收后，胎儿体积缩小而逐渐变成干尸化（木乃伊）。另一种情况是胎儿软组织被溶解，形成暗褐色粘稠液体，经发酵分解为带有恶臭的液体，而骨骼仍遗留在子宫内，这种现象称谓胎儿浸渍。此时如果微生物侵入，则胎儿发生腐败分解，可并发子宫内膜炎及败血症。患畜全身症状恶化，体温升高，精神萎靡，食欲废绝，久之消瘦乃至死亡。

治疗　当发现母畜出现有流产预兆时，及时进行检查，如子宫颈口紧闭，胎儿仍活着时，应及时采取保胎措施。使母畜安静，减少不良刺激。为制止阵缩和努责，马可静脉注射5%水合氯醛溶液200ml或安溴注射液，肌肉注射盐酸氯丙嗪注射液，马、牛1—2mg/kg，羊1—3mg/kg。马、牛皮下注射1%硫酸阿托品3—5ml。

为了安胎可肌肉注射黄体酮马、牛50—100mg；猪、羊10—30mg，每日或隔日一次。为防止习惯性流产，在怀孕的一定时期可注射黄体酮。

当胎膜已破，胎水流出，流产已不可避免时，应积极采取措施，促使胎儿及早排出，以免在子宫内腐败，引起并发症。当子宫颈口尚未完全张开，可肌肉或皮下注射乙烯雌酚注射液，大家畜20—30mg，猪5—10mg，羊1—3mg。若子宫颈口已完全张开，可肌肉注射垂体后叶素，大家畜50—80单位，猪、羊5—10单位。否则应接助产原则强行拉出胎儿。

对延期流产的处理，应视不同情况，分别处理，当胎儿发生干尸化或浸渍时，首先促使子宫颈扩张，并向子宫及产道内注入滑润剂，为了缩小胎儿体积，可在胎儿皮肤上做几个长而深的切口，必要时摘除内脏，然后将胎儿拉出。否则，应实施截胎术，分段取出胎儿。

取出胎儿后，用0.05%高锰酸钾溶液或0.2%雷夫奴尔溶液冲洗子宫，并使用子宫收缩药物促进子宫收缩并排出积液，向子宫注入青霉素80—120万单位。必要时进行全身及对症治疗。

预防　主要在于加强饲养管理，防止意外伤害及合理使役。怀孕后饲喂品质良好及富含维生素的饲料。发现有流产预兆时，应及时采取保胎措施。

如已发生流产，应及时进行详细检查并配合实验室诊断，查明原因，采取相应措施。如果是某些传染引起的流产，则按该传染的防制措施加以实施。

二、妊娠浮肿　妊娠浮肿是怀孕末期母畜腹下、四肢和会阴等处发生的非炎性水肿。如果浮肿面积小、症状轻，一般可视为正常现象；如果浮肿面积大，症状明显则可视为病理现象。本病多发生于分娩前一月内，分娩10多天最为明显，分娩后两周左右自行消散，多发生于马，牛有时也有发生，尤其是奶牛。

病因　怀孕末期，胎儿生长迅速，子宫体积也迅速增大，使腹内压增高，乳房胀大，孕畜运动量减少，因而使腹下、乳房、后肢的静脉血流滞缓，引起淤血及毛细血管壁的渗透压增高，使血液中水分渗出增多，同时组织液回流减少，因此，组织间隙水分滞留而引起水肿。至怀孕后期新陈代谢也旺盛，胎儿需要大量的蛋白质等营养物质；同时，孕畜的血流总量增加，使血浆蛋白浓度降低，如果孕畜的饲料中蛋白质供应不足，则血浆蛋白进一步减少，使血浆蛋白胶体渗透压降低，阻止了组织中水分进入血液，这样就破坏了血液与组织液中水分的生理动态平衡。因此，导致组织间隙水分滞留。

一般情况下，心脏和肾脏有一定的代偿能力，在正常情况下不会出现病理现象，如果再加上运动不足，机体瘦弱，心脏、肾脏有病时，则容易发生妊娠浮肿。

症状　浮肿常从腹下及乳房开始，有时可蔓延到前胸，甚至阴门，有时也常波及后肢的跗关节及系关节等处。肿胀呈扁平，左右对称，皮温低，触之如面团，有指压痕，被毛稀少的部位皮肤紧张而有光泽。一般不出现全身症状，严重者可表现食欲减退，步态强拘等。

治疗　以改善饲养管理为主，给予蛋白质丰富的饲料，限制饮水，减少多汁饲料及食盐，轻者不必治疗。严重者可应用强心、利尿剂，如皮下注射20%苯甲酸钠咖啡因20ml，或内服5—10g连续应用3—4天。

中药治疗：以补肾、理气、养血、安胎为原则。可参考使用下列药物：

方一：当归50g　熟地50g　白芍30g　川芎25g　积实15g　青皮15g　红花30g　共为末，开水冲服（马、牛）

方二：白术30g　砂仁20g　当归30g　川芎20g　白芍20g　熟地20g　党参20g　陈皮25g　苏叶25g　黄芩25g　阿胶25g　甘草15g　生姜15g　共为末，开水冲服(马、牛)

预防　怀孕期要有适当运动，注意饲养管理，合理使役，怀孕后期除给予自由活动外，还要进行牵遛运动。

三、产前截瘫　产前截瘫是指怀孕末期发生运动器官机能障碍的疾病。患此病的家畜即无引起瘫痪的局部疾患，又无明显的全身变化。本病主要发生于牛和猪，马有时也发生，多发生在产前一个月左右。

病因　本病的原因目前尚不十分清楚，多数学者认为饲养不当是本病的主要原因，例如饥饿、饲料单一、矿物质及维生素缺乏，钙、磷比例失调等。

此外，孕畜缺少运动，多胎、胎水过多，后躯负重过度，母畜过度瘦弱，年老等也是引起本病的诱因。

症状　瘫痪主要发生在后肢，站立时后肢无力，时常交替负重，行走时谨慎，而且后躯摇摆，步态不稳，因而常期卧地，病的后期则不能站立。

临床检查，局部不表现任何病理变化，痛觉检查反射正常，病程较久者，患肢肌肉有萎缩现象，并且可发生褥疮。

治疗　加强病畜的饲养管理是治疗本病的重要环节。为此，应饲喂易消化而富含蛋白质、矿物质及维生素的饲料，以增强患畜的抗病能力。对于不能起立的病畜，应多铺垫草，经常翻身，以防发生褥疮。

对于由钙质缺乏而引起的截瘫，可静脉注射10%葡萄糖酸钙注射液，牛250—500ml，猪50—100ml，或静脉注射10%氯化钙，牛100—200ml，猪20—30ml。病的最初几天，两侧臀部肌肉注射5%绿藜芦素酒精溶液。每侧分2—3点，每点注射0.5—1ml，隔1—2日注射1次，连用2—3次，同时配合局部按摩可获较好效果。

为了兴奋肌肉增强功能，还可配合针灸、电针、激光等现代理疗方法。

第二节　分娩期疾病

家畜分娩过程是否正常，取决于产力、产道和胎儿三个因素。这三个因素是相互适应、相互影响的。如果其中任何一个因素发生异常，不能适应胎儿排出，分娩过程发生障碍，就形成了难产。同时也可能使子宫及产道受到损伤，这些都是属于分娩期疾病。难产是分娩期疾病的主要疾病之一。如果处理不当或不及时，将引起母子死亡，即或母畜存活，也常继发生殖器官疾病，往往导致不孕，给生产带来不应有的损失。因此，积极防制及正确处理难产，保护母子生命安全是非常重要的。

一、难产的检查 难产发生后手术助产的效果如何：与临床诊断是否正确有密切关系。经过仔细的检查，才能确定母畜及胎儿的异常情况，通过全面的分析和判断，才能正确决定采用什么助产方法以及预后如何。

1.病史调查 通过询问畜主，了解产畜的情况，以便做好必要的准备工作。

（1）了解母畜是初产还是经产，怀孕是否足月或超过预产期。一般初产畜，可考虑到产道是否狭窄，胎儿是否过大；是经产畜，可考虑是否胎位、胎势不正、胎儿畸形或单胎动物怀双胎等。如果预产期未到，可能是早产或流产，这样因胎儿较小，一般容易产出。若产期已经超过，胎儿可能较大。

（2）了解分娩开始的时间，努责的强度及频率，胎水是否排出？胎儿及胎膜是否露出？综合分析判断是否难产。

（3）分娩前是否患过阴道脓肿、阴门裂伤以及骨盆骨折及其他产科疾病，患过上述疾病可引起产道或骨盆狭窄，影响胎儿产出。

（4）分娩开始后是否经过治疗，如何治疗？治疗前胎儿的方向、位置及胎势如何？胎儿是否死亡，经过何种处理，以便在此基础上确定下一步救治措施。

（5）多胎动物尚须了解两个胎儿之间娩出相隔的时间，努责的强度，产出胎儿的数量与胎衣排出的情况。如果分娩过程中突然停止产出，很可能是发生难产。

2.全身检查 详细检查体温、脉搏、呼吸、精神状态、粘膜色泽及营养状况等。通过全面检查，掌握病情及机体状态，考虑施术过程中母畜及胎儿的安全性。

3.产道检查　注意分娩的预兆是否具备，然后术者消毒手臂后，伸入产道进行检查，主要检查阴道及子宫颈扩张的程度及大小，有无扭转现象，骨盆腔大小，产道是否干燥、水肿及有无损伤等。

4.检查胎儿　注意胎位、胎向、胎势是否正常，胎儿死亡还是活着必须予以确诊。以便确定救治对象和方法。正生时，可将手指伸入胎儿口腔内，感觉有吸吮动作，牵拉舌头有无反应，触压眼球有无反应，触摸颈部颈动脉有无波动。倒生时可将手指伸入肛门，感觉肛门括约肌有无收缩反应，也可触摸脐动脉是否波动。濒死或已死亡的胎儿触诊无反应。此外，胎毛大量脱落，皮下发生气肿，触诊皮肤有捻发音，胎膜、胎水的颜色污秽并有腐败臭味等，都说明胎儿已经死亡。

通过全面而仔细的检查，确定母畜及胎儿的异常现象，综合分析作出正确的诊断，并推断预后，提出正确而合理的手术助产方法及综合医疗措施。

二、手术助产前的准备　根据对产畜及胎儿检查的结果，及时作出助产计划及实施方案，并做好以下准备工作，以确保助产工作的顺利进行。

保定　难产时对母畜保定的好坏，是手术助产能否顺利进行的关键。以站立保定为宜，取前低后高姿势，以便于使胎儿能够向前推入子宫，不致楔入于骨盆腔内，妨碍操作。如果母畜不能站立，则可使其侧卧，至于侧卧于哪一侧，主要根据是便于操作为原则。如胎儿头颈弯于左侧者，母畜须右侧卧，反之则取左侧卧姿势，侧卧保定时，也应将后躯垫高。

麻醉　为了抑制产畜努责，便于操作，可给予镇静剂或

硬膜外腔麻醉。

消毒　为了预防感染，助产前必须对产房、场地，产畜外阴部、胎儿外露部分，助产所用器械和术者手臂进行严密消毒，其消毒方法，按外科手术常规消毒方法进行。

三、产科常用器械及其使用方法　难产而必须施行手术助产时，仅靠徒手操作，有时达不到目的，因此，必须借助产科器械，拉出胎儿，整复胎儿姿势或进行截胎术。

（一）拉出胎儿的器械

1.产科绳　是难产救助时，用以拉出胎儿不可缺少的。一般是由棉线或合成纤维加工制成，质地要求柔软结实，不宜用麻绳或棕绳，以防损伤产道。产科绳的粗细以直径0.5—0.8cm为宜，长约2.5—3.0m，绳的两端有耳扣，借助耳扣作成绳圈，以便捆缚胎儿，也可以用活结代替。使用时术者将绳扣套在中指与无名指间，慢慢带入产道，然后用拇、中、食指握住欲捆缚部位，将绳套移至被套部位拉紧，切勿将胎膜套上，以免拉出胎儿时损伤子宫或子叶（图13—1）。

2.绳导（导绳器）　在使用产科绳套住胎儿有困难时，可用金属制的绳导，将产科绳或线锯条带入产道，套住胎儿的某一部分。常用的有长柄绳导及环状绳导两种。

3.产科钩　在用手或产科绳拉出胎儿有困难时，可配合使用产科钩。产科钩有单钩与复钩两种，而单钩又

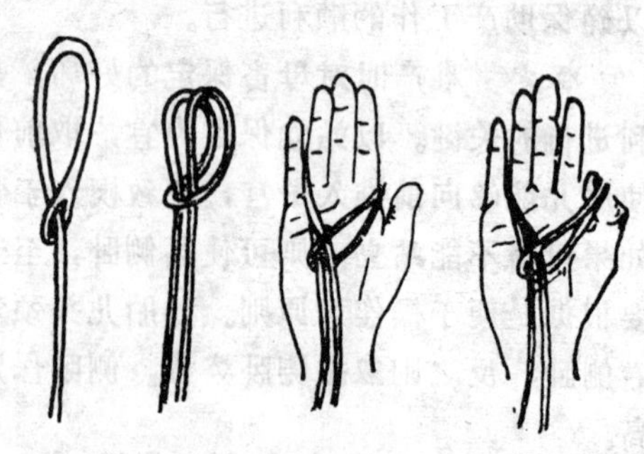

图 13—1　产科绳及使用方法

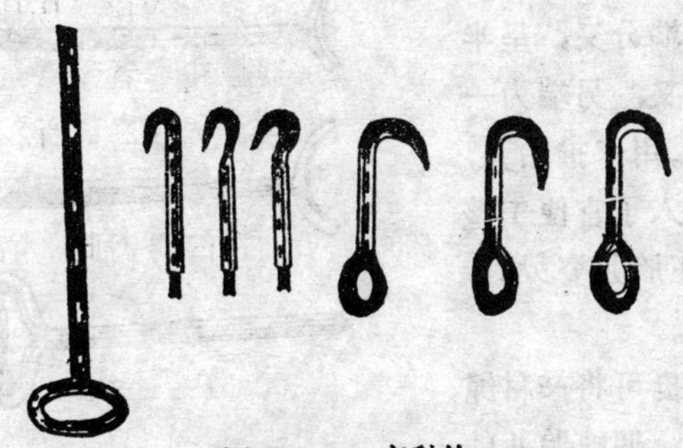

图 13—2 产科钩

分为锐钩与钝钩。单钩常用于钩住眼眶、下颌、耳及皮肤、腱等。复钩常用于钩住眼眶、颈部、脊柱等部位。使用时术者应用手保护好，切勿损伤子宫及产道。产科钩多用于死胎；钝钩一般不致于损伤子宫及胎儿，所以钝钩必要时也可用活胎儿，但锐钩严禁用于活胎儿（图13—2、13—3）。

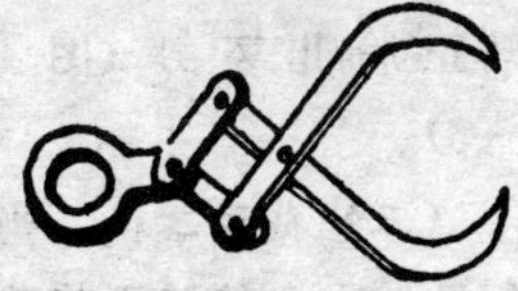

图 13—3 产科复钩

4.产科钳 分为有齿钳和无齿钳两种，有齿产科钳多用大家畜，钳住皮肤或其他部位，以便拉出胎儿。无齿产科钳常用于固定仔猪、羔羊头部，以拉出胎儿（图13—4）。

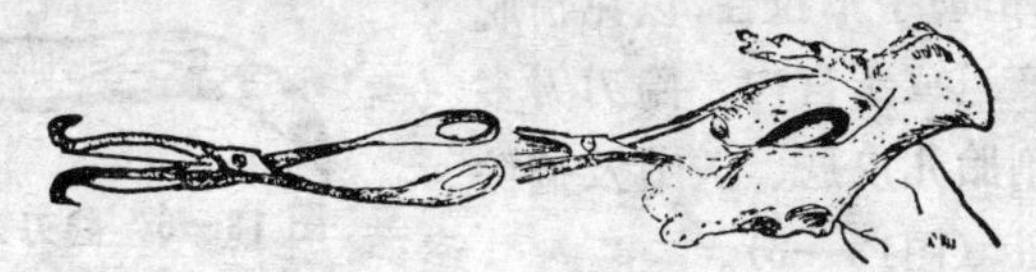

图 13—4 产科钳

（二）推胎儿的器械 常用的是产科挺，产科挺是直径1—

1.5cm，长1m的圆形铁杆，其前端分叉，呈半圆形的两叉，另端为一环形把柄。用于推胎儿，将胎儿推入子宫便于整复，或矫正胎儿姿势时，边推边拉。

推拉挺可将产科绳带子入宫，捆缚胎儿的头颈或四肢，进行推拉等矫正胎儿姿势（图13—5）。

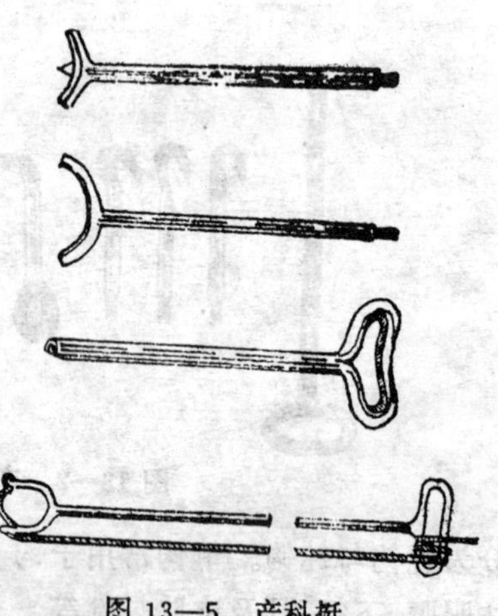

图 13—5 产科挺

（三）截胎器械 当胎儿死亡而又无法完整拉出时，可施行截胎术，然后再将截断的部分分别拉出。

1.隐刃刀 是刀刃能够出入于刀鞘的小刀，使用时将刀刃推出，不用时又可将刀刃退回刀鞘内，此种刀使用方便，不易损伤产道及术者，刀形各异，有直形、弯形或弓形等形状，刀柄后端有一小孔，用穿入绳子系在术者手腕上，或由助手牵拉住，以免滑脱而掉入产道或子宫内。隐刃刀多用于切割胎儿皮肤、关节及摘除胎儿内脏（图13—6）。

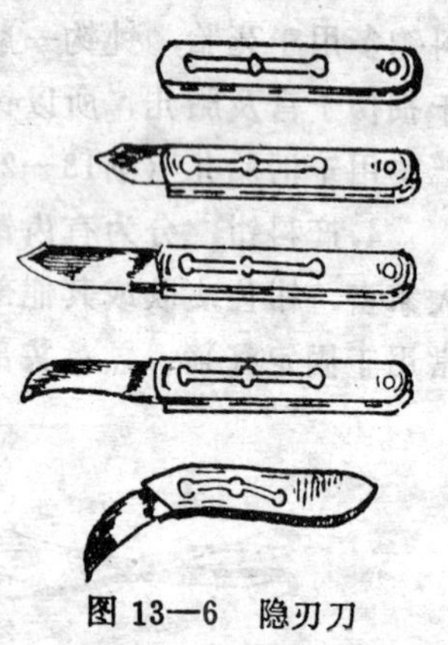

图 13—6 隐刃刀

2.指刀 是一种小的短弯刀，分为有柄和无柄两种，刀背上有1—2个金属环，可以套在食指或中指上操作，当带入产道或拿出时，可用食指、中指和无名指保护刀刃，其用途和用法同隐刃刀。由于指刀小而且刀刃呈不同程度的弯形或钩形，使用起来比较安全可靠（图13—7）。

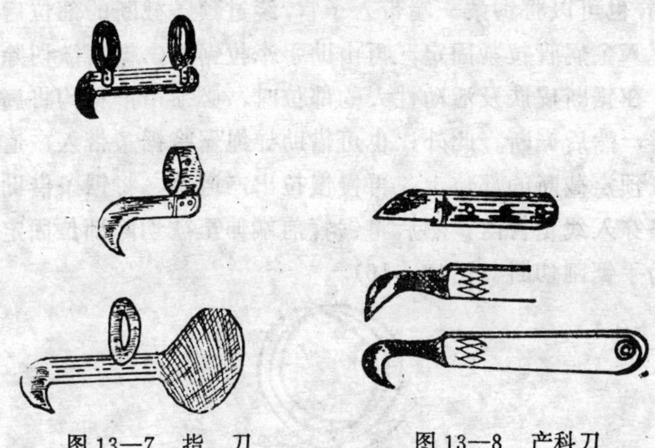

图 13—7 指 刀　　图 13—8 产科刀

3.产科刀 是一种短刀，有直形的，也有钩状的。因刀身小，用食指紧贴，容易保护，可自由带入拿出，刀柄也有小孔，可以系绳固定，用途同隐刃刀和指刀（图13—8）。

4.产科凿（铲） 是一种长柄凿(铲)，凿刃形状有直形的、弧形的和V字形的，主要用于铲断或凿断骨骼或关节及其韧带。使用时术者用手保护送入预截断的位置上，指示助手敲击或推动凿柄，术者随时控制凿刃部分，有时也经皮肤切口伸入皮下，用于分离皮下组织（图13—9）。

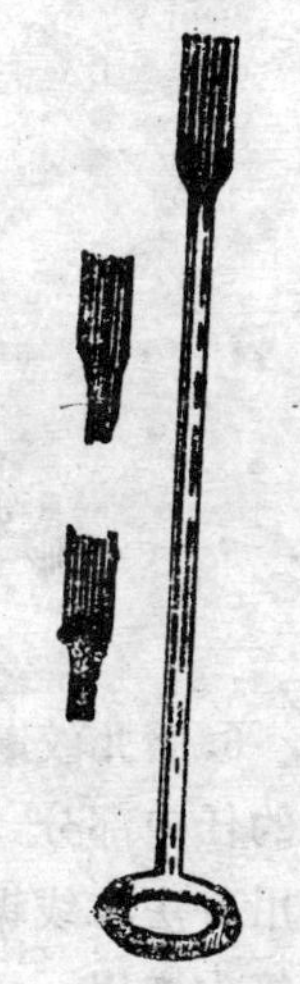

图 13—9 产科凿（铲）

5.产科线锯 一般使用的产科线锯，

是由两个固定在一起的金属管和一根线锯条构成，还有一条前端带一小孔的通条。使用时事先将锯条穿入管内，然后带入子宫，将锯条套在要截断的部位，拉紧锯条使金属管固定于该部，也可以将锯条一端带入子宫，绕过预备截断的部位后，再穿入金属管拉紧固定，再由助手牵拉锯条，锯断欲切除部分。在锯断皮肤及活动性大的部位时，必须用产科钩将局部拉紧，然后锯断。此外，也可借助导绳器将锯条带入产道，绕在预定截断的部位上，再慢慢拉出产道外，将锯条借助于通条穿入线锯管内，然后将锯管前端伸至欲切除部位固定，由助手锯割切断（图13—10）。

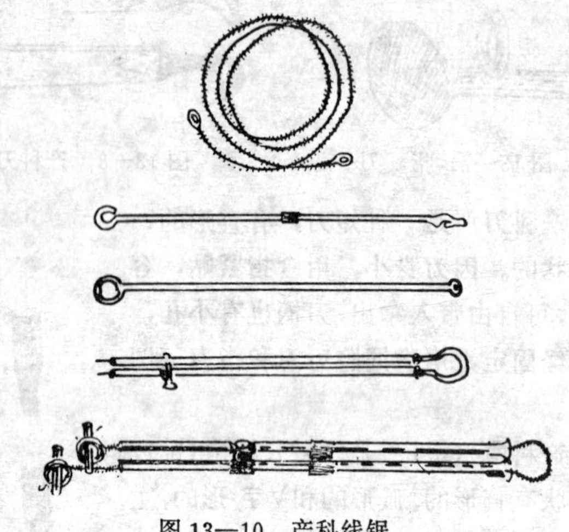

图 13—10　产科线锯

6.胎儿绞断器　由于型号不一而结构各异，可以绞断胎儿的任何部分，但骨质断端不整齐，取出时易损伤产道。其使用方法与线锯同，由于结构复杂而且笨重，故在兽医临床上极少应用。

四、手术助产的原则　为达到取出胎儿，挽救母畜，争取母仔平安，以保证母畜生育能力。在进行手术助产时必须遵守下列原则。

1.难产助产应及早进行，否则胎儿楔入产道，子宫壁紧裹胎儿，胎水流失以及产道水肿，将妨碍矫正胎儿姿势及强行拉出胎儿。

2.手术助产时，将母畜置于前低后高姿势，整复时尽量将胎儿推回子宫内，以便有较大的活动空间。只有在努责间隙期方能进行推进或整复，努责时拉出。

3.如果产道干燥，应预先向产道内注入液体石蜡等滑润剂，便于操作及拉出胎儿。

4.使用尖锐器械时，必须将尖锐部分用手保护好，以防在操作过程中损伤产道。

5.为了预防手术后感染，术后应用0.05%高锰酸钾溶液或0.1%雷夫奴尔溶液冲洗产道及子宫，排出冲洗液后放入抗生素或磺胺类药物。如子宫胶囊或80—120万单位青霉素。

五、难产助产的基本方法

（一）胎儿牵引术

适应症　胎儿牵引术是手术助产中强行拉出胎儿的最基本的操作技术。适用于胎儿过大，母畜努责阵缩微弱，产道扩张不全等。

方法　先用产科绳将胎儿前置部分捆缚住拉紧。正生时捆缚住胎儿头或两前肢，倒生时捆缚住两后肢。拉出时要配合母畜阵缩和努责，用力要缓，并上下左右反复活动胎儿，术者保护胎儿及产道，令助手按照骨盆轴的方向，强行拉出胎儿，当胎儿胸部通过子宫颈、阴门时，要稍微停留，以利这些部分扩张，并用手保护阴门，以防造成阴门裂伤。

（二）胎儿矫正术

适应症 主要用于胎势、胎位、胎向异常造成的难产。适应于活胎儿或胎儿死亡不久，胎水流失少，产道完全扩张，可以用手术矫正并能拉出胎儿的病例。

方法 徒手配合器械矫正胎儿的异常部分。除使用产科绳外，配合使用绳导、双孔挺、产科挺、产科钩等。

保定 以站立保定为宜，这样子宫向前垂入腹腔，腹压小，胎儿活动范围大，容易矫正；拉出胎儿时，侧卧保定为好，侧卧时腹壁托起子宫，增大腹压，有利于拉出胎儿。不能站立的产畜，要根据胎儿异常部位的位置，确定侧卧的方向。如胎儿右侧肩关节屈曲，母畜宜左侧卧保定；胎头俯伏（下弯）母畜宜仰卧保定。这样胎儿异常部位不被母体压迫，易于进行矫正。

矫正时，首先应将胎儿用产科挺或手推回子宫内，产科挺一定要顶牢，术者用手固定，指令助手慢慢向前推，严防滑脱而穿破子宫，推四肢时，先要用产科绳拴住，绳的另端留在阴门之外，以便牵引胎儿。推回子宫后，用手将胎儿姿势扭正，在扭的过程中配合牵拉，把屈曲的部位拉直。然后按强行拉出胎儿的方法，配合母畜努责拉出胎儿。

（三）截胎术

适应症 无法进行矫正或矫正无望时，胎儿已经死亡，产道尚可通过的情况下，胎儿畸形，以保证母畜的安全及健康而实施截胎手术，多用于大家畜。

1.截头术 适用于胎头侧转，胎儿发育过大，产道狭窄及胎儿前肢姿势不正等所造成的难产。

先用产科钩钩住眼眶，将胎头拉至产道，然后经耳前、眼眶后至下颌作一切口，在寰枕关节处切断项韧带，用产科钩钩住枕骨大孔，拉离颈部，同时把连接头颈的皮肤、肌肉用刀切断。切掉头部之后，留三个皮瓣（两耳及下颌）结扎在一起，形成一个坚固的结，以便推进或拉出胎儿时用。此法无效时，可用线锯绕过颈部将其锯断，或用产科铲将颈部铲断（图13—11、13—12、13—13）。

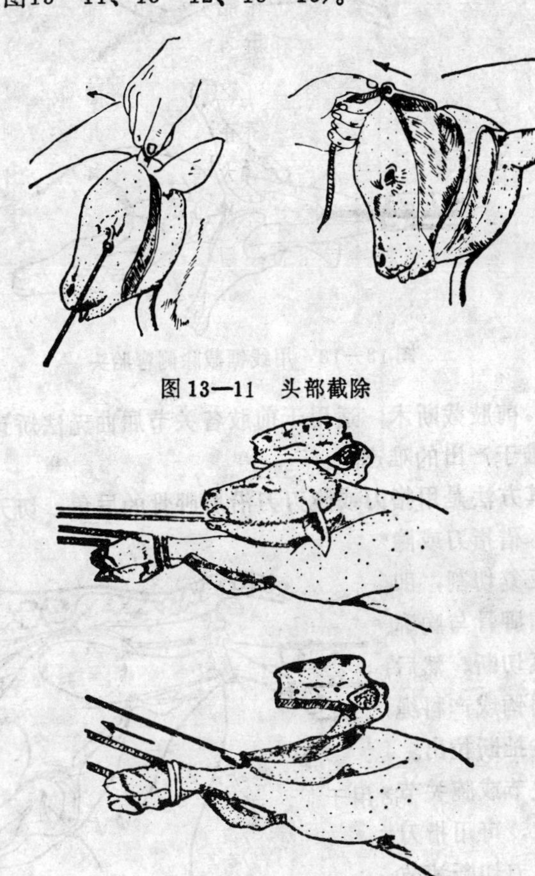

图13—11　头部截除

图13—12　用线锯截除胎头

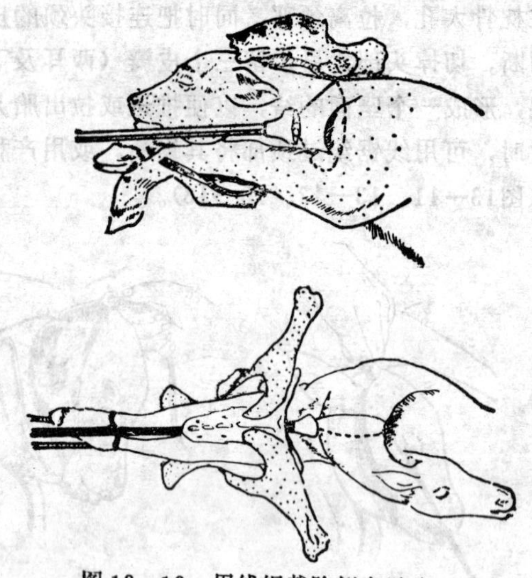

图 13—13　用线锯截除侧弯胎头

2.前肢截断术　适用于前肢各关节屈曲无法矫正或肩围过大难于产出的难产。

其方法是用指刀或隐刃刀沿肩胛骨的后角，切开皮肤和肌肉，借指刀或隐刃刀反复切割，即可将肩胛骨与胸廓的联系切断。然后用产科钩或产科绳将前肢扯断拉出。在肘关节或腕关节屈曲时，可用指刀或隐刃刀切断关节处的周围皮肤、肌

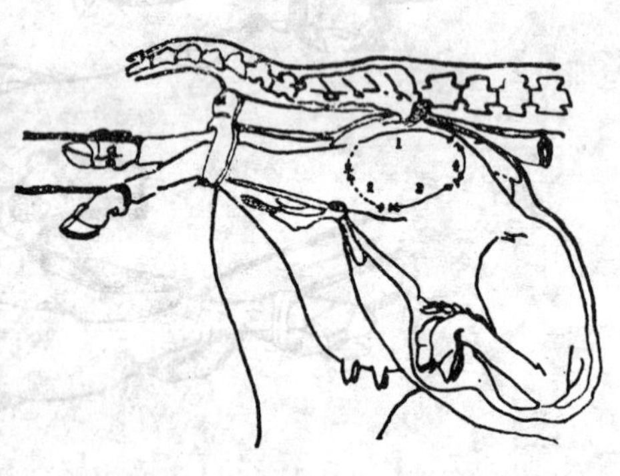

图 13—14　头颈侧弯时前肢截除术

肉及韧带的联系，然后用铲或凿铲断或用线锯锯断（图13—14、13—15）。

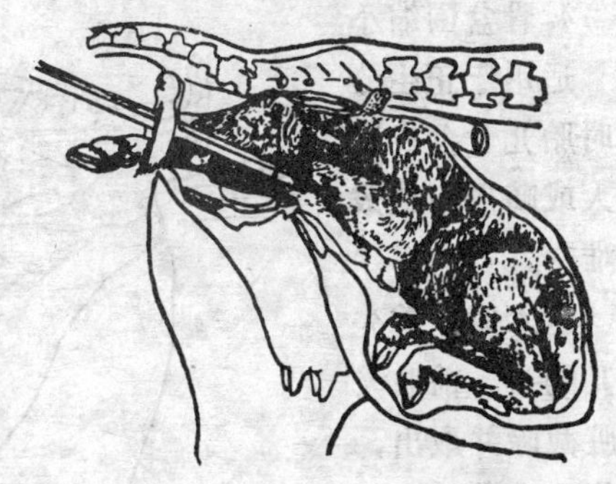

图 13—15　腕关节屈曲截除前肢

3.后肢截断术

适用于倒生时，胎儿过大及后肢姿势不正等。

施术时首先用产科绳把后肢拴住并拉紧，然后用钩状指刀或隐刃刀沿荐骨平行的方向，切开荐部与股骨间的皮肤和肌肉，一直切到髋关节。然后经坐骨结节外侧向后与会阴平行深深的切割，如此反复切割，即将骨盆与大腿之间的软组织完全切断。最后切断髋关节及其周围的韧带，再把后肢扯下。如果扯下有困难时可将股骨用产科凿凿断，或用线锯将其锯断，然后拉出后肢（图13—16、13—17）。

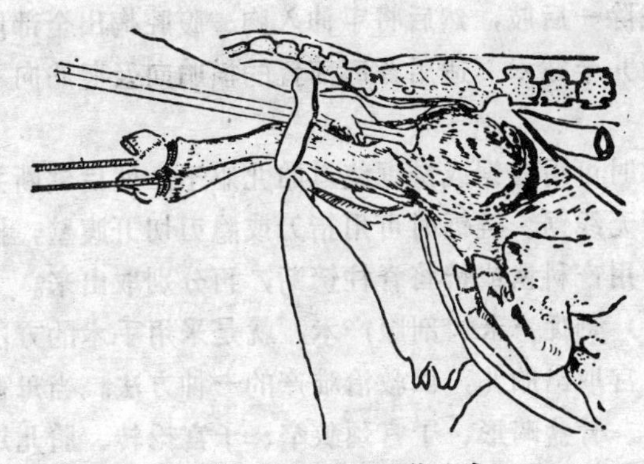

图 13—16　后肢截除术

4.骨盆围缩小术　适用于正生分娩时胎儿骨盆发育过大或畸形而造成的难产。

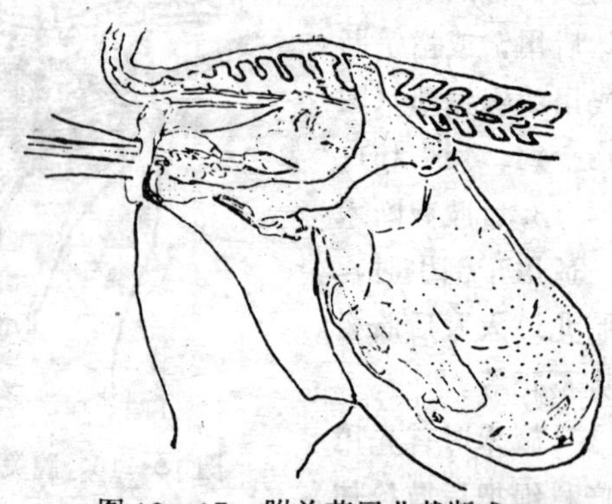

图 13—17　跗关节屈曲截断术

施术时，首先胎儿的头、前肢及内脏截除并取出，再将胸廓截除。借绳导把线锯从两后肢间、尾椎之前伸入，由胎儿腹下往外拉，沿脊柱及骨盆联合锯开胎儿后躯，最后将锯开的两半分别拉出。

5.胎儿内脏摘除术　适用于水肿或气肿胎而造成的难产。

在正生时，可先将一前肢连同肩胛骨一起切除，再切掉若干根肋骨，将手伸入胸腔、腹腔把内脏掏出来。倒生时，必须先截除一后肢，然后将手伸入胸、腹腔掏出全部内脏。

6.胎儿半截术　适用背部前置的横胎向及竖胎向不能整复时。

施术时可用线锯或链锯绕过胎儿躯干，然后锯断并分别拉出。若无线锯、链锯时可用指刀或隐刃切开腹壁，摘除内脏，然后用产科凿或铲将脊柱铲断，再分别取出来。

（四）剖腹产术　剖腹产术，就是采用手术的方法切开腹壁及子宫取出胎儿，以救治难产的一种方法。当母畜骨盆发育不全、骨盆畸形、子宫颈狭窄、子宫捻转、胎儿过大、胎位、胎向、胎势严重异常，胎儿畸形等，所造成的难产，又无法经产道取出胎儿时，均须实行剖腹产术取出胎儿，以确保产畜及胎儿的安全。

术前准备　保定、麻醉、消毒等与开腹术相同。

手术部位　侧腹壁切开的部位是在右侧髋结节到脐孔之间的连线上，一般在髋结节下方 10—15cm 处，沿最后肋骨的方向切开。

牛、羊下腹壁切开的部位是在乳房基部前缘，乳静脉上方 10—12cm 处与腹中线平行切开。

马和猪的手术部位是在左侧，髋结节下方，沿腹内斜肌的方向，由后上方向前下方切开。

手术方法

在预定切口部位上作长 30—35cm 切口（马、牛）；猪羊为 15—20cm。按腹壁切开术的程序和方法切开腹壁。

腹壁切开后，双手从腹壁切口伸入腹腔，拨开肠管与网膜，找到子宫孕角，将手伸入子宫下面，隔着子宫壁握住胎儿弯曲的两前肢腕部或两后肢跗部，慢慢的将子宫角大弯的一部分拉至腹壁切口之外，然后在子宫和腹壁切口之间垫上大块生理盐水纱布。沿子宫角大弯切开子宫，牛、羊切开子宫时，要避开母体子叶。猪子宫切口的位置宜靠近子宫体附近，或在两子宫角中部大弯上分别切开子宫，以便能分别取出两子宫角中的胎儿。如果子宫内液体较多时，先用套管针或采血针将液体放出，然后再作子宫切开。如果子宫内液体量正常，先在子宫作一小切口排出液体后，再将切口延长至所需长度。

取出胎儿，正生时通过切口先握住胎儿两后肢，倒生时握住胎儿两前肢及头部，慢慢地将其拉出于切口之外，撕破胎膜，排出胎水，严防胎水流入腹腔。将胎儿全部取出后，结扎脐带并剪断。将胎儿口、鼻中的粘液擦净。当胎儿过大时，取出胎儿过快，腹压骤然下降，常导致腹腔与骨盆腔血管扩张，引起虚脱现象。此时可给母畜静脉注射等渗葡萄糖溶液，以改善血液循环。

胎儿取出后，应及时将胎膜剥离并取出。剥离牛的胎膜很费时间，而且胎儿胎盘和母体胎盘粘连紧密，故可在拉出胎儿的同时，肌肉注射脑垂体后叶素，有助于胎膜剥离。

胎膜剥离并取出后，清理子宫内残留的胎水、血凝块等，向子宫内放入金霉素胶囊3—4个。或青霉素80万单位、链霉素100万单位。最后用青霉素生理盐水洗净创口，用肠线以螺旋形缝合法缝合子宫切口全层，再用水平内翻缝合法缝合子宫浆膜和肌肉层。冲洗子宫壁，切口涂油剂青霉素或其他软膏。将子宫送回腹腔。

闭合腹壁创口，同于腹壁切开术。

术后护理　术后将病畜置于清洁、温暖的厩舍（病房）内。随时观察病畜的变化，及时给予必要的处理，尤其是要注意子宫及产道的变化，按照术后常规护理及饲养管理实施。

第三节　常见难产及救助方法

由于发生的原因不同，临床上将常见的难产分为产力性难产、产道性难产和胎儿性难产三种。前两种是由于母体异常引起的，后一种是由胎儿异常所造成的。

一、产畜异常引起的难产

（一）阵缩及努责微弱　于分娩时子宫及腹肌收缩无力、时间短、次数少，间隔时间长，以致不能将胎儿排出，称为阵缩及努责微弱。各种家畜均可发生。

病因　原发性阵缩微弱，是由于长期舍饲、缺乏运动，饲料质量差，缺乏青绿饲料及矿物质，老龄、体弱或过于肥胖的家畜。母畜患有全身性疾病，胎儿过大，胎水过多。其他如腹壁下垂，腹壁疝，子宫机能失调等，均可引起子宫收缩无力。

继发性阵缩微弱，在分娩开始时阵缩努责正常。进入产出期后，由于胎儿过大，胎儿异常等原因长时间不能将胎儿产出，腹肌及子宫由于长时间的持续收缩，过度疲乏，最后导致阵缩努责微弱或完全停止。

症状　母畜怀孕期已满，分娩条件具备，分娩预兆已出现，但阵缩力量微弱，努责次数减少力量不足，长久不能将胎儿排出。

产道检查：子宫颈已松软开大，但还开张不全，胎儿及胎囊进入子宫颈及骨盆腔。在此种情况下，常因胎盘血液循环减弱或停止，引起胎儿死亡。

治疗　大家畜原发性阵缩和努责微弱，早期可使用催产药物，如脑垂体后叶素、麦角等。在产道完全松软，子宫颈已张开的情况下，则实施强行拉出胎儿即可。胎位、胎向、胎势异常者经整复后强行拉出，否则实行剖腹产手术。

中、小动物可应用脑垂体后叶素10—80万单位或乙烯雌酚 1—2mg 皮下或肌肉注射。否则可借助产科器械拉出胎儿或实施剖腹手术取出胎儿。强行拉出胎儿后，注射子宫收缩药，并向子宫内注入抗生素药物。

（二）产道狭窄　产道狭窄包括硬产道和软产道狭窄。多发生于牛和猪，其他家畜少见。

病因　硬产道狭窄多发生于猪，常用于骨质疏松等原因造成的骨盆骨折及骨质异常增生而形成。驴产骡子和肉牛与黄牛杂交，胎儿相对过大时，产道相对狭窄，造成分娩困难。

软产道狭窄主要是子宫颈、阴道前庭和阴门狭窄。多见于牛，尤其是头胎分娩时，往往产道开张不全，或由于早产，也可能由于雌激素和松弛素分泌不足，致使软产道松弛不够。此外，牛子宫颈的肌肉较发达，分娩时需要较长时间才能充分松弛开张。这些都属于开张不全，临床上比较多见。而由于以往分娩时或手术助产及其他原因，造成子宫颈和阴道的损伤，使子宫颈形成疤痕、阴道发生粘连、愈着，以致分娩时产道不能充分开张。

症状　硬产道狭窄一般开口期正常，产力也正常，但产出期延长，不见产出胎儿。此时，只有通过产道和直肠检查方能确诊。软产道狭窄的病例中，子宫颈狭窄者母畜产力正常，进入产出期后久不破水，或破水后不见胎儿前置部分露出。产道检查发现子宫开张不全，肌肉层较厚，但厚薄均匀，胎儿前置部分被子宫颈紧紧裹住。在前庭和阴门狭窄的母畜，一般阴门松弛不够，产出期胎儿前置部分（蹄尖或两肢和鼻端）露于阴门之外，被前庭和阴门紧紧包住，母畜虽强烈努责也不能将胎儿产出。子宫颈有疤痕时，分娩时不能扩张，产道检查子宫颈肌肉层厚薄不一，软硬不均匀。阴道粘连，大多在配种时即可发现。

治疗　硬产道狭窄及子宫颈有疤痕时，一般不能从产道分娩，只能及早实行剖腹产术取出胎儿。轻度的子宫开张不全，可通过慢慢的牵拉胎儿机械的扩张子宫颈，然后拉出胎儿。前庭和阴门狭窄时，可向产道灌注滑润剂后缓慢的强行拉出胎儿。拉出胎儿时注意保护会阴防止撕裂。

二、胎儿异常引起的难产

（一）胎儿过大 胎儿过大是指母畜的骨盆及软产道正常，胎位、胎向及胎势也正常，由于胎儿发育相对过大，不能顺利通过产道而言。各种家畜均可发生，尤其是杂交改良过程中颇为多见。

病因 可能是由于母畜或胎儿的内分泌机能紊乱所致，母畜的怀孕期过长，使胎儿发育过大，多胎动物在怀胎数目过少时，有时也有胎儿发育过大而造成难产的。

驴怀骡子一般胸部比较宽大，两髋骨外角宽，头大肢体管围粗，头颈、躯干和四肢均较怀驴胎长而粗大，因而也形成产出困难。

助产方法 胎儿过大的助产方法，就是人工强行拉出胎儿，其方法同胎儿牵引术。强行拉出时必须注意，尽可能等到子宫颈完全开张时进行；胎位、胎向及胎势异常的，待矫正后再拉出；强行拉出时，必须配合母畜努责，用力要缓和，通过边拉边扩张产道，边拉边上下左右摆动或略为旋转胎儿。在助手配合下交替牵拉前肢，使胎儿肩围、骨盆围，呈斜向通过骨盆腔狭窄部，勿过快过猛；骡胎胸部深大，可向胸侧折叠肋软骨以缩小胸深，胎儿产出后可自然恢复。拉出胎儿前向产道内灌注大量滑润剂，对保护产道，促使胎儿拉出极为重要。

强行拉出确有困难的，而且胎儿还活着，应及时实施剖腹产术；如果胎儿已死亡，则可施行截胎术。

（二）双胎难产 双胎难产是指在分娩时两个胎儿同时进入产道，或者同时楔入骨盆腔入口处，都不能产出。虽然楔入深度不同，但是因为是同时挤入骨盆入口或进入产道，所以都不能通过，而造成难产。

症状 可能发生在一个正生另一个倒生，两个胎儿肢体各一部分同时进入产道。仔细检查，可以发现正生胎儿的头和两前肢及另一个胎儿的两后肢，或一个胎头及一前肢和另一胎儿的两后肢等多种情况，但在检查时，必须排除双胎畸形和竖向腹部前置胎儿。

助产方法　双胎难产助产时要将后面一个推回子宫，牵拉外面的一个，即可拉出。胎位异常的，手伸入产道将胎儿推入子宫角，将另一个再导入子宫颈即可拉出。但是，在操作过程中要分清胎儿肢体的所属关系，用附有不同标记的产科绳各捆住两个胎儿的适当部位，以免推拉时发生混乱。在拉出胎儿时，应先拉进入产道较深的或在上面的胎儿，然后再拉出另一个胎儿。

（三）胎儿姿势不正

1.胎头姿势不正　分娩时两前肢虽已进入产道，但是胎儿头发生了异常。如胎头侧转、后仰、下弯及头颈扭转等，其中以胎头侧转，胎头下弯较为常见。

诊断　胎头侧转时，可见由阴门伸出一长一短的两前肢，在骨盆前缘可摸到转向一侧的胎头或颈部，通常头是转向伸出较短前肢的一侧。胎头下弯时，在阴门处可见到两蹄尖，在骨盆前缘胎儿头向下弯于两前肢之间，可摸到胎头下弯的颈部。

助产方法　徒手矫正法，适用于病程短，侧转程度不大的病例。矫正前先用产科绳拴住两前肢，然后术者手伸入产道，用拇指和中指握住两眼眶或用手握住鼻端，也可用绳套住下颌将胎儿头拉成鼻端朝向产道，如果是头顶向下或偏向一侧，则把胎头矫正拉入产道即可（图13—18）。

器械矫正法：徒手矫正有困难者，可借助器械来矫正。用绳导把产科绳双股引过胎儿颈部拉出与绳的另端穿成单滑

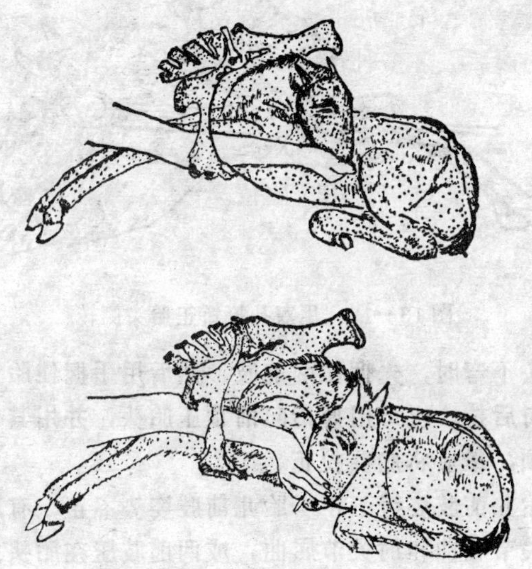

图 13—18 徒手矫正胎头侧转

结，将其中一绳环绕过头顶推向鼻梁，另一绳环推到耳后。由助手将绳拉紧，术者用手护住胎儿鼻端，助手按术者指意向外拉，术者将胎头拉向产道。

马、牛等大家畜胎头高度侧转时，往往用手摸不到胎头，须用双孔挺协助，先把产科绳的一端固定在双孔挺的一个孔上，另一端用绳导带入产道，绕过头颈屈曲部带出产道，取下绳导，把绳穿过产科挺的另一孔。术者用手将产科挺带入产道，沿胎儿颈椎推至耳后，助手在外把绳拉紧并固定在挺柄上，术者手握住胎儿鼻端，然后在助手配合下把胎头矫正后并强行拉出（图13—19）。

无法矫正时，则实施截头术，然后分别取出胎儿头及躯体。

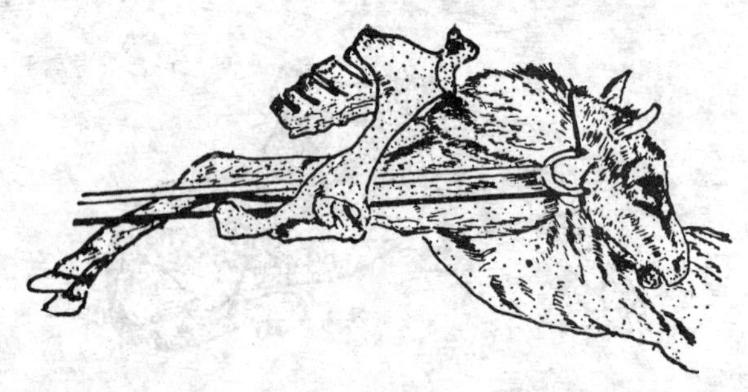

图 13—19　用双孔挺矫正胎头侧转

胎头下弯时，先捆住两前肢，然后用手握住胎儿下颌向上提并向后拉。也可用拇指向前顶压胎头，并用其他四指向后拉下颌，最后将胎头拉正。

2.胎儿前肢姿势不正　胎儿前肢姿势不正，有腕关节屈曲、肩关节屈曲和肘关节屈曲，或两前肢压在胎头之上等。临床上常见者为一前肢或两前肢腕关节屈曲，其他异常姿势较少见。

诊断　一侧腕关节屈曲时，从产道伸出一前肢，两侧腕关节屈曲时，则两前肢均不见伸出产道。产道检查，可摸到正常的胎头和弯曲的腕关节。肩关节屈曲时，前肢伸入胎儿腹侧或腹下，检查时，可摸到胎头和屈曲的肩关节。有时胎头进入产道或露出于阴门，而不见前肢或蹄部。

助产方法　腕关节屈曲时，先将胎儿推回子宫，在推的同时术者用手握住屈曲的肢体的掌部，一面尽力往里推一面往上抬，再趁势下滑握住蹄部，在趁势上抬的同时，将蹄部拉入产道（图13—20)。另外，也可用产科绳捆住屈曲前肢的系部，再用手握住掌部，在向内推的同时，由助手牵拉产科绳，拉至一定程度时，术者转手拉蹄子，协助矫正拉出（图

13—21)。如果胎儿已死亡，可实施腕关节截断术。

肩关节屈曲，有时不进行矫正也可以拉出，如果拉出有困难，可先拉前臂下端，尽力上抬，使其变成腕关节屈曲，然后再按腕关节屈曲的方法进行矫正。如仍无法拉出，且胎儿已死亡，可实施一前肢截除术，再拉出胎儿。

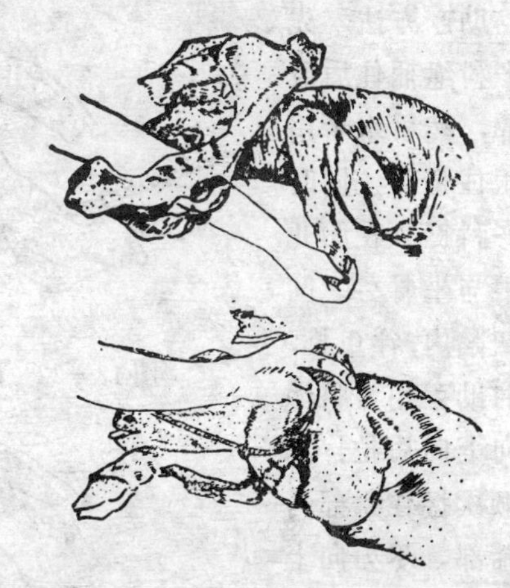
图 13—20　腕关节屈曲徒手矫正法

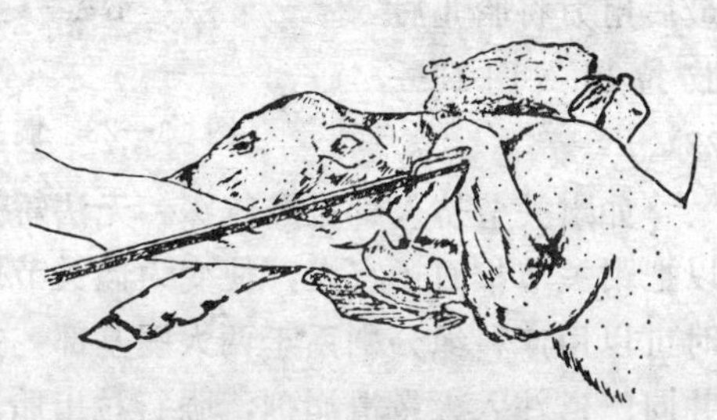
图 13—21　腕关节屈曲用产科绳矫正法

3.胎儿后肢姿势不正　在倒生时，有跗关节屈曲和髋关节屈曲两种，临床上以一后肢或两后肢的跗关节屈曲较为多见。

诊断　两侧跗关节屈曲时，在阴门处什么也看不到，产道检查，可摸到屈曲的两个跗关节、尾巴及肛门，其位置可能在耻骨前缘，或与臀部一齐挤入产道内。一侧跗关节屈曲时，常由产道伸出一蹄底向上的后肢。产道检查，可摸到另一后肢的跗关节屈曲，并可摸到尾巴及肛门。

助产方法　先用产科绳捆住后肢跗部，然后术者用手压住臀部，同时用产科挺顶在胎儿尾根与坐骨弓之间的凹陷内，往里推，同时助手用力将绳子向上向后拉，术者顺次握住系部乃至蹄部，尽力向上举，使其伸入产道，最后用力将胎儿后肢拉出（图13—22）。

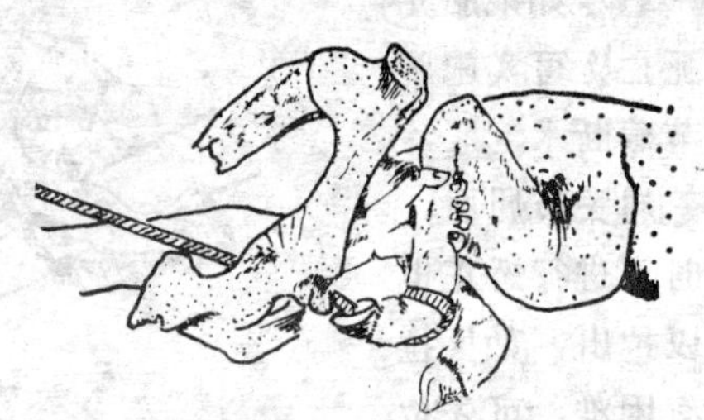

图 13—22　跗关节屈曲整复法

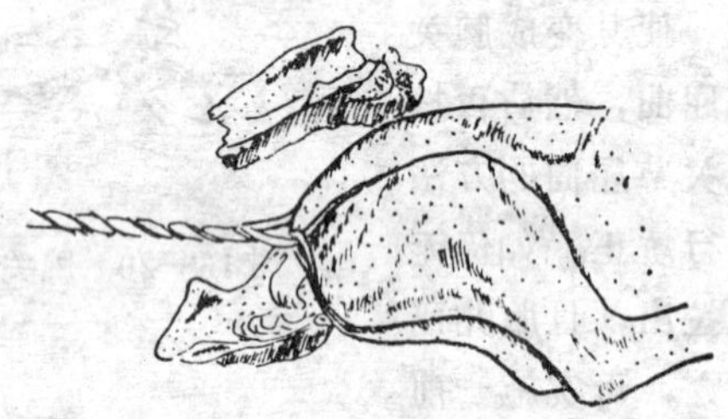

图 13—23　髋关节屈曲整复法

如跗关节挤入骨盆腔较深。无法矫正且胎儿过大时，可以把跗关节推回子宫内，使变为髋关节屈曲（坐骨前置），此时可以用产科绳分别系于两大腿基部，并将绳子扭在一起，并向产道注入大量滑润剂，强行拉出胎儿（图13—23）。

如果前法无效或胎儿已死亡时，则实行截胎术，再拉出胎儿。

4.胎位不正　分娩时无论是正生或倒生，胎儿均可能因为胎儿死亡或活力不强，对产出没有反应或反应微弱，或阵缩微弱及阵缩过早，来不及反应而形成胎位不正，呈下位或侧位，造成难产。

（1）下胎位　有正生下位和倒生下位两种。

诊断　正生下位时，阴门露出两个蹄底向上的蹄子，产道检查可摸到腕关节、口、唇及颈部等。倒生下位时，阴门露出两个蹄底向下的蹄子。产道检查可摸到跗关节、尾巴，甚至脐带，即可确诊（图13—24）。

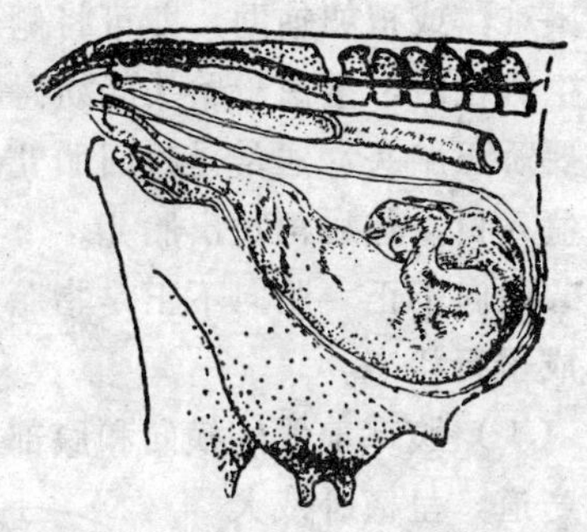

图 13—24　倒生下胎位

助产方法　上述两种下位，均需将胎儿的纵轴作180°的回转，使其变为上位，或轻度侧位，再实行强行拉出。或者由术者先固定住胎儿，然后翻转产畜，以期达到使下位变为上位的目的，不过这样矫正难度较大。如矫正无效，应及时施行剖腹产术。

（2）侧胎位　有正生和倒生两种侧胎位。

诊断　正生侧胎位时，两前肢以上下的位置伸出于阴门外，产道检查，可摸到侧胎位的头和颈（图 13—25）；倒生时，则两后肢以上下的位置伸出于阴门外，产道检查，可摸到胎儿的臀部、肛门及尾部。

助产方法：倒生时的侧位，胎儿两髋结节之间的距离较

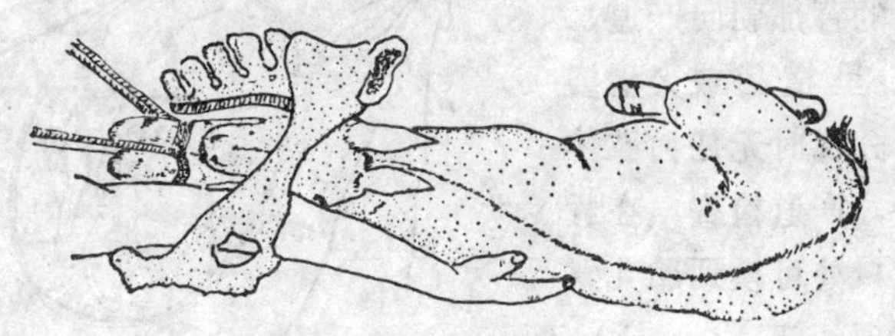

图 13—25　正生时侧胎位

母畜骨盆入口的垂直径短，所以胎儿的骨盆进入母畜骨盆腔并无困难，或稍加辅助，即可将侧位胎儿变为上位而拉出。但正生侧位时，常由于胎头的妨碍，而难以通过骨盆腔，所以需要矫正胎头，通常是推回胎儿，握住眼眶，将头扭正拉入骨盆入口，然后再拉出胎儿。

5.胎向不正　胎向不正是指胎儿身体的纵轴与产畜的纵轴不成平行状态。

（1）腹部前置的横向和腹部前置的竖向：即胎儿腹部朝向产道，呈横卧或犬坐姿势。分娩时，两前肢或两后肢伸入产道，或四肢同时进入产道。

助产方法　先用产科绳拴住两前肢往外拉，同时将后肢及后躯推回子宫，使其变为正常胎位，而后强行拉出（图13—26）。

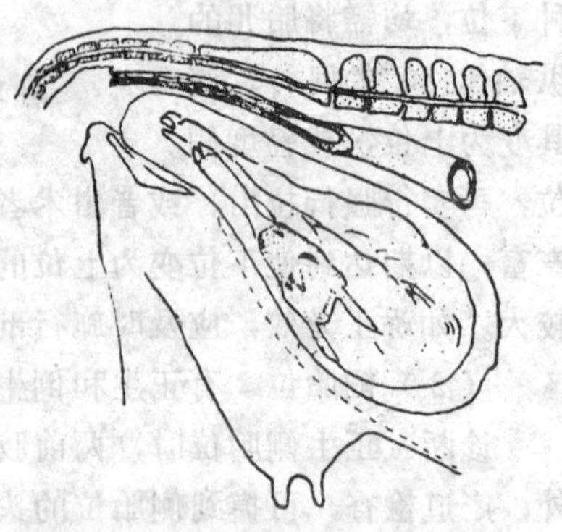

图13—26　腹部前置的横向

（2）背部前置横向和背部前置竖向：即胎儿的背部朝向产道，胎儿呈横卧或犬坐姿势，分娩时无任何肢体露出，产道检查，在骨盆入口处可摸到胎儿背部或项颈部。

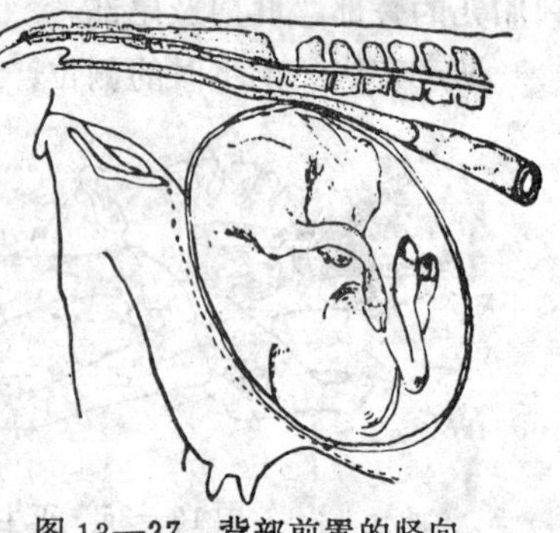

图13—27　背部前置的竖向

助产方法：将产科

绳拴住胎儿头部往外拉，同时将后躯向里推，或将后躯往外拉，将前躯向里推，使其变为正生下位或倒生下位，再行矫正拉出（图13—27）。

胎向不正一般较少发生，一旦发生矫正和助产也很困难，应及早实施剖腹产手术。

第四节　产后期疾病

一、产道损伤　产道损伤是母畜在分娩过程中所发生的软产道，包括子宫、子宫颈、阴道、阴门的损伤。本病发生于各种家畜，尤以产道狭窄的初产畜较为常见。

病因　主要由于产道狭窄，胎儿过大，胎位和胎势不正。产道干燥时强行拉出胎儿，以及助产时使用产科器械失误而损伤产道。此外实施截胎术时，对胎儿骨骼的断端处理或保护不好，都可能使产道受到损伤。

症状　病畜表现不安，尾根经常举起，频频摇尾，拱背、努责，往往有阴门损伤及阴唇肿胀。

产道检查，可发现损伤的部位及损伤的程度。轻者仅粘膜损伤，粘膜下发生血肿，如子宫颈损伤，常伴有出血，损伤严重者常造成阴道壁破裂。子宫破裂常出现全身症状。

治疗　如胎衣尚未排出时，应先设法取出胎衣，然后再使用子宫收缩药及局部止血药。

1.轻度的阴道损伤，可涂碘甘油，或先用0.1%高锰酸钾溶液冲洗，再涂磺胺软膏或油剂青霉素。

2.如有大出血时，宜先结扎血管，并及时使用止血药。

3.当阴道壁发生破裂时，应用消毒药液冲洗后，缝合破裂口。此外，采取对症治疗。

二、胎衣不下 家畜在分娩以后，胎衣在正常时间以内未能排出，称为胎衣不下。胎儿娩出以后，胎衣正常排出的时间是：猪1小时；牛12小时；羊4小时；马1.5小时以内。本病各种家畜均可发生，但多发生于牛，特别是奶牛，其次是马和山羊。

病因 引起胎衣不下的原因很多，但直接的原因不外以下两种：

1.产后子宫收缩无力 主要是因为在怀孕后期劳役过度或运动不足，饲料中缺乏矿物质、维生素，年老体弱，过于肥胖，过于瘦弱，从而导致子宫收缩无力，引起胎衣不下。

2.胎盘的炎症 母畜在怀孕期中，由于子宫内膜或胎膜发生炎症，使母体胎盘与胎儿胎盘之间发炎，使正常的联系被破坏，而发生粘连。因此，即使子宫收缩有力，胎衣也不容易脱落。

此外，患布氏杆菌病、结核等疾病的过程中，往往引起胎衣不下。

症状 牛胎衣全部不下时，可见由阴门脱出部分胎衣，或全部停滞于子宫内。病畜拱背，频频努责。滞留的胎衣经24—48小时发生腐败，腐败的胎衣碎片随恶露排出，腐败分解产物经子宫吸收后，可发生全身中毒症状，即食欲及反刍减退或停止，体温升高，奶量剧减，瘤胃活动弛缓。部分胎衣不下的病例，可并发子宫内膜炎或败血症。

马胎衣不下超过半天，即出现全身症状，表现腹痛不安，精神沉郁，食欲减退，体温升高，脉搏、呼吸加快。如果努责剧烈可能发生子宫脱出。部分胎衣不下，要通过检查排出的胎衣来发现，部分胎衣不下时，可能引起子宫内膜炎。

羊胎衣不下的症状和牛大致相同，绵羊有时不发生任何并发症而告痊愈。山羊对胎衣不下耐受性小，全身症状严重，病程急骤，常继发败血症而死亡。

猪的胎衣不下较少见，多为部分不下。病猪起卧不安，体温升高，喜饮水，阴道内流出暗红色液体。部分胎衣不下时，常并发化脓性子宫内膜炎或败血症。

治疗　根据动物种类的不同及胎衣停滞的时间，采取不同的措施。一般来说早期手术剥离较为安全可靠。

1.药物疗法　其目的在于促进子宫收缩，使胎儿胎盘与母体胎盘分离，促进胎衣排出。可肌肉或皮下注射垂体后叶素马、牛50—80单位；猪、羊5—10单位，2小时后重复注射一次。或麦角新碱马、牛2—5mg；猪、羊0.2—0.4mg，也可用乙烯雌酚。静脉注射5％—10％氯化钠溶液200—300ml。

牛灌服羊水300ml，也可促进子宫收缩，灌服后经4—6小时胎衣即可排出，否则重复灌服一次。

为了促使胎儿胎盘与母体胎盘分离，可向子宫粘膜与胎膜之间注入5％—10％氯化钠溶液3000ml,猪、羊等小动物减量。

为预防胎盘腐败及子宫感染，及早用消毒药液如0.1％雷夫奴尔或0.05高锰酸钾溶液冲洗子宫，并向子宫粘膜与胎膜之间放入金霉素胶囊3—4个或其他抗生素类药物，每日冲洗1—2次直至胎盘碎片完全排出，这对猪、羊尤为重要。否则，常因胎盘腐败而引起败血症。

2.手术剥离

（1）术前准备：病畜取前高后低站立保定，尾巴缠尾绷带拉向一侧，用0.1％新洁尔灭溶液洗涤外阴部及露在外面的胎膜。向子宫内注入5—10%的氯化钠溶液2000—3000ml，如果母畜努责剧烈可行腰荐间隙硬膜外腔麻醉。

术者按常规准备，戴长臂手套并涂灭菌滑润剂。

（2）手术剥离

牛的剥离方法：先用左手握住外露的胎衣并轻轻向外拉紧，右手沿胎膜表面伸入子宫内，探查胎衣与子宫壁结合的状态，而后由近及远逐渐螺旋前进，分离母子胎盘。剥离时用中指和食指夹住子叶基部，用拇指推压子叶顶部，将胎儿胎盘与母体胎盘分离开来。剥离子宫角尖端的胎盘比较困难，这时可轻拉胎衣，再将手伸向前方迅速抓住尚未脱离的胎盘，即可较顺利的剥离。在剥离时，切勿用力牵拉子叶，否则会将子叶拉断，造成子宫壁损伤，引起出血，而危及母畜安全。

胎衣剥完之后，如胎衣发生腐败，可用0.1%高锰酸钾溶液或0.1%雷夫奴尔溶液冲洗子宫，待完全排出后，再向子宫内注入抗生素类药物，以防子宫内感染。

马对胎衣的腐败分解产物很敏感，容易引起中毒，所以在分娩后，经过2小时胎衣没有排出即应着手剥离。剥离的方法是：在绒毛膜与子宫粘膜之间，逐渐向前移动手指，将绒毛膜与腺窝分开，并用手将胎衣轻轻拉出，或者用两手握住露出的胎衣，逐渐拉紧向外将胎衣拉出来。

猪的胎衣不下，不能实施剥离手术，可皮下注射脑垂体后叶素30—50单位。

羊发生胎衣不下时，如果手能通过阴道进入子宫，可按照牛的剥离方法进行。如手已不能伸入子宫剥离时，可皮下注射脑垂体后叶素30—50单位，每隔12小时1次。并配合子宫内灌注0.1%高锰酸钾或雷夫奴尔溶液。

预防　加强饲养管理，增加怀孕后期的运动和光照，给予富含蛋白质、矿物质、维生素的饲料，增强家畜体质。牛、羊要定期检疫、预防注射以减少本病的发生。

三、子宫脱出　子宫脱出是指子宫的部分或全部经由子宫颈、阴道脱出于阴门之外。本病主要发生于牛和山羊，绵羊、马和猪也有发生。

病因　常由于怀孕母畜运动不足，矿物质缺乏、劳役过度，营养不良等，使骨盆韧带及会阴部结缔组织弛缓无力，亦可由于胎儿过大，胎水过多，造成韧带持续伸张而造成子宫脱出。此外，怀孕末期或产后家畜处于前高后低的厩床，努责过强，使腹压增大亦可引起。在难产、助产失误以及胎衣不下剥离时强力牵拉，或在露出的胎衣上系上过重之物等，都会导致本病的发生。

症状　子宫完全脱出后，子宫内膜翻转在外，粘膜呈粉红色、深红色到紫红色不等。牛、羊可见到脱出子宫上有许多子叶，马的子宫粘膜呈紫红色。猪的子宫角很长，脱出后类似肠管样拖在地上，呈紫红色，粘膜上有横皱襞，容易擦破或被踩破。

子宫脱出后，血液循环受阻，子宫粘膜发生水肿和瘀血，粘膜变脆，极易损伤，有时发生高度水肿，子宫粘膜常被粪土草渣污染。病畜表现不安，拱腰，努责，排尿淋漓或排尿困难，一般不表现全身症状。脱出时间久之，粘膜发生干燥、龟裂乃至坏死。如肠管进入脱出的子宫腔内，则出现疝痛症状。子宫脱出时如卵巢系膜及子宫扩韧带被扯破，血管断裂，则表现贫血现象。

治疗　子宫脱出后应及时整复，越早越好。否则，子宫肿胀，损伤污染严重，造成整复困难而预后不佳。

保定　站立保定，取前低后高姿势。

麻醉　为减少努责，可肌肉注射盐酸氯丙嗪或实施腰荐间隙硬膜外腔麻醉。

清洗脱出子宫　用0.5%高锰酸钾溶液或0.1%雷夫奴尔溶液，将脱出子宫洗净，清除粪便、草屑、泥土等污物。如有出血，应进行缝合、结扎止血。如果水肿严重，可用针刺破挤出，也可用2%明矾溶液浸泡、湿敷。

整复　应由助手2人用消毒过的大搪瓷盘或塑料桌布将子宫托起与阴门同高，术者先由脱出的基部向里逐渐推送，在努责时停止推送，并用力加以固定以防再脱出。不努责时小心的向内整复，待大部分送回之后，术者用拳头顶住子宫角尖端，趁母畜不努责时，用力小心的向里推送，最后使子宫展开复位。然后向子宫内投入抗生素胶囊。

为防止再脱出，整复后令患畜于前低后高的厩床上，阴门作几针扭孔状缝合。或用阴户压定器、空酒瓶等加以固定，为减轻努责，可于腰荐间隙硬膜外腔麻醉。

当子宫脱出已久，有坏死或损伤严重时，可施行子宫切除术。其方法是先在一侧子宫角基部作一切口，检查其内有无肠管及膀胱脱出，如有则将其送回。然后在距子宫颈10—15cm处用细尼龙绳或线绳作双套结结扎，于线扎后方3cm处切除子宫，经充分止血后，送回阴道。为防止再脱出，对阴门作几针扭孔状缝合。

预防　怀孕母畜要合理使役，加强饲养管理，产前1—2个月停止使役，合理运动。助产时要操作规范化，牵拉胎儿不要过猛过快。胎衣不要系过重物体。分娩后要注意观察母畜，如有不安、努责等现象，应详细检查及时处理。

四、生产瘫痪　生产瘫痪是母畜在分娩后突然发生的一种急性而且严重的代谢机能紊乱的疾病，以咽、舌、肠道麻痹、知觉丧失及四肢瘫痪为特征。本病主要发生于营养良好的高产奶牛，奶羊有时也会发生。

病因　本病的病因及发病机理目前尚不十分清楚，但一般都认为本病与血液中钙和糖的含量急剧下降有关。产后大量的钙质进入初乳，是血钙浓度急剧下降的主要原因，病牛丧失的钙量超过了它能从肠道吸收和骨骼动用的数量总和，就会发病。据测定产后健康牛血钙含量为8.6—11.1mg%平均为10mg%左右，病牛则下降到3.0—7.76mg%。与此同时，血液中磷的含量也减少，可能是由血钙降低所致。此外，副甲状腺机能障碍，也会影响体内钙质的平衡。而且糖降低则是由于胰腺活动增强的结果。

另外，也有学者认为是母牛分娩后，乳腺迅速膨大和泌乳，使血钙骤然减少和产后血压降低等双重原因，而使大脑皮质发生抑制的结果。

症状　牛发生生产瘫痪时，表现的症状不尽相同，可分为典型性和非典型性两种。

典型性生产瘫痪，症状发展很快，从开始发病到典型症状表现出来，整个过程不超过12小时。表现突然发病，初期通常是食欲减退或废绝，反刍、瘤胃蠕动及排粪排尿停止。奶量减少，精神沉郁，表现轻度不安。不愿走动，后肢交替踏脚，后躯摇摆，好似站立不稳；四肢（有时其他部分）肌肉震颤。有些病例，与以上的抑制症状相反，开始时表现暂短的不安，出现惊慌、哞叫、凶暴、目光凝视等兴奋和过敏症状；头部和四肢痉挛，不能保持平衡。所有的病例一开始鼻镜即变干燥；四肢及身体末端变冷，皮温降低，但有时出汗。呼吸变慢，体温正常或稍低于正常。

初期症状发生不久（多为1—2小时），病畜即表现出本病的瘫痪症状。后肢开始瘫痪，不能站立，由于病畜挣扎站立，而遍体出汗，颈部尤多，肌肉战抖。随之便出现意识抑制和知觉丧失的特征症状。病牛昏睡；眼睑反射微弱或消失，眼球干燥，瞳孔散大，对光线刺激无反应；皮肤对疼痛刺激无反应。肛门松弛，反射消失。心音减弱，节律加快，每分钟达80—120次；脉搏微弱，难以触摸。由于咽喉麻痹，口内唾液积聚，舌头外垂，呼吸带啰音。

病牛卧下时呈现一种特征姿势，取伏卧，四肢屈于躯干之下，头向后弯至胸部一侧。随着病程的进展，体温逐渐下降，最低可降至35—36℃。临死前处于昏迷状态。

非典型性生产瘫痪，临床上较多见，其症状除瘫痪外，特征是头颈姿势很不自然，头颈至鬐甲呈一轻度的S状弯曲。病牛精神极度沉郁，但不昏睡。食欲废绝，各种反射减弱，但不完全消失，病牛有时能勉强起立，但站立不住，且行动困难，步态摇摆。体温一般正常。

羊的生产瘫痪多发生在产羔后1—3天，多为非典型症状，大体与牛相同。

猪多在产后数小时发病，但产后2—5天内都是多发期。症状大致和牛相似。

治疗　牛患生产瘫痪的病进展很快，如不及时治疗，50％—60％的病畜在12—48小时以内死亡，如果治疗及时而正确，90％以上的病牛可以痊愈或好转。因此，治疗越早，痊愈越快。

静脉注射钙制剂，是治疗生产瘫痪的基本疗法，常用的是静脉注射20—25％硼葡萄糖酸钙溶液500ml。注射后6—12小时病牛如无反应，可重复注射，最多不能超过3次。第二次治疗时可同时注入等量的40％葡萄糖溶液，15％磷酸钠溶液 200ml及15％硫酸镁溶液 200ml。

乳房内注入空气，有良好的效果。即用乳房送风器或连续注射器，通过插入的乳头导管将空气打入每个乳房，输入量以乳房的皮肤紧张乳腺基部的边缘清楚并且变厚，轻敲乳房时产生鼓音为准。输入后可用手指轻轻捻转乳头肌，并用纱布条扎住乳头，以防溢出，过1—2小时后解除。大多数病例，打入空气约半小时，即能痊愈。

在使用上述疗法的同时，注意对症治疗，如强心剂，穿刺治疗瘤胃臌气及其他辅助疗法。严禁口服投药。

羊和猪生产瘫痪可参照牛的治疗方法进行，治疗的同时应加强护理。

预防　母牛产前应适当减少日粮中钙的摄入量，饲喂含低钙高磷的饲料。这样可以激活甲状旁腺的机能，从而提高吸收钙和动用钙的能力。为此可以增加谷物饲料减少豆科饲料，钙磷比例保持在1.5:1至1:1之间。在临产及分娩之后即增加钙的饲喂量。

此外，应加强饲养管理，提高机体抵抗力，产后不要立即挤奶，产后 3 天之内不要将初乳挤的太净，对预防本病都有一定作用。

五、子宫内膜炎　子宫内膜炎是子宫粘膜的浆液性、粘脓性或脓性炎症。有急性、慢性之分，发生于各种家畜，往往是母畜不孕的主要原因之一。

病因　分娩过程中或产后期中由于病原微生物的侵入感染而引起。子宫粘膜的损伤及母畜抵抗力降低，是促使本病发生的重要原因。此外，常继发于难产，胎衣不下、子宫脱出、子宫弛缓、产道损伤以及结核病、布氏杆菌病、副伤寒等疾病的过程中。

症状

1. 急性子宫内膜炎　病畜食欲减退，体温升高，拱背，尿频，不时努责，从阴门中排出灰白色的，含有絮状物的分泌物或脓性分泌物，卧下时排出量较多。

阴道检查，子宫颈外口肿胀、充血，有时可以看到渗出物自子宫颈流出，严重的病例出现全身症状。

直肠检查，子宫角增大，子宫呈面团样感觉，如果渗出物多时则有波动感。

2. 慢性子宫内膜炎　其特征是性周期不正常，有时虽有发情，但多次配种而不受孕。

阴道检查，可见粘膜充血，并不断排出透明而带絮状物的粘液。

慢性化脓性子宫内膜炎，病畜往往表现全身症状，患畜逐渐消瘦，阴唇肿胀，从阴门中流出黄白色或黄色的粘液性或脓性分泌物。

阴道检查，可见子宫颈外口充血，并粘附有脓性絮状粘液，子宫颈张开，有时由于子宫颈粘膜肿胀，组织增生而变狭窄，脓性分泌物积聚于子宫内，称为子宫积脓。

直肠检查，子宫壁松弛，厚薄不均，收缩迟缓。当子宫积脓时，子宫体及子宫角明显增大，子宫壁紧张而有波动。

治疗　消除炎症，防止扩散，促进子宫机能恢复。

洗涤子宫是治疗本病的基本措施。马的子宫洗涤比较容易，牛则比较困难。冲洗时要在子宫颈开张的情况下进行，而且要根据不同情况采取不同措施。

1. 对急、慢性粘液性子宫内膜炎，可用温热的1%氯化钠溶液1000—5000ml，用子宫洗涤器反复冲洗，直至排出液透明为止。然后经直肠按摩子宫，排除冲洗液，放入抗生素或其他消炎药物，每日冲洗一次，连续2—4次。

2.急性子宫内膜炎，宜在配种前1—2小时，用温生理盐水或碳酸氢钠葡萄糖溶液（氯化钠1g、碳酸氢钠3g、葡萄糖90g、蒸馏水1000ml）300—600ml冲洗子宫，或直接向子宫内注入青霉素80—120万单位。有益于提高受胎率。

3.慢性子宫内膜炎　可用温热的3—5%氯化钠溶液冲洗子宫，也可用3%过氧化氢溶液250—500ml冲洗，经1—1.5小时后，再用温热的1%氯化钠冲洗，而后向子宫内注入抗生素药物。

4.化脓性子宫内膜炎　可采用0.5%高锰酸钾溶液、0.1%雷夫奴尔溶液、0.2%新洁尔灭溶液冲洗子宫，而后注入青霉素80—120万单位。

在局部治疗的同时，注意全身治疗及对症治疗。可应用抗生素及磺胺类药物疗法，强心、利尿、解毒等。

预防　对怀孕母畜应给予营养丰富的饲料，给以适当运动，增强体质及抗病能力。助产时应按规范化进行。胎衣不下时要及时处理，在实施人工授精、分娩、助产及产道检查时，要严格消毒，分娩后厩舍要保持清洁、干燥，预防子宫内膜炎的发生。

六、产后感染　产后感染是发生在产后期，由于产道严重感染而继发的全身性热性疾病，病程发展迅速，如不及时治疗，患畜常在2—7天死亡。本病主要是由微生物及其毒素侵入血液循环而引起的，各种家畜均可发生。

病因　本病主要由于难产、胎儿腐败、助产不当、胎衣不下及软产道受到损伤和感染而引起。或由于子宫炎、子宫颈炎及阴道炎所继发。子宫脱出、子宫复旧不全以及化脓性坏死性乳房炎，产后机体抵抗力降低的情况下也可促使本病的发生。

致病菌主要是溶血性链球菌、葡萄球菌、化脓棒状杆菌及大肠杆菌等，而且多为混合感染。产后机体抵抗力降低，是引起本病的重要条件。

症状 马、驴和山羊多为急性经过，牛则多为亚急性。本病发生后，除产道、子宫的局部炎症外，主要表现严重的全身症状。体温升高至40—41℃，呈稽留热。精神沉郁，食欲废绝，但喜饮水。脉搏快而弱，呼吸浅表，牛、羊反刍停止，泌乳骤减或停止。

病畜常表现腹膜炎症状，腹壁收缩，触诊敏感，排粪苦闷，随着病情的发展，出现腹泻，粪便常有腥臭味。

如产道内有化脓性腐败性病变，则从阴门流出带褐色、恶臭的分泌物并含有组织碎片。

治疗 治疗原则是：及时治疗原发病，消灭和抑制感染源，增强机体抵抗力，加强对症治疗。

1.彻底处理生殖器官的损伤和炎症病灶，可分别按子宫内膜炎、阴道炎及产道损伤的治疗方法治疗原发病。但禁止冲洗子宫，尽量减少对子宫和产道的刺激，以免感染扩散，病情恶化。为了排除子宫内残留的胎盘和渗出物，可肌肉注射垂体后叶素或催产素，用子宫洗涤器导出子宫内容物，并向子宫放入金霉素胶囊或注入青霉素和链霉素80万单位。

2.药物治疗 早期宜大剂量应用抗生素类药物，按规定使用，直至体温恢复正常。可肌肉注射青霉素100—200万单位和链霉素 2—4g，或静脉注射四环族抗生素，必要时可采用抗生素与磺胺类药物联合应用，以增强疗效。

为了促进血液中有毒物质的排除和维持体液电解质平

衡，补充血容量，增强机体抵抗力，可进行输血及补液，静脉注射5%葡萄糖生理盐水，同时使用大剂量的维生素 B 和 C。

为了加强肝脏的解毒功能，防止酸中毒，可静脉注射高渗葡萄糖溶液 500—1000ml，5%碳酸氢钠溶液300—500ml，每日 1 次。另外静脉注射10%氯化钙150ml，或10%葡萄糖酸钙溶液 200—300ml，对本病也有一定的辅助作用。

根据病情及机体状态，积极采取强心、利尿、止泻等对症治疗。

第五节　卵巢疾病

一、卵巢机能减退及萎缩　卵巢机能减退是指卵巢机能暂时性紊乱，机能减退，性欲缺乏，久不发情，卵泡发育中途停滞等；或其机能长期衰退而引起卵巢组织萎缩。各种家畜均可发生。

病因　主要由于饲养管理不良，使役过重，利用过度，子宫卵巢疾病及全身性严重疾病等，引起家畜机体衰弱。其最明显的表现就是卵巢机能不全或发生萎缩。因此，卵巢机能不全或萎缩是各种因素综合作用的结果。近亲繁殖也常引起卵巢机能不全。

症状　主要表现为性周期紊乱，发情不定期，发情时的外表征候不明显，或出现发情而无排卵。直肠检查，卵巢上摸不到卵泡或黄体，有时一侧卵巢上有黄体残迹。

卵巢萎缩时，母畜长期不发情，卵巢往往变硬，体积显著缩小，牛的仅有黄豆大小，马的如鸽蛋大。卵巢中既无黄体又无卵泡，如果每隔一周左右检查，卵巢仍无变化，即可作出确诊。

治疗　根据机体状况及生活环境条件，全面分析，找出主要原因，采取综合措施。

1.改善饲养管理　以营养性为原因的则应给予全价饲料。畜舍要清洁、温暖、通风良好，增加放牧和日照时间，加强运动等。

2.积极治疗原发疾病　由于生殖器官疾病或其他方面的疾病所致者，必须按原发病有关治疗方法和措施进行积极治疗。

3.刺激家畜的性机能　这类方法很多，效果不一。常用者有下列几种。

（1）应用卵泡刺激素（FSH），或卵泡刺激素和黄体生成素（LH）综合应用。在牛可用卵泡刺激素100—200单位，溶于5—10ml生理盐水内，1次肌肉注射。根据病情，可注射1—3次。采用卵泡刺激素和黄体生成素综合应用时，必须于母畜发情前几天，连续注射卵泡刺激素3次，出现发情后，再肌肉注射黄体生成素一次。

（2）注射孕马血液或血清（PMS），一般用怀孕40—90天的孕马血液，可用于各种家畜，颈部皮下注射，每日一次，共注射两次。马、牛第一次为20—30ml，第二次30—40ml；羊每次5—10ml；猪每次10—15ml。采血后立即注射，否则须经处理后保存备用。

（3）采用小剂量促性腺激素或孕马血清和亲神经制剂配合应用。先注射0.1%氨甲酰胆碱2—3ml，隔24小时一次，共两次。经4—5天后注射促性腺激素或孕马血清，可完全恢复性周期，提高受精率。

（4）对于无排卵性周期，经多次输精而未受孕者，可应用黄体酮。在发情期或黄体形成期，皮下注射0.5%黄体酮2ml，间隔24小时，共注射2次。其目的是促使黄体生成素的分泌，加速排卵和黄体形成。既无排卵又无性欲的牛，可注射黄体酮3次，两天注射一次，每次100mg，第八天注射孕马血清或促性腺激素和氨甲酰胆碱。卵巢机能减退同时又有子宫弛缓时，须应用脑垂体后叶素，牛一次皮下注射5—6单位/100kg体重。每日一次，连续3—5天。

（5）为刺激母畜性机能，可肌肉注射牛胎盘组织液30—50ml，隔日一次，共3次。

除上述治疗方法外，还可选用冲洗子宫，按摩子宫颈和卵巢，按压卵巢血管，注射人工动情素等方法。

预防　应从饲养管理方面着手，改善饲料成分，增加矿物质和维生素的含量，合理使役，注意运动等。

二、持久黄体　在性周期或分娩后的卵巢中黄体超过25—30天不消退者，称为持久黄体。持久黄体分泌助孕素，抑制卵泡发育，使发情周期停止，本病多见于乳牛。

病因　主要原因是由于不平衡的饲养，过肥或过瘦，维生素缺乏或矿物质不足，造成新陈代谢障碍，内分泌机能紊乱。由此而引起的脑下垂体前叶分泌卵泡刺激素不足，黄体生成素过多，招致卵巢上的黄体持续时间超过正常时间，发生滞留。此外，在子宫内膜炎、子宫积脓、子宫内有死胎、产后子宫复旧不全、子宫肿瘤等疾病的过程中，都会使黄体不能及时吸收，而成为持久黄体。

症状　主要特征是性周期停止，不发情。直肠检查，可发现一侧或两侧卵巢增大，黄体突出于卵巢表面，呈绿豆大到黄豆大，比卵巢实质稍硬。间隔一段时间反复检查，该黄体的位置、大小及形状不变。

治疗　消除病因，改善饲养管理，增加运动，增加维生素及矿物质饲料，减少挤乳量。促使黄体退化或机械地挤掉黄体。

为了活化黄体的退化过程，可以肌肉注射卵泡刺激素100—200单位（相当于10—20mg）溶于5—10ml生理盐水中，每隔3日1次，三次为一疗程；胎盘组织液每次皮下注射20ml，每隔5天1次连续4次为一疗程；前列腺素肌肉注射5—10mg（牛），马2.5—5mg。

此外，还可应用孕马血清、乙烯雌酚、苯甲酸求偶二醇等。

通过直肠挤压黄体，用拇指、食指和中指握住卵巢，把卵巢放在食指和中指间，而卵巢系膜即通过二指间，用拇指在卵巢实质和黄体交界处挤压，当感到发生特征性的咯吱声，即将黄体挤掉。

三、卵巢囊肿　在卵巢组织内未破裂的卵泡或黄体，因其本身成分发生变性和萎缩，形成一球形空腔即囊肿，前者为卵泡囊肿，后者为黄体囊肿。主要发生于马、牛，特别是奶牛。

病因　本病发生的原因目前尚未完全清楚。但是下列情况是本病发生的主要因素。

1.舍饲期间运动不足，非全价饲养，特别是以精料为主的日粮中缺乏维生素A，或有较多的糟粕、饼渣，其中酸度较高，容易发生。产后1.5个月发生者居多。

2.注射大剂量的孕马血清、人造雌酚或其他雌激素引起卵泡滞留，而发生囊肿。

3.母畜科疾病的继发症，如卵巢、子宫或其他部分的炎症、变性、胎衣不下等，使机体长期中毒，甲状腺机能下降，某些内分泌机能紊乱，发生囊肿。

4.配种季节中使役过重，长期发情不予以配种，或在卵泡发育过程中外界温度突然改变等，均可引起卵巢囊肿。

症状 卵巢发生囊肿时，因分泌过多的卵泡素（动情素），性的表现反常，长时期的有时呈不间断地发生性欲，呈慕男狂现象。这种情况多见于牛，表现高度性兴奋，经常发出如公牛的吼叫声，并经常的爬跨其他母牛，性欲特别旺盛，久之食欲减退，逐渐消瘦。病畜的荐坐韧带松弛，在尾根与坐骨结节之间出现一个凹陷。母马的慕男狂，表现为频频的而持久发情。

发生黄体囊肿时，骨盆及外阴部无变化，母畜不发情。

直肠检查，可发现卵巢增大，变为球形，有一个或数个大而有波动的卵囊，其大小在牛直径为3—7cm，在马可达6—10cm。

治疗 消除致病因素，改善饲养管理和使役条件，针对发病原因，增喂所需饲料，特别是维生素类饲料。

药物治疗，黄体生成素和绒毛膜促性腺激素的单独或联合应用。黄体生成素100—200单位溶于30ml生理盐水中，肌肉注射，连续1—3次，发情后再注射绒毛膜促性腺激素5000单位；肌肉注射黄体酮50—100mg，每日或隔日一次，连用2—7次。在治疗期间最好每日补喂碘化钾150mg，待发情后再注射垂体前叶促性腺激素（GTH）100—200单位；或静脉注射肾上腺皮质激素地塞米松10mg，隔日一次，连用3次。

手术疗法 挤破或刺破囊肿，将手伸入直肠，用中指和食指挟住卵巢系膜，固定住卵巢后，再用拇指压迫囊肿，将其挤破并按压5—10分钟，待囊肿局部形成深的凹陷，即达

止血目的。穿刺囊肿，操作较麻烦，往往由于消毒不严而招致感染，故目前不多采用。

此外，也有采用人造假妊娠的办法，即将特制的橡皮球或子宫环，从阴道直接送入子宫内，造成人为的假妊娠，促使卵巢变化产生黄体，经10天后检查效果，如有效则继续再放10天，以巩固疗效。

复习思考题

1.流产的原因及防制措施。

2.孕畜浮肿的病因及治疗方法。

3.难产的检查及手术助产的准备工作。

4.常用产科器的种类、名称及使用方法。

5.手术助产的原则和手术助产的基本方法。

6.常见难产的诊断及救助的方法。

7.胎衣不下的意义及治疗的方法。

8.子宫脱出、生产瘫痪、子宫内膜的病因、症状及治疗方法。

9.卵巢机能不全及萎缩的特征及防治。

10.持久黄体、卵巢囊肿的治疗措施。

第十四章　乳腺疾病

第一节　乳房炎

乳房炎是乳房受到机械的、物理的、化学的和生物学的因素作用而引起的炎症。按其症状和乳汁的变化，可分为临床型与非临床型两种，临床型占产乳牛中50%左右；非临床型约占乳房炎的1—25%左右。

本病是奶牛、羊的多发病，对养牛业危害极大，而且还危害人民的健康，特别是非临床型危害更大。

病因　主要是由病原微生物的感染和理化因素的刺激所引起。如链球菌、葡萄球菌、化脓棒状杆菌、大肠杆菌、结核杆菌等，其中以链球菌最为常见。病原微生物通过乳头管或创伤侵入乳房，有时也可经过血管或淋巴管而发生感染。其次是饲养管理不当，如挤奶技术不够熟练，造成乳头管粘膜损伤，垫草不及时更换，挤奶前未清洗乳房或挤奶员手不干净以及其他污物污染乳头等。此外，乳房遭受打击、冲撞、挤压、蹴踢等机械的作用，或幼畜咬伤乳头等，也是引起本病的诱因。子宫内膜炎及生殖器官的炎症亦可继发本病。

症状

1.临床型乳房炎：有明显的临床症状，乳房患病区域红肿、热痛，泌乳减少或停止，乳汁变性，体温升高，食欲不振，反刍减少或停止。根据炎症性质的不同，乳汁的变化亦有所差异。

（1）浆液性乳房炎：常呈急性经过，由于大量浆液性渗出物及白细胞游出进入乳小叶间结缔组织内，所以乳汁稀薄并含有絮片。

（2）卡他性乳房炎：乳腺腺泡上皮及其他上皮细胞变性脱落。其乳汁呈水样，并含有絮状物和乳凝块。

（3）纤维素性乳房炎：由于乳房内发生纤维素性渗出，挤不出乳汁或只能挤出少量乳清或挤出带有纤维素的脓性渗出物。如为重剧炎症时，有明显的全身症状。

（4）化脓性乳房炎：乳房中有脓性渗出物流入乳池和输乳管腔中，乳汁呈粘脓样，混有脓液和絮状物。

（5）出血性乳房炎：输乳管或腺泡组织发生出血，乳汁呈水样淡红或红色，并混有絮状物及凝血块，全身症状明显。

（6）症候性乳房炎：常见于乳房结核、口蹄疫及乳房放线菌病等。

2.非临床型（隐性型）乳房炎　此种乳房炎无临床症状，乳汁中亦无肉眼可见异常。但是可以通过实验室检验乳汁中的病原菌及白细胞时可被发现。患乳房炎后乳汁中的白细胞和病原菌数增加，乳汁化验呈阳性反应。

防治　对乳房炎的治疗，应根据炎症类型、性质及病情等，分别采取相应的治疗措施。

1.改善饲养管理　为了减少对发病乳房的刺激，提高机体的抵抗力，厩舍要保持清洁、干燥，注意乳房卫生。为了减轻乳房的内压，限制泌乳过程，应增加挤奶次数，及时排出乳房内容物。减少多汁饲料及精料的饲喂量，限制饮水量。每次挤乳时按摩乳房15—20分钟，根据炎症的不同，分别采用不同的按摩手法，浆液性乳房炎，自下而上按摩；卡他性与化脓性与化脓性乳房炎则采取自上而下按摩。纤维素性乳房炎、乳房脓肿、乳房蜂窝织炎以及出血性乳房炎等，应禁用按摩方法。

2.局部治疗　常采用向乳房内注入抗生素溶液。其方法是：先挤净患病乳房内的乳汁及分泌物，用消毒药液洗净乳头，将乳头导管插入乳房，然后慢慢将药液注入。注射完毕用双手从乳头基部向上顺次按摩，使药液扩散于整个乳腺内，每日1—3次。常用青霉素40—80万单位，稀释于100ml蒸馏水中作乳房注射。

3.乳房封闭疗法　部位是在阴唇下联合，即坐骨弓上方正中的凹陷处。局部消毒后，左手拇指按压在凹陷处，右手持封闭针头向患侧坐骨小切迹方向刺入约10—13cm，注入0.25%盐酸普鲁卡因溶液10—20ml(内含青霉素80万单位)。如两侧乳房患病，应依法向两侧注射。本法不但对临床型乳房炎有效，对隐性乳房炎也有良好效果，此为会阴神经封闭。

此外，也常采用乳房基部封闭，即在乳房前叶或后叶基部之上，紧贴腹壁刺入8—10cm，每个乳叶注入0.25%—0.5%盐酸普鲁卡因溶液100—200ml，加入40—80万单位青霉素则可提高疗效。

4.温热疗法　适用于非化脓性乳房炎的急性炎症的消退期，改善血液循环，促进吸收。常采用热敷法，每次30分钟，每日2—3次。

5.全身治疗　根据病情在局部治疗的同时，积极配合全身治疗。如青霉素、链霉素混合肌肉注射，磺胺类药物及其它抗生素类药物静脉注射等。待查明致病菌之后，则改用特效抗生素类药物。

第二节　乳头管狭窄及闭锁

由于乳头管粘膜的慢性炎症，致使乳头管粘膜下结缔组织增生形成瘢痕而收缩，导致乳头管腔狭窄，发生挤乳困难称为乳头管狭窄。乳头管括约肌或粘膜损伤后发生粘连，致使乳头管不通，挤不出乳汁，称为乳头管闭锁。本病主要发生于奶牛。

症状　乳头管狭窄时，挤乳困难，乳汁呈线状射出，仅乳头管口狭窄，挤出的乳汁偏向一侧或向周围喷射。捏住乳头末端捻动时，可感到乳头管粗硬，末端硬结，括约肌变得粗硬。乳头管闭锁时，乳池内充满乳汁，但挤不出乳汁。

治疗　治疗原则是在于扩张乳头管，剥开粘连部分，扩大乳头管腔。

1.乳头管括约肌肥厚或收缩过紧。可用圆锥形的乳头管扩张器进行扩张，其方法是于挤乳前将灭菌的乳头管扩张器，涂上滑润剂，插入乳头管中停留30分钟左右，先小后大逐渐扩张。然后再行挤奶。

2.当乳头管内有严重的瘢痕收缩时，则实施乳头管切开术。先于乳头管基部作皮下浸润麻醉，局部消毒后，根据乳头的大小及乳头管狭窄的程度，插入适宜宽度的双刃乳头管刀或用能调节切口深度的乳头管刀切开瘢痕组织，扩大管腔，但切口不宜过大。切开时必须注意乳头管的方向及瘢痕组织的位置，不能切偏或伤害健康组织。切开后挤乳，以验证切的效果，否则应重新切开。然后在管腔内插入蘸有蛋白溶解酶的棉棒。

3. 为了限制肉芽组织过度生长并保证手术效果，手术后必须插入带有螺丝帽的乳头导管或乳头扩张器。于挤奶时只将螺丝帽取下即可，不必抽出乳头导管，直至完全愈合为止。

预防　挤奶人员要遵守操作规程，技术要熟练。牛舍内不要过于拥挤，防止踏伤乳头，牛舍及运动场围栏高低、质量均应符合标准，以防发生乳房及乳头损伤。

第三节　漏　　乳

漏乳是指在泌乳期中，因为乳头管关闭不全，而乳汁经常自行流出的一种现象，称为漏乳，多发生于奶牛。

病因　由于乳头管括约肌发育不全，或者由于乳房和乳头管上的炎症引起乳头括约肌萎缩、松弛或麻痹，而造成漏乳。

症状　当乳房中充满乳汁时，乳汁呈点滴状流出，尤其是当牛卧地时，由于乳房受到压迫乳汁可大量流出。

治疗

1. 可于每次挤奶后，用拇指和食指捻转按摩乳头尖端10—15分钟，亦可涂擦酒精、樟脑酊等轻刺激剂，以刺激括约肌的收缩。

2. 在乳头管扩约肌旁插入细针头注射少量青霉素或高渗氯化钠溶液，以刺激局部组织增生，使乳头括约肌增厚，乳头管缩小。

3. 当乳头管括约肌异常松弛时，可在每次挤奶后于乳头上套上橡皮圈，但勿过紧，时间勿过长，以免引起坏死。

4.当乳头肌肉麻痹时，可将较粗的乳头导管插入乳头管中，然后用浸有5%碘酊的缝线，在乳头管周围皮下作袋口缝合，经9—10日拆线。

预防　要定时挤奶，防止乳房内乳汁过度充盈而导致乳头管括约肌松弛。采取措施防止乳房及乳头发生损伤。

第四节　无乳及泌乳不足

母畜分娩后以及在泌乳期中，由于乳腺机能紊乱，产乳量显著减少，甚至完全无乳。本病常见于初产及老龄母畜。

病因　主要由于营养不良，体质虚弱、劳役过度等。乳腺发育不全，激素分泌机能紊乱以及全身性疾患也能引起。

症状　主要表现产乳量减少或无乳，乳房及乳头缩小，乳房皮肤松弛，乳腺组织松软，而乳汁无异常变化。幼畜吃奶次数增多，用力抵撞乳房。幼畜逐渐消瘦，机体发育不全。

治疗　母畜在怀孕期中加强饲养管理，采取合理的停乳方法，使乳腺机能得到合理的恢复。增加蛋白质、维生素及优质饲料。

治疗方面可采用催乳素、促肾上腺素、乙烯雌酚等药物，可以改善泌乳机能。

此外可采用催乳中药。

处方：川芎100g　当归100g　通草25g　白术100g　续断50g　故纸50g　黄芪50g　杜仲50g　阿胶50g　王不留行50g　甘草25g　煎汁去渣加黄酒250ml灌服（马、牛）。

复 习 思 考 题

1.乳房炎的病因、症状、诊断及防治。

2.隐性乳房炎的诊断方法。

3.乳头管狭窄及闭锁的诊断和治疗。

4.漏乳、无乳及泌乳不足的防治措施。

第十五章　新生仔畜疾病

一、新生仔畜窒息　仔畜出生后即表现呼吸微弱或停止呼吸，但仍保持有微弱的心跳，称为新生仔畜窒息。各种家畜均可发生。

病因　本病常发生于下列几种情况：

1.分娩时胎儿胎盘脱离母体胎盘后，由于阵缩及努责微弱或因其他原因造成难产，使分娩过程延长，胎儿得不到充足的氧气而发生窒息。

2.怀孕期间营养不良，劳役过度，贫血以及患心脏疾病、子宫痉挛及某些热性病的经过。致使血液内氧的供给不足，二氧化碳含量增加到一定程度后，兴奋延脑呼吸中枢，使胎儿过早的发生呼吸作用。胎儿将羊水吸入呼吸道而引起窒息。猪在产出期拖长时，最后产出的1—2个胎儿常有窒息现象。

3.在倒生时脐带常被挤压在胎儿与骨盆之间。有时因脐带缠绕于胎儿肢体上，导致脐带血液循环受阻，而造成胎儿窒息。

4.胎儿产出后，胎膜未破而又未及时人工撕破，使胎儿即停止了胎盘循环，又不能发生呼吸作用而窒息。

症状　根据发生窒息的程度不同，分为绀色窒息和苍白窒息。

绀色窒息：是一种轻度的窒息，即仔畜缺氧程度较轻，但血液中二氧化碳浓度较高，可见粘膜发绀，口和鼻腔内充满粘液及羊水，舌垂于口外。呼吸微弱而急促，有时张口吸气，喉及气管有明显的湿啰音，四肢活动能力微弱，角膜反射尚有，心跳快而弱。

苍白窒息：又称重度窒息，仔畜呈现假死状态，缺氧程度严重，可见粘膜苍白，出现休克现象。全身松软，反射消失，呼吸停止，心脏跳动微弱，脉搏不易触及，仔畜生命力非常弱。

治疗　清除胎儿口、鼻中的粘液，将仔畜倒提起抖动，并用手掌拍击胸背部，促进粘液及羊水排出。也可将胶皮管插入鼻孔及气管中用吸引器或橡皮球，吸出粘液及羊水。然后进行人工呼吸。

此外，可以采用诱发呼吸反射。用浸有氨水的棉花或纱布，放在鼻孔上让其吸入。也可将仔畜头部以下浸入40—45℃的温水中以刺激呼吸反射。

在采取上述急救措施的同时，可肌肉注射强心剂，如苯甲酸钠咖啡因，樟脑磺酸钠，尼可刹米等。待窒息缓和后，可静脉注射10%葡萄糖溶液和5%碳酸氢钠溶液，以纠正酸中毒。

预防　加强怀孕后期的饲养管理。发生难产时，要及时进行合理的助产，严防窒息的发生，注意保护新生仔畜。

二、胎便滞留　新生仔畜出生后在数小时内即排出胎粪，如果生后一天以上仍不排粪，则称为胎便滞留（便秘）。各种家畜均可发生。

病因　仔畜胎便滞留的主要原因是由于初乳品质不良，初乳中缺乏微量元素（如镁、钠、钾等）。而引起肠蠕动缓慢致使胎粪排不出来。此外，怀孕后期母畜饲养管理不当，造成仔畜先天性发育不良，出生后体质虚弱等，也可引起胎便滞留。

症状　出生1天后仍不见排出胎便。仔畜表现精神不振，吃奶次数减少，肠音微弱，拱背，努责，常作排粪姿势。严重者出现腹痛，经常回头顾腹，后肢踢腹，频频起卧。后期精神萎靡，全身无力，卧地不起。

用手指伸入直肠检查，可掏出黑色粘稠的粪便，有时为黑色的干硬粪球。

治疗　应用手指涂上滑润油，伸入直肠慢慢地取出硬结的干粪。然后用肥皂水作深部灌肠，必要时经2—3小时后重复灌肠。也可向直肠内灌注液体石蜡200—300ml。

内服缓泻剂，如液体石蜡100—200ml（大家畜），或硫酸钠（镁）50—100g。服药后可配合按摩腹部，促进肠蠕动的恢复。

根据仔畜身体状况，及时采取对症治疗。如输液、解毒、强心、止痛等，以提高机体的抵抗力。

预防　对怀孕母畜要供给充分的营养物质。仔畜出生后，要保证足量的初乳。随时观察仔畜的情况，以便早期发现及时治疗。

三、脐炎　在正常情况下，仔畜出生后脐带断端逐渐发生干性坏死后脱落。牛3—6天，猪、羊2—4天，脐孔变成瘢痕而收缩。出生后若脐带断端发生感染而引起脐血管及其周围组织的炎症，称为脐炎。

病因　断脐时没有消毒或消毒不严，产房卫生不良，使脐带受到污染。断脐后对仔畜护理不当，亦可使脐带遭受微生物的感染而发病。有时仔畜互相吸允、咬伤致使脐带发炎。

症状　仔畜表现精神沉郁，食欲减少，不愿行走，有时体温升高。按照感染的性质、程度可分为脐带坏疽、脐带溃疡及脐血管炎。

脐带坏疽：脐带断端湿润、肿胀，发生坏疽，渗出物恶臭。或干固呈黑褐色并有恶臭。易侵害脐孔周围组织，引起脐周围蜂窝织炎或形成化脓。

脐带溃疡：脐带断端发生坏疽脱落后，脐孔部形成溃疡面，流出恶臭脓汁。往往并发脐周围肿胀。

脐血管炎：是脐动脉、脐静脉的炎症。体温升高，精神沉郁，食欲减退，拱背，步态强拘，经常卧地不起，脐孔湿润。触诊脐孔中央有粗硬的索状物，有痛感，分泌少量粘稠恶臭的脓汁。

治疗　首先应除去病因，清除坏死组织。根据脐炎的性质及程度，分别采取适宜的治疗措施和方法。

脐部肿胀，局部可注射盐酸普鲁卡因加入青霉素作局部封闭。于肿胀部涂松馏油与5%碘酊等量混合液。

脐孔瘘管，可用3%过氧化氢或0.1%高锰酸钾溶液洗涤后，涂碘仿醚合剂或5%碘酊。

脐脓肿，应及时切开排脓，并按化脓创处理。脐带发生坏疽时，则应切除残段，除去坏死组织。冲洗后撒布碘仿呋喃西林撒粉或碘仿磺胺撒粉，保持局部干燥。

脐血管炎，早期可用消毒药液湿敷，每日2—3次，或局部涂擦2%碘酊。如已化脓，则按化脓创处理。

此外，根据病畜状况及时采取对症治疗，应用抗生素及磺胺类药物。

预防　搞好产房消毒及清洁卫生工作。接产人员进行严密消毒，断脐所用器械、物品应该灭菌，加强产后仔畜的护理。

四、直肠及肛门闭锁 新生仔畜的直肠及肛门闭锁是一种具有遗传性的先天性畸形。直肠闭锁是指除无肛门外，直肠末端形成盲囊而闭锁，肛门闭锁是指肛门外被皮肤覆盖，没有肛门孔。本病多见于仔猪。其他动物较少发生。

病因 一般认为是由隐性遗传引起的。当近亲繁殖时，隐性基因出现频率较大而易发生。此外，怀孕期维生素缺乏特别是维生素A缺乏，胎儿发育不全或机体所必须的物质得不到供给，也有造成本病的可能。

症状 生后数小时，不见胎便排出，病畜表现不安，频频努责，经常作排粪姿势。随即食欲减退，精神萎靡，腹围增大，鸣叫不安。经检查即可发现。如果直肠末端开口于阴道前庭或阴道上壁，可见粪便从阴门中流出。

肛门闭锁时，通常不但无肛门孔，也没有肛门括约肌。在肛门处覆盖着皮肤，皮下即为直肠的末端。当努责时，皮肤向外突出，隔着皮肤可摸到胎粪。

直肠闭锁时，除无肛门孔外，直肠末端距肛门尚有一段距离，闭锁的直肠被一层较厚的皮下结缔组织的封闭，当努责时，整个会阴向外突出。皮肤感觉较厚，不能摸到胎粪。

治疗 施行人造肛门手术。

保定 侧卧保定，取前低后高姿势。

麻醉 局部浸润麻醉。

手术方法 局部常规处理后。在正常肛门孔的位置，按肛门孔的大小切开，并剥离皮瓣作成圆形肛门孔。然后切开直肠盲端，将直肠粘膜缝合在皮肤创口的边缘上。然后涂磺胺软膏或油剂青霉素。

如患直肠闭锁，直肠盲端存有较厚的结缔组织，可在切开皮肤后，钝性分离结缔组织，找到直肠盲端，用止血钳夹住，将其与周围组织分开，然后向外拉出，在盲端剪一小口，将其缝合于皮肤创口的边缘上。局部涂消炎药膏。如果直肠末端开口于阴道上壁时，可待仔畜生长至一定程度后再实施手术。

术后护理 术后3日内常规注射青、链霉素，每日用消毒药液冲洗伤口，保持术部清洁，防止继发感染。

复习思考题

1.新生仔畜胎便滞留、脐炎、窒息的概念？病因及临床特征。

2.新生仔畜窒息、胎便滞留、脐炎的治疗方法与措施。

3.直肠及肛门闭锁的发生原因、临床表现及治疗方法。

实 习 指 导

说 明

本实习指导是根据农业部颁发的全国中等农业学校兽医专业教学计划和《家畜外科及产科学教学大纲》的要求编写的。

本实习指导是教师指导实习和学生进行实习操作的主要依据。它的任务是使学生通过实验实习提高和完成基本操作技能，进一步巩固和掌握基本理论、基本知识。是提高教学质量的一个重要环节。

为了提高实习效果，加强基本技能训练，在使用本实习指导书时应注意以下几点：

1.本实习指导共编排20个实习项目，每个实习项目以两节课计算，共计40学时。

2.教学大纲中规定全国必讲的内容中的实习，应按教学大纲规定必须保证完成。

3.由于总学时限制，实习内容又多，有些实习内容可结合教学实习一并进行。教材中有关的实践操作技能及各地必须的一些操作技能，均可安排在教学实习中进行。

4.本课程的内容大部分是属于基本操作技能和实用技术，为了学以致用，均可在现场由教师边讲边做，而后学生分组练习，逐步达到基本掌握和熟练掌握。

5.为了保证实习效果，各学校必须尽量满足实习要求的实习动物、仪器设备，建立标准化实验室和实习场所，充实和增添电教设备与设施。教师也要积极创造条件，搜集标本，制做教具，绘制挂图，确保实习项目的完成。

6.教师进行实习时，首先要向学生讲解实习内容、目的要求、方法步骤。而后教师进行必要的示范操作或示教。指出每次实习的注意事项并布置实习作业。随时了解和掌握学生操作技能的状况并随时进行考核。

本实习指导是在原《家畜外科及产科病学》实习指导的基础上，按现行教学大纲的规定进行编（修）写的，错误和不足之处，在所难免。希望各校师生提出宝贵意见，以便修改、补充，使之更加完善而实用。

编　者

1992年12月

实习一　家畜的保定

实习内容　柱栏内保定法，头部保定法和四肢转位保定法，马、牛的倒卧保定法。

目的要求　通过实习，使学生正确掌握马、牛的柱栏保定法、基本掌握单绳倒马和倒牛法的操作要领及注意事项。

实习材料　马、牛各2头，长10m和15m的粗圆绳各3根，长3m圆绳4根，长3m和6m的扁绳各2根，帽8套，脸盆、肥皂、毛巾、保定栏。

实习组织　学生分4组进行实习操作，实习中间，各组要交换。

方法步骤　倒卧保定的操作，在室外平坦地面进行，柱栏内保定法可在室内或室外进行。教师先讲解目的要求、实习内容、操作方法及注意事项，示教后，学生进行独立操作，教师随时给予指导和必要的辅导。倒卧保定法重点是单绳倒牛和倒马法，具体操作方法见教材；实习结束前，教师作实习总结；最后各实习组作好整理现场和实习结束工作。

注意事项 遵守操作规程，注意人、畜安全，详见教材。

实习报告 马、牛柱栏内头部和四肢转位保定以及单绳倒卧保定的操作要领，比较各种倒卧方法的优劣。

实习二 消 毒

实习内容

1.器械物品的消毒。

2.敷料的制备与消毒。

3.手术部位的消毒。

4.手术人员的准备与术者手臂的消毒。

目的要求

1.学生通过独立操作，能正确掌握各种常用的消毒方法及注意事项。

2.培养学生树立严格的无菌观念，为兽医临床实际工作打下良好基础。

设备与材料

1.煮沸消毒器6具、高压灭菌器1—2具、电热恒温干燥箱1—2个、手术常规器械6套、橡皮手套6双、各种注射器各6具。

2.敷料剪6把、纱布2 lb(1磅＝0.453592 kg)、脱脂棉

2包、贮槽6个、搪瓷盘6个、米尺6个、75%酒精、5%碘酊、带盖瓷杯12个。

3.实习动物6头、喷雾器3具、清扫工具、术部常规处理器械6套、7%硫化钠溶液、手术巾6块、常用防腐消毒药。

4.泡手桶1—3付、洗手盆12个、指甲刷6个、手术衣、帽子、口罩、毛巾等。

方法步骤 教师首先向学生阐明实习内容、目的要求和进行的具体步骤以及主要的注意事项，然后学生分为6组，各组按下列顺序进行独立操作，最后总结实习过程中的优缺点。

一、器械物品的消毒

（一）金属器械的消毒

1.器械的准备

（1）根据手术所需要的器械放入搪瓷盘内。

（2）对所准备的器械逐一进行检查，刀剪之类检查其锐利程度，不锐利的器械能磨者，用细磨石磨锐利，不能磨者则另行更换新的。对止血钳、持针器、剪刀等有关节的器械，要检查关节的灵活性及其闭合情况等。

（3）检查完之后，对所有器械用纱布擦拭干净。对新购入器械宜先用纱布沾上汽油擦去油垢，再用清洁纱布擦干。

（4）手术刀、剪等有刃及代齿的器械宜用脱脂棉或纱布包裹其有刃齿部分，以免消毒时损坏刀刃及锐齿。

（5）缝合针及注射针头应穿在纱布块上，或用纱布包起来，以供取用方便。

2.消毒方法 金属器械的消毒，一般有湿热消毒、干热消毒、火焰消毒等数种。可根据设备条件、器械种类、用途等灵活选用。

（1）煮沸消毒法：金属器械常用水煮沸时，容易生锈，最好用蒸馏水或滤过开水，在水中加入碳酸钠、氢氧化钠或硼酸钠，不但能防止生锈，而且可使沸点升高（达105℃），增强消毒效果，缩短消毒时间。

①先在消毒锅的托盘内铺上纱布，纱布的大小要大于放器械的搪瓷盘，以备将来遮盖消毒过的器械。②将手术刀、剪及零星小器械先放入托盘，然后按顺序放入其他器械。③器械放置完毕后，用纱布盖住所有器械，纱布也应大于放器械的搪瓷盘，以备消毒完毕铺在搪瓷盘内放置器械用。④在覆盖的纱布上面，放上镊子或器械钳子。⑤加入蒸馏水或滤过开水或药液，淹过全部器械，盖好锅盖，加热煮沸进行消毒。⑥消毒时间，从煮沸后开始计算消毒时间。2％碳酸钠10分钟；0.25％氢氧化钠5分钟；5％硼酸钠15分钟；滤过开水或蒸馏水30分钟。⑦消毒完了打开锅盖，严禁用手接触器械，应用消毒器的手柄钩住托盘两端，取出后，斜放在消毒器上。⑧用镊子或器械钳子，将覆盖器械的纱布取下，夹住纱布两端挤去水分，铺在消毒过的搪瓷盘内。⑨用器械钳子将消毒过的器械按种类顺序摆在搪瓷盘内，不能拥挤在一起，以备取用方便。⑩将铺在锅底的纱布取出，挤去水分，盖在器械盘上以免灰尘落入，保持消毒质量，然后将器械盘放于搪瓷盘架或器械台上。

（2）高压蒸汽消毒法：高压灭菌是比较理想常用的一种消毒方法，多用于大型手术时金属器械、敷料、手术衣、橡皮手套、缝合器材、玻璃用具及搪瓷制品等的消毒。

①将预先准备好的器械，用消毒巾（40×40cm白布制成）或纱布，按器械的种类和大小分别包起来。②将包好的

器械放入高压消毒器内桶的物品架上。③将橡皮手套包好和橡皮布一起放在器械上面。④手术衣，按顺序折叠起来用消毒巾包住，放在消毒物品最上面。⑤按消毒器使用方法进行灭菌。⑥消毒时间，金属器械缝合材料、敷料等需15lb压力，维持15—30分钟。橡胶、搪瓷制品、玻璃制品需15磅压力，维持15分钟。⑦消毒完毕，取出器械包，分别摆在消毒过的搪瓷盘中，用纱布覆盖备用。

（3）干热消毒：使用电热恒温干燥箱，先将器械摆在搪瓷盘中，然后将器械盘一并放入干燥箱内，玻璃器械可直接放在干燥箱内，使用温度为100—150℃维持30分钟，取出冷却后使用。

（4）火焰消毒：本法常应用于手术时急用器械、大型器械、器械盘之类的消毒。金属器械的消毒，可用镊子夹上酒精棉球点燃，在器械的下部烧烤，烧烤时并不断的翻转器械，使其各部都能烧烤，待温度降至常温后再使用。此外搪瓷盘于清洗后，倒入适量酒精，点燃后，轻微转动使其各部都能烧到为止。

（5）化学消毒法：此法不易杀死带芽胞的细菌，故仅用于不适合热力灭菌的物品及器械。但在紧急手术或简单的小手术时，为节省时间，也常采用化学消毒法进行消毒。在手术过程中使用过的器械，重新使用时，也用此法。消毒前先擦净油脂，打开器械的关节，然后浸入药液，并记录消毒时间。

常用的化学消毒法有下列数种：

①70—75％酒精：浸泡30—60分钟，最好用有盖搪瓷盘或广口玻璃瓶、缸等以免酒精挥发而影响消毒效果。切勿常期浸泡，以防金属器械生锈。②1—5％煤酚皂溶液：浸泡30分

钟，浸泡后要用灭菌生理盐水或蒸馏水冲洗后再用，以免药液刺激伤口。③0.1%新洁尔灭溶液（内含亚硝酸钠0.5%作防锈剂，即0.1%新洁尔灭溶液1000ml中加入医用亚硝酸钠5g）浸泡器械30分钟。每隔1—2周换药一次。④0.1%洗必泰或度米芬溶液：浸泡5—10分钟，每隔1—2周换药一次。⑤石炭酸3.0、甲醛溶液20.0、碳酸钠15.0、蒸馏水加至1000，浸泡30分钟。此法常用于临床经常使用的小型器械如：刀、剪、探针、镊子之类，随时取用，随时消毒。

化学消毒法注意事项：

①新洁尔灭、度米芬、洗必泰等溶液与肥皂相遇影响效力，消毒时务必注意。

②新洁尔灭、度米芬、洗必泰与碘酊、高锰酸钾、升汞、碱类药物为配伍禁忌，应单独使用。

③凡化学消毒的器械，使用前应用灭菌生理盐水或蒸馏水冲洗。

（二）玻璃器械的消毒　最常用煮沸消毒法，于煮沸前检查好洗净。如注射器；有玻璃、金属、塑料三种。每种按容量不同又分为1、2、5、10、20、30、50、100ml等规格。作静脉注射，用静脉输入器。使用时可根据注射药液的种类及数量选择。

注射针头，有各种规格，长短、粗细不一，使用时根据需要选择。但针必须锐利畅通，并与注射器接合严密。

消毒注射器时，先将活塞与针筒分开，用消毒巾或纱布按顺序包好，针头插在上面，放入冷水中加热煮沸，煮沸后10—15分钟即可。金属注射器的活塞橡皮及塑料注射器消毒时切勿与消毒锅壁直接接触，以防温度过高而变质。一般试管及其他玻璃仪器，可用高压蒸汽消毒法。

（三）橡胶材料的消毒　一般胶皮管可用煮沸法消毒，洗净与玻璃器械一起消毒。

乳胶手套用高压蒸汽消毒法；消毒前于手套里面撒上滑石粉，同时将手套口向外翻转约6cm，左右手套迭在一起，并另附滑石粉一小包（戴手套用），然后用消毒巾或纱布包起来进行消毒。若用煮沸消毒时，也应将手套折叠好用纱布包好，然后进行煮沸消毒，但禁用碱性溶液。

（四）手术后器械的清理

1.金属器械使用后，用清水刷洗干净，尤其是止血钳的齿纹部分，要用纱布擦洗，打开关节放在器械盘内，置干燥箱中烘干，或阳光下晒干，对不常用者宜涂油保存。

对处理感染创的器械，先放入1—2%煤酚皂溶液中消毒30分钟，再进行清洗和干燥处理。

2.注射器，使用后先用清水洗净拔出活塞，按针筒的号码依次排在搪瓷盘内，置干燥箱内烘干，然后再安装起来，金属器械的活塞橡皮上应涂滑石粉，再安装起来，以免橡胶变质。

3.注射针头，应用清水冲洗干净，堵塞时可用针芯疏通后，再冲洗干净，针头变钝或有弯钩时，应用细磨石磨锐利，再进行烘干，保存备用。

4.乳胶手套，使用后可浸泡在0.1%新洁尔灭溶液中消毒。无菌手术时，可先用肥皂水洗去血迹，再用清水冲洗干净，而后用纱布擦干或凉干，检查有无破孔，按新旧大小分别配对，里外撒上滑石粉，保存备用。

二、敷料的制备与消毒　外科敷料是实施外科手术和治疗外科疾病中不可缺少的物品，常用者有下列数种：

（一）纱布块　用于手术时创面的止血，创伤引流或作为绷带包扎的衬垫材料。

1.裁纱布的方法，止血纱布要求剪裁整齐，以免使用时线头落入创伤内。裁剪时先将大块纱布展开按一定尺寸确定裁剪位置，然后在裁剪线的位置上，抽掉两根线，沿抽掉线的线缝用敷料剪剪开，制成矩形纱布块。

2.纱布块的大小颇不一致，根据临床使用情况，一般宽15—20cm，长25—30cm较实用。将裁剪好的纱布，使两毛边沿长轴折向中心，再对折叠起来，成为四层的长条，将长条的两端对折至中间，再对折一次，即成为7—10cm的纱布块。然后用报纸或纱布每十块一包包好，以备消毒。

（二）止血棉球　用于手术中创面止血。其制作方法是将15—18cm见方的纱布，沿对角线剪两块三角形，将其一块铺开，在中间放入适量的棉花或纱布碎屑，将长边和上角折叠在棉花上，然后两对角打结，使之包成一个球形物，剪掉多余的纱布头，以备下次再用。

（三）纱布棉垫　用于包扎伤口的衬垫物。制作时先将大块纱布剪成40×40cm纱布块，于两层纱布中间夹上一薄层脱脂棉（厚薄要均匀）压平，然后按需要剪成不同大小的纱布棉垫叠在一起，用纱布包好，以备灭菌。

（四）棉球的制作　先将大块脱脂棉按层次分开成薄片，然后由此撕下一小片（直径约为3—4cm），术者左手握拳，手心留有较小空隙，然后将撕下的棉花片放于左手拇指与食指之间的小孔上，以右手食指尖端将此棉花片塞入拳内，如此连续操作，满一拳后放入75%酒精瓶或5%碘酊瓶内，使之浸入酒精或碘酒，以备临床消毒用。

消毒方法：止血棉球，止血纱布，纱布棉垫及其他敷料制备完善以后，装入贮槽，将贮槽周围的窗孔及底部窗孔打开，以便消毒时蒸汽流通。然后将贮槽放入高压消毒器之物品桶内进行高压蒸汽消毒，15lb压力维持30分钟。而后取出贮槽，将贮槽周围及底部的窗孔关闭，备手术时使用。

棉纱制品用过后，应本着节约的原则，尽量收回，经适当处理消毒后再利用。被血迹污染的敷料，先用0.5%氨水或常水浸泡，再用洗衣粉洗去血迹，然后用清水漂洗干净、晒干。被碘酊污染的敷料、布单等物品，应先用2%硫代硫酸钠溶液浸泡一小时脱碘，然后再用清水洗净。被脓汁污染的敷料，应放在0.25%氢氧化钠溶液中煮一小时，再彻底洗净、晒干。最后与用剩的敷料一起装入贮槽内，进行消毒后再利用。

三、手术部位的消毒　手术部位皮肤的消毒，是保证无菌手术创或创伤治疗获得第一期愈合的重要条件，必须严格实施。其操作顺序如下：

（一）除掉手术部位的被毛

1.剪毛法　在施行手术的部位，按手术的大小，切口的方向，确定剪毛范围的大小。一般要大于切口面积数倍。

剪毛时应用弯形剪刀剪，用右手拇指和无名指伸入剪之柄环内，中指固定在无名指的柄环上，食指按在剪毛剪之关节上。剪刀应紧贴皮肤表面，逆毛流方向连续向前开动剪刀进行剪毛。一剪挨一剪的剪去被毛直至手术区域被毛剪完。有条件时可用电推剪（理发用）进行剪毛，此种剪毛如方法得当，使用推剪熟练，则剪的干净且快。剪下的毛放在污物桶内。剪毛时注意勿将皮肤剪破。

2.剃毛法　剃毛前先用温水清洗，然后再用肥皂涂揉，揉搓，使被毛充分浸润，然后用锋利的剃刀，顺毛流的方向紧贴皮肤表面（刀身与皮肤呈30—40°角），一刀挨一刀地剃，刀刃勿在被毛上乱刮，剃刀进行时应与刀刃垂直，不能斜剃。否则易刮破皮肤。

3.脱毛法　在剪毛之后，将7%硫化钠水溶液用棉球涂在被毛上，待被毛溶解成糊状后，用竹片或刀柄将其刮掉，并用清水洗刷干净。

硫化钠是一种碱性药物，对皮肤具有刺激作用，皮肤较薄的部位脱毛时常用7%硫化钠甘油溶液进行脱毛（硫化钠7.0，蒸馏水100.0，甘油10.0—15.0）。

（二）手术部位的消毒

1.用肥皂水将术部及其周围洗刷清洁，擦干。

2.用2%煤酚皂溶液或3%石炭酸溶液把术区彻底洗刷消毒，再将术部周围被毛浸湿，而后用纱布擦干。

3.再用75%酒精棉清拭。

4.次用5%碘酊涂擦，涂擦时用镊子夹持碘酊棉球由术部中央开始一圈挨一圈的向外涂1—2次，禁忌来回反复涂抹。

5.碘酊涂完约2—3分钟后，再用75%酒精棉球脱碘。

6.术野隔离　术部消毒后，放置灭菌手术巾，用巾钳加以固定，使其切口与其以外的被毛隔离，借以减少污染机会，手术巾宁大勿小，遮盖范围越大越好。

四、手术人员的准备与术者臂的消毒

（一）手术人员的准备

1.参加手术人员于洗手前，应戴好手术帽和口罩，穿好胶靴，更换清洁的裤子及短袖上衣。而衣袖卷至肘关节以上扎好，充分露出肘关节。

2.剪短指甲、磨光，除去污物。

3.用肥皂水彻底刷洗手臂、指甲周围及皱纹等处的污垢，再用清水冲净。

（二）术者手臂的消毒 手臂洗净后，在0.5%氨水盆内用刷子刷洗手臂3分钟（氨水配制：每100ml温水加10%氨水5ml，并浸入两块纱布做擦拭手臂用），用灭菌纱布或毛巾擦净。然后在另一盆的0.5%氨水中再按同样方法刷洗手臂3分钟。

手臂也可在0.1%新洁尔灭溶液或75%酒精溶液中浸泡3—5分钟后，用灭菌纱布或毛巾擦干。

（三）穿手术衣、戴手术套

1.手臂消毒完毕后，于指甲周围及手指关节处有皱纹的地方涂2%碘酊，再用75%酒精棉球擦去碘酊。

2.按一定顺序穿着灭菌手术衣及戴上灭菌手套，然后两手举于胸前，覆盖上无菌纱布，以待施术。

注意事项

1.带有电源的消毒器，使用时一定要遵守操作规程，注意安全。

2.消毒器内经常保持足够的水量，一般要在3000ml左右。

3.进行消毒过程中，操作者不得离开现场，以免发生事故，特别对电煮锅和高压蒸汽消毒更要注意。

4.各项操作过程一定保持无菌，以便逐步养成无菌观念。

实习报告 说明器械消毒与手术部位消毒过程，它在外科手术及外科疾病治疗中的重要意义。

实习三 麻 醉

实习内容

1. 牛二甲苯胺噻唑全身麻醉。

2. 传导麻醉。

3. 硬膜外腔麻醉。

4. 浸润麻醉。

目的要求 使学生掌握二甲苯胺噻唑全身麻醉方法，观察麻醉现象。学会传导麻醉、硬膜外腔麻醉及浸润麻醉的部位、方法和技术。

设备与材料 实习动物马、牛、羊若干头（只）、剪毛剪、消毒用品、保定用具、二甲苯胺噻唑、2%—3%盐酸普鲁卡因溶液，常规消毒药品等。

方法步骤 教师先讲解目的要求、实习内容及注意事项。先进行全身麻醉、传导麻醉、硬膜外腔麻醉示教。然后分2—4组分别练习操作技术。

一、牛二甲苯胺噻唑全身麻醉　本法具有量小，作用迅速，使用简便，安全等特点，常用于牛、羊等家畜，用镇静、镇痛、肌松和麻醉剂。

1. 注射方法和剂量　肌肉注射，每千克体重0.2—0.6mg。

2. 麻醉现象　注射后20分钟出现麻醉现象并迅速达到高峰。表现精神沉郁，活动减少，头颈下垂，眼半闭，唇下垂，大量流涎，少数牛可见舌肌松弛伸出口外，站立不稳，俯卧，嗜睡或呈睡眠状态。俯卧时头弯向躯侧。全身肌肉松弛，躯干及四肢上部针刺无痛感，意识未完全消失。一般维持时间60—120分钟。

二、传导麻醉

（一）马眶下神经干传导麻醉　将马于六柱栏内站立保定，头部做好保定，在鼻颌切迹至面脊前端引一直线，由此线中点向后上方约2cm处，剪毛消毒，用手指摸到眶下孔。

将上唇固有提肌向上推开，针头向眶下孔内刺入2—3cm，注射2%—3%盐酸普鲁卡因溶液10ml，拔出针头，用手指按压眶下孔1—2分钟，以免药液流出。10—15分钟以后观察同侧的上唇、上颌部、前臼齿、硬腭等部位的麻醉现象，针刺应无疼痛反应。

牛的眶下孔部位是在第一前臼齿直上方，离齿根一指宽处，其操作要领及注射麻醉药剂量同马。

（二）马腰旁神经干传导麻醉　先用注射器吸取2—3%盐酸普鲁卡因溶液60ml，分三点注射，每点注射20ml，局部剪毛消毒。

第一点：麻醉第十八肋间神经（最后胸神经的腹侧支）其部位是在第一腰椎突游离端前角，垂直刺针直达腰椎横突骨面再将针头向前移，沿横突游离端前缘向下刺0.5cm，注入3%盐酸普鲁卡因溶液10ml，然后将针头提至皮下，再注射10ml。

第二点：麻醉髂腹下神经（第一腰神经腹侧支），其部位是在第二腰椎横突游离端的后角。垂直刺入针头至腰椎横突面，然后将针头向后移，沿横突游离端后缘向下刺0.7—1cm，注射2%—3%盐酸普鲁卡因溶液10ml。提针至皮下，再注射10ml。

第三点：麻醉髂腹股沟神经，其部位在第三腰椎横突游离缘后角，垂直进针，注射方法同第二点。

（三）牛腰旁神经干传导麻醉　使用药液及其剂量同马。

第一点：麻醉第十三肋神经，其部位在第一腰椎横突游离缘前角。垂直刺针至腰椎横突骨面，然后稍向前移，沿横突游离缘前缘再向下刺0.5—1cm，注射2%—3%盐酸普鲁卡因溶液10ml，再将针提至皮下，再注射10ml，以补充麻醉第十三肋神经的背支。

第二点：麻醉髂腹下神经，其部位是在第二腰椎横突游离端中部垂直刺针至横突骨面，稍向前或后移动，沿横突游离端中部向下刺0.5—1cm，与上法相同注射药液。

第三点：麻醉髂腹股沟神经，其部位是在第四腰椎横突游离端的前角垂直刺入针头至横突骨面，再向前移沿横突前缘向下刺入0.5—1cm，与上两点同样注入药液。

三、硬膜外腔麻醉

（一）腰荐间隙硬膜外腔麻醉

1.部位确定　是在最后腰椎与荐椎之间的间隙处，体瘦的家畜此间隙的凹陷比较明显。此处为软组织，触压具有软的感觉。肥胖的家畜因皮肤紧张。皮下组织肥厚，此间隙之凹陷不甚明显，不易确定。其确定的方法是以两侧髂骨结节之内角中部所作的连线与背中线之交点，即马的刺针点。牛的刺针点与马不同，在两线交点向后约2—3cm处。

2.操作方法　家畜柱栏内站立保定，局部剪毛消毒。术者站于家畜的左侧，用18号8—10cm长的麻醉针头，以左手拇、食、中三指握住针头的接嘴处，右手拇、食、中三指持针身（以酒精棉球包裹），然后与皮肤垂直向下刺入，中等体型马牛约7cm，驴为5cm左右，当穿破椎间韧带时，有一种类似穿破窗户纸样感觉，此后再刺入少许，而阻力大减（即一紧—当刺穿皮肤时感觉，二松—继续刺过结缔组织时感觉，三空—最后刺破椎弓间韧带时感觉）水牛皮肤较厚，可先用粗针头刺破皮肤，再换麻醉针头或盐水长针头沿皮肤刺孔垂直刺入。而后接上装有药品的玻璃注射器，如活塞不经按压或轻微按压无阻力药液即自行注入，则表示注射部位正确。否则应矫正针头位置，再行注射。注射时宜缓慢，注射完毕拔出针头局部消毒。

3.注射剂量　按照家畜体格大小，注射2％—3％盐酸普鲁卡因溶液20—30ml。注射后3—5分钟出现麻醉现象，初期尾巴松弛无力，活动性减低，待5—15分钟后，活动完全消失肛门和阴户松弛，公畜阴茎脱出，其剂量在25ml以下，家畜尚能站立，若超过25ml以上，则后肢站立不稳而卧地。维持时间可达1—3小时。使后半躯的腰背、两侧腹壁、外生殖器官及两后肢上半部均可麻醉。

（二）荐尾间隙硬膜外腔麻醉

1.部位确定　家畜于柱栏内站立保定，术者一手握住尾根部，向上抬举，使之屈曲，以该手拇指或另一手的手指在尾根上触摸，其第一个凹隙即为马的荐尾间隙，第二个凹陷即为牛的荐尾间隙或马的第一、二尾椎间隙（即尾根与荐背连接的横沟），第三个凹陷即为牛的第一、二尾椎间隙。即马前牛后。

2.操作方法　术部常规消毒处理后，术者站于家畜后方，稍抬举尾巴，将针头垂直刺入皮肤后，再以45—65°角向前刺入，当穿破椎间韧带时，将针头微向左或右移动，使其位于硬膜外腔内，刺入深度马为2—5cm，牛为2—4cm。

3.注射剂量　注射2％—3％盐酸普鲁卡因溶液15—20ml。注射后5—15分钟发生麻醉作用，维持时间1小时左右。可麻醉尾部、臀部、直肠及泌尿生殖器官。

四、浸润麻醉

（一）皮肤及皮下结缔组织麻醉法

1.直线麻醉法　选择畜体合适部位，先做术部常规处理，用0.5％盐酸普鲁卡因溶液10—20ml吸入注射器，在假设之切口线上由切口中心刺针入皮下，向上刺入切口顶端，然后一边退针一边注射药液，注射至一半退到进针处皮下，调过针头（不拔出皮下）朝向下刺入切口下端，然后一边退针一边注射另一半药液。

2.菱形麻醉法　适用于术野较小的手术。选择畜体适当部位，先行术部常规处理。注射器吸入0.5%—1%盐酸普鲁卡因溶液20ml，在其假设切口或病灶周围的上下两端，各确定一刺针点（A、B），然后在切口左右两侧再各确定一点（C、D）作为针刺到达点，这样A、B、C、D各点便构成了一个菱形。先在A刺针点向C方向进针，而后边退针边注射药液的一半。拔出刺针到皮下后，调转针头方向刺入另一侧的D点，再边退针边注射另一半药液。最后拔出针头，再以同样方法注射B刺针点，进行麻醉。

3.扇形麻醉法　其方法是在菱形麻醉的每侧内外两线之间，由刺入点再增加若干条麻醉线，即为扇形麻醉。

（二）深层组织麻醉法　可采用锥形注射方法，把麻醉药注射到各层组织中去，或麻醉一层切开一层，逐层注射麻醉药液，逐层切开组织。

注意事项

1.马牛全身麻醉，要使学生注意观察麻醉现象，并作好记录。

2.传导麻醉时，保定要确实，以防发生事故。硬膜外腔麻醉时，局部要严格消毒，并控制针刺深度，以防损伤脊髓。

3.传导麻醉部位，要使每个同学亲自进行触摸。针刺方法，部分同学也可进行独立练习。

4.传导麻醉效果最好通过简单手术进行鉴定痛觉，以便使学生正确认识传导麻醉在外科手术中的作用。

实习报告 全身麻醉的方法，麻醉现象，传导麻醉和脊髓麻醉的部位和操作技术。

实习四 外科器械及其使用方法

实习内容

1.参观兽医院外科实验室。

2.认识常用外科器械的名称及使用方法。

目的要求 通过参观兽医院外科实验室，使学生了解兽医外科临床的基本设备、设施及器械。通过认识常用外科器械的种类、名称、规格、用途，正确掌握其使用方法。

设备与材料 常用外科器械按其分类分别陈列于搪瓷盘中。

方法步骤 学生分成2—4组，在教师带领下参观兽医院、外科实验室，由兽医院指派指导教师讲解，共1小时。在实验室由教师介绍常用外科器械的种类、名称、规格、用途及使用方法。然后按组分别熟悉并进一步掌握。共1小时。

注意事项

1.在老师还未介绍器械、设备的性能、使用方法前，对所有设备、器械、物品勿乱摸、乱动、以防损坏。

2.所有器械应轻拿轻放，按照其正确使用方法练习和掌握。

3.在学习和熟悉过程中严禁乱钳、乱夹、乱剪超越其正确使用范围。

实习报告 外科临床设施、设备、常用外科器械。

常用外科器械

器械类别	器械种类	用途
术部常规处理器械	剪毛剪、电锥子、剃毛刀、磨石、刀布、洗手刷、巾钳、创巾、镊子	手术部位常规处理
手术基本器械	手术刀、刀柄及刀片、手术剪、止血钳片、扩创钩、腹壁拉钩、手术镊子、电刀、手术灯	一般手术用
缝合器械	弯针、直针、有柄缝针、持针器、镊子、缝合丝线（017—14号）、肠线（015—7号）	
蹄科器械	检蹄器、蹄槽器、蹄铲、修蹄刀、蹄刮、检蹄刀、拔钉钳、蹄锤	治疗蹄病
去势器械	去势弯刀、固定钳、捻转钳、无血去势器、鸡去势器、劁猪刀、挫切钳	各种家畜去势
圆锯器械	解剖刀、骨膜刮、骨螺锥、圆锯、钻头、球头刀、锐匙	圆锯术
胃肠手术器械	肠钳、压肠板、有沟探针、腹沟胃钳、吸引器、橡皮护布	胃肠手术
气管切开器械	气管切开刀、气管导管	气管切开术
牙科器械	笼头式开口器、齿剪、齿钳、齿创、齿锉、拔牙钳、齿枕、口腔冲洗器	修整牙齿、拔牙齿
骨科器械	骨斧、骨凿、骨钻、骨锯、骨匙、	骨科手术用
石膏绷带器械	骨膜刮子、骨锤、镊子钳、软骨剪卷绷带机、石膏刀、石膏剪、石膏钳、石膏锯	装拆石膏绷带
辅助器械	污物桶、贮槽（架）、搪瓷盘（架）、搪瓷桶、器械台、干燥箱、烧烙器	

实习五　缝合技术

实习内容

1.外科打结方法。

2.持针与缝针方法。

3.间断缝合与连续缝合技术。

4.胃肠缝合、定位缝合、袋口缝合、折线技术。

目的要求 熟练掌握外科打结的方法和技术。学会持针、纫针、基本掌握常用的各种缝合方法及临床应用。

设备与材料 40cm线绳40条，缝针40枚，止血钳20把，持针钳20把，手术剪20把，各种规格缝线（样品）绵线，动物胃肠适量等。

方法步骤 老师讲解打结方法、纫针、持针、缝合技术后，分4—6组，分别练习打结技术。

按小组在白布、手巾或牛皮纸上练习一般缝合技术，利用动物胃、肠，练习胃、肠缝合技术等。

一、外科打结法

（一）线结的种类

1.单结 将结扎线交叉一次即为单结，容易滑脱。仅用于切除某些组织（如瘤体）临时结扎小血管之用。

2.方结（平结） 在单结基础上再交叉一次，是外科手术中的基本常用结，结扎时两端需用力均匀，避免形成滑结，此种结平稳可靠。

3.三叠结 此种结前两道结如方结，在此基础上再加一道单结。目的在于使结更加牢固，用于一些大血管及重要组织的结扎。其缺点是遗留组织中之结扎线较多，除某些特殊情况外，不宜使用。

4.外科结 结扎第一道结时，两线重复交叉两圈，第二道结如方结。此种结因第一道结有两圈，不易松弛，故常用于张力较大的组织，其缺点因摩擦力太大，不易扎紧，易使组织割裂，故一般情况下少用。

5.滑结　在打方结时，由于两手用力不均而结扎的结，即易形成滑结，此种结极易滑脱，手术者务必特别注意。

6.十字结（易脱结）　此结虽如方结有两道交叉，唯交叉形式不同，此结易受张力而滑脱。

（二）打结方法　打结方法很多，常用者有单手打结法、双手打结法和持钳式打结法三种。无论哪种打结法，平时要多加练习，以求达到熟练和正确，方能在手术中灵活运用。

1.单手打结法　操作步骤见教材及挂图。

2.双手打结法　操作步骤见教材及挂图。

3.外科打结法　擦作步骤见教材及挂图。

4.持钳式打结法　操作步骤见教材及挂图。

（三）操作要领

1.结扎时，线头必须向两方平均正确拉紧，使之形成平稳的第一道单结，然后用同样方法再打第二道结。

2.结扎较大的蒂部或张力大的组织，打好第一道结后，由助手用止血钳夹住线结部，而后再打第二道结，以防滑脱。

3.用肠线打结时，要留置较长线头（约4—5mm），以免受组织液浸泡后线头变粗缩短而滑脱。否则须打三叠结以求牢固。

4.一般情况下，尽可能用手打结，以求牢固。当线头过短，在伤口深处，缝线太滑时，可采用止血钳打结。

5.结扎后线头残留的长度要适宜，留的过短易于滑脱，留的过长，则成异物在组织中造成刺激。残留线头的长短，应决定于线的粗细，组织的张力等条件而定。一般丝线留2—3mm，肠线留4—5mm，细线短些，粗线要长些。张力小的组织留短些，张力大的组织留长些。

二、缝合的操作技术

（一）持钳法 持针器夹持缝针的前1/3处，缝合皮肤等致密组织时，多用拳握式持针器，缝合软组织时，多用徒手持针进行缝合较为方便。

（二）纫针法 缝针的针孔形状有卵圆形的普通针孔和弹簧针孔。普通针孔穿线时，用拇、食二指掐住针眼下部固定，针孔与视线平行，将线穿入针孔，缝线只能用剪子剪断，剪齐，不能用手揉捻。弹簧针孔，多为一连两个孔，纫针时将线压入第一针孔后，再压入第二孔即可。弹簧针孔纫针方便、容易。其缺点往往由于弹簧过紧，而压入缝线时，可能将其一股或数股夹断，弹簧稍有松弛时，缝线易于脱落。

（三）操作要领

1.缝合较薄及比较松弛的皮肤时，由创缘一侧刺入，同时由对侧穿出而打结。如果组织紧张且厚，创口较宽时，可由一侧刺入拔出后，再穿缝另一侧刺入刺出较为方便。

2.缝针的刺入点及刺出点应与创缘的距离和深度要相等而且必须在同一水平线上，前后两线的距离也要相等。才能使创缘平等接着。

3.使用弯针缝合时，应顺其弯度刺入，拔针时不可强挑针尖，以免缝针折断。

4.打结时不得不过度牵引组织，以免诱发创缘贫血、坏死及创伤并发症，所打的结必须置于创缘的一侧，避开创缘。

同学根据上述要领，在预先准备好的白布上用红铅笔或红粉笔划上一条假想切口，切口在布上要布置均匀，然后将布拉平拉紧，进行练习缝合操作要领，并结合练习打结。然后再用肌肉组织练习缝合与打结。

三、间断缝合与连续缝合法

（一）间断缝合法　此种缝合法是每缝一针后打结，并剪断缝线，再缝合第二针，多用于张力大的组织，即使个别缝线断裂也不致影响全部缝合。临床上常用者有下列数种。

1.结节缝合　是缝合中最基本常用的缝合形式。是由多数单独缝线分别穿过两侧创缘而后打结，缝合时将所有的缝线以等距离穿过两侧创缘，针孔与创缘之间要保持适当距离，每一针缝线之间的距离也应相等。所有线结放于创缘之一侧。结节缝合常用于皮肤、肌肉、腱膜及筋膜等组织。

2.减张缝合　当伤口附近组织张力很大时，采用减张以免缝线勒豁创缘。它常与结节缝合一并使用，即在结节缝合的基础上，在距创缘较远的距离上（约2—4cm），用较粗的缝线，用褥缝合的方法，把纱布卷或纽扣系于创缘的两侧，以支持其张力。

3.“8”字形缝合　应用于由数层组织构成的深创。能使两侧创缘创壁较好的结合，避免形成死腔，而影响愈合。

4.纽孔状缝合（褥缝合）　用于张力大的组织及某些内脏组织，缝合时由创缘一侧穿针由对侧创缘穿出，再于创伤平行至一定距离，穿针至对侧，为了减轻其张力可在创缘两侧放置纽扣、纱布卷或胶皮管，以免因张力过大而勒伤组织。

（二）连续缝合　是用一根较长的线连续不断将伤口缝完，此种方法操作方便，速度快，节约时间和缝线。其缺点是缝线一处断裂则全部缝线松脱，常用于张力小而无感染的组织。

1.螺旋形缝合　是用一根长线从伤口之一端开始先缝一

针并打结固定，然后连续的使每一针皆与伤口垂直的刺入至对侧，以此螺旋形式把整个伤口全部缝合。穿过最后一针时，将缝线的游离线头留在入针侧，以便与带针的线端打结。

2.锁扣缝合　先在切口之一端缝合第一针，并打结，然后以锁衣服扣孔的形式缝合整个切口，最后用镊子或止血钳，调整缝线并拉紧，使交纽之线均位于切口的一侧。此法常用于张力较大的皮肤切口，腱膜等组织的缝合。

3.褥缝合　实际上是连续的水平纽扣状缝合，缝合时穿第一针后打结，然后与创口平行取适当位置穿入第二针，至对侧如此反复，缝合整个切口，使创口两侧缝线平行于切口，常用于肌肉、腱膜、筋膜、子宫、舌等组织的缝合。

四、胃肠缝合操作技术　肠管缝合的原则是：必须保证创缘密闭，使一侧创缘和另一侧以浆膜接着，要求密闭后不漏粪、不漏水及不漏气，但也要注意防止管腔狭窄。肠管缝合方法也适用于食道、胃、子宫及膀胱的缝合。缝合为常用圆细直针和1—2号缝合线。常用方法有伦贝特氏及库兴氏两种方法。

（一）伦贝特氏缝合法，即垂直内翻缝合。针在创缘一侧，距创缘0.3—0.5cm处通过浆膜与肌层刺入缝针，在距创缘0.1—0.2cm处拔出针，再由对侧创缘以相同距离同样方法刺入和刺出缝针，依此连续的缝合（或间断缝合），每缝一针，必须拉紧缝线（或打结），此时创缘的浆膜面向内翻，并互相紧密接合，此时把第一层缝合包埋起来。每针距离为0.3—0.5cm。

（二）库兴氏缝合法，即水平内翻缝合。进针深度、方法与前法相同。但进针方向是沿着创缘两侧水平方向进行。

本法在抽紧每一针线与打结时，不易将组织撕裂，并且埋没组织少，缝合速度也较快，但不如伦贝特氏缝合法致密。

1.肠管侧壁缝合法通常采用二层缝合，第一层用螺旋缝合法，缝合肠壁全层，即缝针由一侧创缘浆膜刺入从粘膜刺出，再由对侧创缘粘膜刺入从浆膜穿出。要注意使创缘平整对合，术者每缝一针后，立即将缝线拉紧，直到缝完为止。然后用伦贝特氏或库兴氏螺旋缝合法缝合第二层。

2.肠管断端吻合法　将切断的肠管两断端用肠钳固定，由助手将肠管两端并列靠拢固定。术者先用伦贝特氏或库兴氏法缝合后壁（即靠拢的内侧壁），而后再用螺旋缝合法缝合后壁全层。前壁缝合（靠拢的外侧壁），先作全层螺旋缝合，然后将浆膜与肌层作伦贝特氏或库兴氏螺旋缝合法缝合。最后将肠系膜的空隙缝合使之密闭连接一起。

五、定位缝合与袋口缝合

（一）定位缝合　是结节缝合的特殊应用。用于较大创口及形状不规则创口的缝合。它可使整个创缘对合整齐，避免一侧创缘缝合结束后形成皱折。具体方法见教材及挂图。

（二）袋口缝合　它是连续缝合的特殊应用。常用于封闭孔、洞、盲端及控制肛门的大小，具体方法见教材及挂图。

六、拆线技术　用生理盐水洗净创口皮肤上的污垢及干痂，再用5%碘酊消毒伤口。然后用灭菌镊子提起缝结，露出少许埋入皮内的缝线，用外科剪剪断，即可抽出整个缝线。如为连续缝合，必须各个分别抽出，禁忌由一端将全线抽出。拆除缝线后涂以碘酊，并对伤口加以保护。

注意事项

1.单层缝合时缝针需穿过创底，以免创底内留有死腔。

2.针刺入孔与穿出孔应与创缘等距、对称。皮肤切口缝合时距创缘约为1—2cm，肌肉缝合为1.5—2cm，浆膜、粘膜约为0.2—0.5cm。

3.缝线的间距应在保证创口能紧密结合的情况下针数越少越好。两侧创缘要完全平整结合，勿使其内翻或外翻及发生皱褶。缝线粗细要合适，结扎时缝合的各针线松紧度要一致，以不割裂组织，不障碍局部血液循环为原则。

4.皮肤缝合后，应用镊子整理创缘，矫正其内翻或外翻现象，使其紧密结合，以利愈合。

5.对有化脓及渗出物过多的伤口，一般不做密闭缝合，留有排液孔，以利排液。对密闭缝合的创口，当发炎时，应立即拆除一部分缝线，以保证分泌物的排除。

6.肠管缝合按操作要领，细致认真进行练习。

7.缝合中提到的缝线号，只能做为参考，因目前缝线由于出厂不同，规格也不统一，使用时要注意这个问题。

实习报告 用白布、牛皮纸、作好各种缝合操作。

实习六 开腹术

实习内容 腹壁切开术示教。

目的要求 通过示教，使外科手术基本操作技术贯穿于一体，在手术中的具体应用，使学生学会并掌握保定、消毒、麻醉、组织分离、止血、缝合、绷带的实施方法和技术，为下一步手术实习打下基础。

设备与材料 实习大动物一匹（头），外科手术常规器械一套。消毒、治疗用药品及其他施术用具、用品等。

方法步骤 在手术室进行，由老师示范操作术前准备实施手术及术后措施。每组抽一名学生作助手，另由主讲教师讲解及介绍各项操作技术，边操作边讲解。手术结束后，在教师指导下安排助手（学生）作术后处理及护理。

1.保定　柱栏站立保定，或手术台侧卧保定。

2.麻醉　可用腰旁神经干传导麻醉结合局部浸润麻醉或全身麻醉。

3.手术部位　根据手术目的不同其部位颇不一致，本次实习作侧腹壁切开法。即左侧腹胁部，由最后肋骨弓至髋结节中央之三角区内，距腰椎横突外缘5—10cm处向下作20—25cm长的垂直切口，或距肋骨弓6—10cm的斜向切口。

4.手术部位常规处理。

5.手术方法　术者以执笔式持刀法按照皮肤切开的方法一次切开皮肤及腹部皮肌，然后钝性分离皮下组织至一定程度，彻底止血，清洁创面，由助手用扩创钩扩创充分显露腹外斜肌，按照肌肉纤维的方向，在腹外斜肌或其腱膜上作一小切口，然后将腹外斜肌钝性分离开至一定长度。用扩皮肤的扩创钩再扩开腹外斜肌，充分显露腹内斜肌，及时止血，清洁创面。其次对腹内斜肌、腹横肌以同样方法按肌纤维方向分别钝性分离开至一定长度，充分止血扩创（各层肌肉分离开的长度应与皮肤切口一致）。

在完成上述组织切口的同时，如遇大血管在不可避开的情况下，先作结扎切断，如遇腰神经则尽量避开以免切断。然后按照腹膜切开的方法切开腹膜。

腹膜切口大小应稍小于皮肤切口，切开后用浸有生理盐水的大块纱布裹住两侧创缘。然后伸手入腹腔探查。

闭合伤口：除去创缘纱布，观察有无出血，若有出血及时彻底止血后，向腹腔内灌注油剂青霉素或青霉素生理盐水。在第一助手配合下用0—1号缝线（最好用羊肠线）螺旋形缝合法缝合腹膜。然后用青霉素生理盐水（每毫升生理盐水含青霉素1000—2000单位）充分冲洗腹壁创口，用2—4号缝线结节缝合或螺旋形缝合法分别缝合腹横肌切口、腹内斜肌切口和腹外斜肌切口。然后用生理盐水冲洗皮下及切口，撒少量磺胺粉，用6—8号丝线结节缝合法缝合皮肤切口，缝完后用镊子整理两侧创缘使之密切接触，用纱布拭去皮肤切口附近血迹，创口涂2%碘酊，放置伤口敷料（数层纱布绵垫）用结系绷带固定。

注意事项

1.手术后组织同学护理与治疗，加强饲养管理，进行系统观察病情，以便随时处理。同时按下列要求进行治疗。

（1）术后注射青霉素80—100万单位每4—6小时一次，注射3天。

（2）根据失血及失水情况可输入5%葡萄糖盐水1000ml。

（3）每日定时测体温（每日3次）并检查全身变化，详细记录。

（4）术后半天至一天禁食，次日可给柔软易消化饲料，3日后恢复平日饲养。

（5）术后根据伤口情况，一般于7—10天拆除皮肤缝线。

2.教师在操作过程中，同学们要作好手术记录。术后经过也要作好病历记载。对局部解剖要求学生注意观察。

实习报告　提出手术记录及术后经过，并提出个人体会的报告。

实习七　开 腹 术

实习内容　腹壁切手术。

目的要求　通过本次实习使学生进一步掌握腹壁切开术的术前准备手术操作方法和技术，术后措施及护理等。

设备与材料　实习动物 6 头（只），术部常规处理器械 6 套，手术常规器械 6 套、麻醉药品、消毒药品、治疗用药品等均按 6 组准备。

方法步骤

1.全班分 6 组进行，每组安排术者 1 人，第一助手、第二助手、器械助手各 1 人、保定人员若干。

2.每组实习动物一头（只），施术器械物品各一套。

3.实习指导教师1—2人，分别指导各组手术操作。

4.术后、作好记录。

5.手术方法、参见实习六。

实习八　瘤胃切开术

目的要求　在腹壁切开术的基础上，进一步掌握瘤胃切开的方法步骤，瘤胃、网胃内探查技术，瘤胃伤口缝合的技术及操作中注意的问题。

设备与材料　实习动物牛或羊 6 只，术部常规处理器械、手术常规器械各 6 套，常规消毒药品敷料等。

方法步骤　教师先作瘤胃切开术简介，然后同学分 6 组进行实际操作，术后各组由术者和第一助手负责术后护理和治疗。

1.保定　将牛作六柱栏旁站立保定或采用手术台旁站立保定，羊可在小动物手术台上或长条桌上侧卧保定。

2.术部常规处理　左侧腹胁部作大面积剃毛，上界为腰椎横突下缘，下界为膝关节水平，前界至最后肋骨后缘，后界达髋结节向下作的垂线，局部剃毛（脱毛）后按常规消毒术部，覆盖手术巾。

3.麻醉　依具体条件选用下述方法。

（1）腰旁神经干传导麻醉。

（2）肌肉注射二甲苯胺噻唑，每千克体重0.2—0.6mg。

（3）肌肉注射盐酸氯丙嗪250—350mg（中等体型的牛），结合腰旁神经干传导麻醉及局部麻醉。

4.手术方法

（1）切口部位　在左侧最后肋骨后缘与髋结节之间，自腰椎横突外缘向下3—4cm处作长20cm左右的切口，体型较大的牛其切口部位应稍向前下方，于最后肋骨后缘3—4cm，腰椎横突前缘向下8—10cm处，否则术者手臂不能触及网胃底部及其周围，故切口部位应根据牛体型的大小而有所不同。羊的切口为15cm左右。

（2）腹壁切开　参阅开腹术实习。

（3）腹腔探查：腹壁切开以后，用温生理盐水纱布充分保护创缘，然后伸手入腹腔探查瘤胃与腹膜间有无粘连，网胃与膈肌及附近的腹膜有无粘连，异物等病理现象。

（4）瘤胃切开　腹腔探查完毕后，将胃壁的一部分（瘤胃后上囊）拉出于腹壁切口之外，在胃壁与腹壁切口下角垫上大块浸有生理盐水的纱布，防止切开胃壁时胃内容物流入腹腔，选择胃壁血管较少的地方作切口，切开前，先于胃壁切口的四角用8—10号丝线，穿上四条牵引线以固定胃壁，切口上下角牵引线之间距离为8—10cm，每条牵引线针孔间距为2cm，牵引线不要穿透粘膜层，然后由助手牵引线的正中，将另一个创布或塑料薄膜（中间作切口）的开口两边用螺旋形缝合法缝在胃壁上，这样就可预防在切开瘤胃时其中内容物进入腹腔。切开胃壁，术者即以左手将胃壁切口的左侧提起，右侧由助手提起，将胃壁切口拉至腹壁切口之外交由助手翻转固定。

术者将手通过切口伸入瘤胃，尽快的取出瘤胃内容物，一般取出1/3—1/2即可，如有其他异物（毛球、胎衣）一起取出，而后将余下的内容物分散到瘤胃各部，然后术者将手伸入前下方，穿过瘤胃孔伸入网胃，仔细触摸网胃各部，将网胃内的金属异物及其他砂石等一起取出，取完以后重新消毒手臂后进行下一步操作。

（5）缝合胃壁切口：先用生理盐水充分冲洗胃壁切口及其周围污染区，由助手拉紧胃壁牵引线，将胃壁切口对齐，用0—1号肠线以螺旋形缝合法缝合胃粘膜层，缝合完毕后再用生理盐水冲洗干净。用1—3号肠线以胃肠缝合法（库兴氏法）缝合胃壁浆膜及肌肉层，再用生理盐水纱布拭净切口附近，切口涂油剂青霉素或其他消炎油膏。拆除胃壁牵引线，将瘤胃送回腹腔，向腹腔内注入水剂青霉素80万单位（青霉素80万单位加入生理盐水300—400ml）及樟脑油20ml。

（6）缝合腹壁切口。

注意事项

1.瘤胃切开术可分为三个过程 皮肤切开至瘤胃切开前为无菌手术过程；胃壁切开至缝合粘膜为污染手术过程；由

浆膜内翻至缝合皮肤又转为无菌手术过程；因此，在操作过程中必须严密注意，严防腹腔污染，作好术野隔离，更换器械及术者手臂的消毒工作。

2.术后加强护理，细致观察，并为如下处理作好记录。

（1）术后即输入5%葡萄糖盐水1000—2000ml。

（2）24小时内禁食仅供饮水，随时注意病牛之变化。

（3）体弱食欲不良者次日输入10%葡萄糖1000—2000ml加入维生素C 1000—2000mg。

（4）术后按常规使用青链霉素。

（5）术后逐渐给予青草、青干草及营养丰富的高蛋白饲料。根据具体情况可早日开始活动。

实习报告 腹壁切开后将瘤胃切开手术的操作要领，及操作应注意什么问题，提出作业报告。

实习九 肠切除及肠吻合术

目的要求 使学生初步掌握肠切除及肠吻合术的操作方法、进行步骤以及手术中应注意的问题。术后措施及护理技能。

设备与材料 实习动物6头（只），术部常规处理器械6套，手术常规器械6套，肠钳24把，常规消毒药品、麻醉药品、敷料等。

方法步骤 先由教师结合挂图、标本、幻灯及录像讲解手术方法和步骤，目的要求及注意事项。然后学生分6组分别进行操作。术后各组对本手术予以讨论总结，术后加强检查、护理并作好手术记录。

术前准备 术前禁食1天，只给饮水，必要时给予肠道消炎药及青、链霉素等。

保定 马在手术台右侧卧保定。羊在手术台左侧卧保定。

麻醉 二甲苯胺噻唑全身麻醉每千克体重0.2—0.6mg。

术部常规处理。

手术方法

（1）腹壁切开同开腹术。

（2）肠切除术：腹壁切开以后，术者手伸入腹腔取出病段肠管，在肠管下面垫上浸有生理盐水的纱布。将预定要切除的肠管，用手指轻轻的将内容物向两端挤开，距病变肠段两端5cm处，分别用两把肠钳夹住，再用两把肠钳分别夹住接近病变肠段两端，使病变两端的肠钳与健康部两端肠钳的距离约为4—5cm。

再将预定要切除肠段的肠系膜血管双重结扎，以防出血。而后用剪刀将病变肠段（靠近中间一对肠钳外缘）及肠系膜（于双重结扎中间）作三角形剪除，再用青链霉素生理盐水清洗肠管断端，同时结扎断端血管，然后将两断端并拢，由助手固定，按胃肠断端吻合法行两层缝合。最后将肠系膜切口作螺旋形缝合，用温生理盐水冲洗后，涂油剂青霉素，而后送回腹腔。

（3）肠侧壁切开术：沿肠管纵轴（避开肠纵带）先作一小切口将肠管内容物流入瓷盆内，然后再切开肠壁5—10cm，取出肠阻塞物。用温生理盐水冲洗肠壁切口及其附近区域，而后按肠侧壁缝合法进行两层缝合，以后处理同肠切除术。然后将肠管送回腹腔，使其恢复原来的位置，而后按腹壁切开术的方法闭合腹壁切口。牛、羊、猪作肠管手术时，切开腹膜后还需切开两层大网膜，才能取出肠管。

注意事项

1.术后按常规进行护理与治疗，并做好记录和观察。

2.整个操作过程要遵守无菌原则，肠管缝合要认真、细致，勿埋没过多，以免引起肠管狭窄。

3.手术过程中要严密止血，特别是肠系膜及肠管断端尤为重要。

实习报告 肠切除及肠吻合术操作技术。

实习十 食道切开术

目的要求 使学生初步掌握食道切开术的手术方法和操作要求达到的技术。

设备与材料 实习动物6头（只），术部常规处理器械及手术常规器械各6组，常规消毒药品、敷料及用品等。

方法步骤 教师先讲解手术进行过程及操作方法，然后6组分别进行操作。术后注意观察及作好护理工作。

1.保定 右侧卧保定。

2.手术部位 在左侧颈静脉沟上缘或下缘。

3.手术部位常规处理。

4.麻醉 肌肉注射盐酸氯丙嗪镇静或二甲苯胺噻唑浅麻。局部用2—3%盐酸普鲁卡因溶液作菱形浸润麻醉。

5.手术方法 用手压迫阻塞部的颈静脉，使其明显怒张起来，然后在颈静脉之上缘或下缘作与颈静脉平行的10—15cm切口，切透皮肤、皮下筋膜及皮肌。因扩创钩扩大切口，再切开颈静上缘与臂头肌之间的腱膜，或颈静脉下缘与胸头肌之间的腱膜，此时严防损伤颈静脉。

继续深入时，由于切口的部位不同所遇到的组织也有所区别。在颈部上1/3与中1/3处，需切开肩胛舌骨肌，并用钝性分离法分离开深层肌膜。在颈部的下1/3处则需用钝性分离法分离开肩胛舌骨肌的腱膜及深层筋膜彻底止血，清洁创面，止此手术通路即告完成。

用扩创钩扩大创口，找到食道（食道呈柔软、暗红、中空、扁平而且其中含有索状的粘膜，有时尚可摸到蠕动），用止血钳或手指钝性分离其周围的结缔组织，将食道拉出于切口之外，在其下面垫上湿纱布，而后于食道切口之两端分别用肠钳夹住，以免内容物溢出。

在食道上作纵的切口，切口的大小视需要而定。作切口时需用手术剪或手术刀一次剪透或切开食道壁各层，以免粘膜与肌肉层扯离，切开食道后用纱布吸净分泌物及血液，切忌流入皮肤切口。取出阻塞物后用灭菌生理盐水冲洗。

而后用1—2号肠线或丝线作螺旋形缝合粘膜层，再用1—2号缝合线以伦贝特氏法螺旋形缝合肌肉层及外膜上的切口。缝合后涂上油剂青霉素，颈部肌肉及皮肤作分层结节缝合，伤口涂碘酊，覆盖纱布，用结系绷带固定。

注意事项

1.术后加强护理，1—2天禁止饮食（最好带上口网），视需要给予输液。以后给以柔软的饲料并任其饮水。半月内禁用胃管投药。

2.当分离食道周围组织和取除食道时，注意勿要伤害颈静脉。

3.手术过程中易发生瘤胃臌气，宜注意，一旦发生可穿刺放气。

实习报告　食道切开术操作技术。

实习十一　创伤的检查与治疗

实习内容

1.观察各种不同类型创伤的特征以及临床症状。从中判定创伤愈合过程。

2.认识健康肉芽与赘生肉芽的区别。

3.化脓创伤中的脓汁与细胞像的检查。

4.新鲜创、化脓创、肉芽创的临床治疗。

目的要求　通过观察各种不同类型创伤的特征，熟悉创伤愈合过程的肉芽状态。练习对不同类型创伤的诊断。要求掌握创伤诊断的基本技能，以便判断预后，决定治疗措施；掌握新鲜创、化脓创、肉芽创的治疗方法。

设备与材料

1.实习动物或各种创伤病例2—4匹。如无病例可用实习动物造病。

2.器械　剪毛剪2把、外科剪2把、外科刀1把、探针1个、大镊子2把、小镊子2把、量尺1个、器械盘1个、贮槽1个、洗手盆1个、毛巾、毛刷等。

3.外用药　酒精棉、碘酊棉、煤酚棉、生理盐水等。

4.实验室主要设备　显微镜12台、载玻片160片、革兰氏与姬姆萨染色液各6组、甲醇、酒精与乙醚等量混合液各6组等。

方法步骤　将患有不同类型创伤的病畜或实习动物，分别在保定栏内保定，由教师示范操作，进行临床检查，指出不同类型创伤的特征及肉芽状态，而后进行分组观察。创伤实验室检查可分成六组进行。

一、创伤检查

1.创伤的临床检查

（1）问诊：问创伤发生时间，致伤物体的种类，受伤动物反应和表现，出血情况，受伤当时用什么方法救护等问题。

（2）全身一般检查：测定体温、脉搏、呼吸，观察结膜的色泽，判定失血情况。

（3）局部检查：测定创伤的部位、大小、形状、性质、创口裂开程度，有无出血和污染，为了获取确切材料，可用量尺测诊创伤。

然后详细检查创内，注意创伤深部组织受伤状况，有无凝血块、水肿、创囊及异物等。对化脓性创伤，检查脓汁的性质和创液酸碱度，以及脓汁色泽与脓汁像等（在实验室进行检查）。

2.观察不同类型创伤的特征

（1）刺创：特征创口小，创道深，常呈直线，深部组织常受损伤，一般出血少，刺入物体有时被折断，创口易被封闭，容易发生感染。

（2）切创：特征创缘创面整齐，出血较多，伤口可长可短，创腔可深可浅，易造成神经、肌腱、血管等的横断面裂。

（3）裂创：特征组织撕裂或剥离，创缘及创面不整齐，创壁、创底凹凸不平，创口裂开显著，疼痛剧烈，出血较多。

（4）挫创：特征创形不整，裂开面积大，有明显挫灭的坏死组织，血液浸渍、疼痛显著。严重肌肉断裂或发生骨折，创内可能聚积大量的泥土、粪便、砂石及被毛等污物，并带有创腔，极易化脓。

3.观察肉芽状态

（1）健康肉芽：呈淡蔷薇红色及平整颗粒状，不易出血，肉芽生长相当坚实，分泌少量脓性分泌物。

（2）赘生肉芽：脆弱苍白，易出血，平整光泽，覆盖脓层，不易形成上皮。

4.脓汁的检查

（1）脓质的反应：脓汁呈碱性反应，但脓汁内存有大量脂肪酸及其它酸类时，脓汁呈酸性反应。用石蕊试纸放在创伤深部的脓汁上，试纸颜色如变为浅绿色到深绿色则是碱性反应，如不变色为中性反应，当试纸变为鲜红色时则是酸性反应。

（2）脓汁的色泽：脓汁色泽的判定可确定细菌的种类。葡萄球菌感染形成的脓汁呈黄白色或微黄色粘稠，通常呈浓厚凝乳块，而无臭味。链球菌感染，脓汁比较稀薄常呈淡红色或微黄绿色，常有蔓延倾向液状。绿脓杆菌则呈黄绿色或灰绿色具有腐霉气味，浓稠富有纤维蛋白脓汁。大肠杆菌感染的脓汁稀薄呈淡褐色，粘稠样有不良的臭味，常含有气泡。

（3）脓汁像的检查

操作：①每人擦干净载玻片4张。②用吸管从创伤深部吸取少量脓汁，滴于载玻片上一滴（如果脓汁很稠时，先向脓汁内加入1—2滴生理盐水，把脓汁调匀），制备4张。③把脓汁均匀地涂抹开，自然干燥。④将涂抹片放入甲醇中5分钟或酒精与乙醚等量混合液15分钟固定。⑤染色：二片用姬姆萨氏染色法染色；二片用革兰氏染色法染色。

镜检判定：①炎症剧烈时，镜检可发现大量被破坏的细胞，绝大部分嗜中性白细胞处于完全分解状态，个别细胞中含有大量的细菌，偶尔可看到嗜酸性白细胞和淋巴细胞。②创伤愈合良好时，脓汁主要是由完整的、形态正常的嗜中性白细胞组成，白细胞中具有很多溶解的细菌，浆细胞、单核细胞、巨细胞等。细菌均以小集团形式出现。

在革兰氏染色法的脓汁涂片中，可以检出创伤内存在不同细菌的种类。

5.创伤细胞压片的检查

操作：

（1）每组擦拭5—6张干净的载玻片，浸于酒精内。

（2）取出后将载玻片点燃，而后使之冷却。

（3）用棉球浸生理盐水轻轻清除创面脓性分泌物。

（4）将冷却的载玻片，贴在创面上捺压一下，而后细致向上提取载玻片，操作中要小心，防止细胞变形。同一部位制备3—4张压片。以同样方法制作创伤面2—3个部位的压片，同时标明压片顺号。

（5）压片在空气中自然干燥。

（6）干燥压片在甲醇中或酒精与乙醚等量混合液中固定15分钟。

（7）染色：姬姆萨氏染色法染色二片，再用革兰氏染色法染色二片。

镜检

（1）当创伤为急性炎症过程时，压片上可看到处于各种不同分解阶段的嗜中性白细胞，很少见到嗜酸性白细胞和淋巴细胞。

（2）随着肉芽组织的生长和坏死组织的脱落，在压片上有幼稚型的圆形多核细胞，在多核细胞内若存在着各种破坏程度的细菌，则表明多核细胞的吞噬作用和有机体高度的保护性反应。

（3）如压片上吞噬细胞、巨噬细胞和原纤维母细胞的数量增多，是说明组织再生过程良好，创伤处于愈合过程。

（4）如在压片上发现大量浆细胞，是标志再生过程显著恶化。

二、创伤治疗

1.新鲜创的治疗

（1）创伤止血：根据创伤发生部位、种类和出血情况，应按止血方法先进行止血。

（2）清洁创围：用灭菌纱布块放在创腔内，然后从创缘开始向外周剪毛5—10cm，剪毛时防止被毛或泥土落入创内，剪毛后用肥皂水或3%煤酚皂溶液，洗净创围，注意勿使刷拭液流入创内，而后用酒精棉球彻底清拭创围皮肤，最后用5%碘酊消毒。

（3）清理创腔：先除去纱布块，用镊子涂去可见的被毛、异物、凝血块及挫灭组织碎块。另外，根据创伤性质和损坏程度，在局部麻醉下，进行修整创缘，切除创缘挫灭的皮肤和皮下组织、扩大创口、消除创囊，除去深部挫灭组织等。

最后选用生理盐水，0.1%雷佛奴耳溶液、0.1%高锰酸钾溶液、0.25%盐酸普鲁卡因溶液加入青霉素每毫升含500—1000单位，或新洁尔灭（1:2000）或高渗硫酸镁(钠)溶液，反复冲洗，清除创内异物。最后用灭菌纱布轻轻吸干创内积液。

（4）创伤用药：清创以后，伤面可撒布氨苯磺胺粉或青霉素粉或碘仿磺胺粉等。

（5）创面整齐，有可能第一期愈合的，可进行缝合。对污染严重，创缘不清楚，而达不到第一期愈合时，除撒布上述粉剂外，也可撒布三合粉（高锰酸钾、氯化锌、卤碱粉等各粉)，或用高锰酸钾粉研磨，也可撒布中药生肌散等，行开放疗法。

（6）包扎：应根据创伤的具体情况，合理应用绷带包扎。

2.化脓创的治疗

（1）清洁创围：同新鲜创。

（2）冲洗创腔：用药液反复冲洗创腔，彻底洗去脓汁。

防腐剂的选用，要根据创伤炎性净化阶段、脓汁性质的不同，而选用药物。

创内酸性反应时，宜选用碱性药物，如生理盐水、高渗盐水、2%碳酸氢钠溶液、1:2000—10000新洁而灭溶及0.01%—0.02%呋喃西林溶液等。其次0.1%雷佛奴耳溶液也经常使用。

当有尘土严重污染创伤时，以及有厌气菌、绿脓杆菌、大肠杆菌感染可能时，宜选用酸性药物，如0.1—0.2%高锰酸钾溶液,2%—4%硼酸溶液或2%乳酸溶液等。

其次也要注意脓汁的色泽或涂片检查，决定细菌感染的种类，以便选择药物，控制细菌的发育繁殖。此外使用高渗硫酸镁（钠)、高渗盐水冲洗也可，并能加速创伤净化。

（3）处理创腔：冲洗排脓后，清除创内异物、坏死组织及创囊，为创内脓汁顺利地向外排出创造有利条件。如排脓不畅，可在低位作辅助切口排脓，最后再次用防腐剂冲洗创腔。

（4）引流：冲洗干净后，根据创腔情况，而用适合创腔大小的纱布浸透药液（如硫呋液、20%硫酸镁（钠）溶液、10%食盐水、硫甘碘合剂、0.1%雷佛奴尔溶液等），纱布一头用大镊子夹起，另一头用针将纱布条导入创腔内，使其平整全面地塞在创腔内，注意不要塞的过紧，一头留在创口下边。

（5）为防止引流物掉落，可用缝线将两侧创缘临时缝上1—2针，固定引流物。一般不包扎，行开放疗法。

3.肉芽创的治疗

（1）清洁创围：同前。

（2）清洁创面：由于化脓性炎症逐渐停止，创内生长新鲜红色肉芽组织，因此清洁创面时要保护芽组织不受损伤，使用无刺激性的或弱防腐液浸湿棉球轻轻清拭，除去肉芽面上多量的脓性分泌物，不能粗暴冲洗。常用药物有：生理盐水、0.1%雷佛奴尔溶液，0.1%高锰酸钾溶液、0.01%—0.02%呋南西林溶液、硫甘碘合剂等。

（3）应用药物：应选择刺激性小，促进肉芽组织生长的药物调制成流膏、油性乳、乳剂或软膏使用。可应用松碘油膏、10%磺胺鱼肝油、2%—3%鱼肝油红汞或甘油红汞、青霉素鱼肝油、5%—10%敌百虫软膏等涂布。以后可应用磺胺软膏、青霉素软膏、金霉素软膏等。

当肉芽组织充满腔内并接近创缘时，为了促进创缘上皮新生，可应用氧化锌水杨酸软膏、氢氟酸软膏、氧化锌软膏或自家血液灌注与血液湿性绷带等。此外也可于创面上涂布龙胆紫液、撒撒布剂等。

对赘生肉芽组织的处理：赘生组织小的可用硝酸银或硫酸铜腐蚀，赘生组织较大的可用高锰酸钾粉末研磨，使之形成痂皮。

注意事项

1.创伤治疗中所提到防腐剂，尽可备齐，以便使学生观察。

2.引流的纱布条，应根据创腔的情况来制作，一般纱布条越长，则其条幅应越宽，而用狭而长的纱布条作引流，不易达到目的。

3.关于用药时期对创伤愈合很重要。一般在化脓未停止前，每天用药1次；当化脓停止，生长肉芽时，应加强保护芽组织，并减少用药次数。

实习报告 新鲜创、化脓创、肉芽创的诊断与治疗的不同点。

实习十二 脓肿的诊断与治疗

实习内容

1.脓肿临床症状的观察。

2.脓肿临床诊断的要领。

3.脓肿的切开与具体治疗技能。

目的要求 通过对脓肿病例的观察，了解脓肿的症状及治疗的实际操作技能。要求掌握脓肿的诊断及治疗的基本技能。

设备与材料

1.脓肿病例或实习动物1—2头（实习动物可在实习前一周，在鬐甲下，胸壁的一侧，皮下注射松节油 5—10ml，人工造成脓肿）。

2.器械 剪毛剪2把，外科剪1把，外科刀1把，止血钳6

把，锐匙与锐环各1个，缝合器材1套，脓盘1个，探针1个，洗创器1个，采血针头4个，20、50ml 注射器各1—2个，瓷杯2个，镊子4把，贮槽1个，毛刷2个，洗手盆2个，器械盘1个。

3.治疗用药　煤酚皂、酒精棉、碘酊棉、水溶性防腐剂、碘仿醚、磺胺碘仿甘油等。

方法步骤　由教师示教，部分同学当助手，其它同学观察。

1.脓肿症状的诊断及治疗步骤如下：

（1）临床症状诊断：

①局部温度升高，特别浅在性热性脓肿表现明显，寒性脓肿没有局部温度；②肿胀；③疼痛；④波动，波动对脓肿的诊断具有决定性的意义。检查时，先将两手指端放在肿胀的相对两侧，然后进行交替按压，此时可感觉其中有液体流动起伏，即可确定为波动的存在。一般表面脓肿最为明显，脓肿愈深在，脓肿壁愈厚，波动的确定也就越困难。当触诊时必须注意，防止粗暴按压，以免破坏脓肿膜而失去其保护作用，造成转移性感染。⑤皮肤与皮下组织水肿；对诊断深部脓肿上具有重要意义。

（2）鉴别诊断：识别脓肿时，须注意与水肿、血肿、肿瘤等进行鉴别诊断。水肿为无热无痛的肿胀，即或有也很轻微，肿胀部均感柔软；血肿系由于血液及血清聚于皮下而成，受伤后立即发生，形成迅速，按压有柔软之感并有捻发音，肿胀的紧张度与疼痛不明显；肿痛无热疼的表现，整个肿胀均有较硬的感觉，其发生时间过程较长。

（3）穿刺诊断：为了避免诊断上的错误，可进行穿刺抽取内容物判定，最为可靠，方法是：局部剪毛消毒后，用大号注射针头，选择波动明显的低部位，垂直刺入脓肿腔，内容物可自动流出，或安上注射器吸出内容物，如流出脓汁，即可确定为脓肿。否则就不是脓肿。

2.脓肿的治疗

（1）切开：要注意切口的位置，长度和方向，即要求便于彻底排除脓汁，又不要损伤主要的血管、神经，也不宜超过脓肿的界限，以免损伤健康组织和感染扩散。

由于解剖条件的限制，不能切开的脓肿，可用穿刺抽出脓汁。

若脓肿过大，或其底部尚有多量脓汁，一个切口不能彻底排除脓汁时，可做反对孔切口排脓。

切开时先将术部常规处理。切开时为了防止脓汁向外喷射，可先用针头穿刺排除一部分脓汁。最后选择柔软部位，先以刀尖刺入皮肤慢慢切开，下刀不宜过深，以防误伤对侧脓肿膜，而使脓汁扩散。

（2）排脓：切开脓肿后，力求彻底排出脓汁，但要注意不要破坏脓肿膜，以免损伤肉芽组织和感染扩散。其次检查脓腔，应注意有无残留的坏死组织和孔腔蓄脓，对于通过脓肿腔的血管和神经应加以保护。

（3）脓腔的处置：首先进行脓肿腔内检查，对腔内异物或坏死组织应小心除去，然后对浅在性脓肿可用防腐液反复清洗。以便除去脓腔内的残余脓汁与坏死组织。对于深在性脓肿可用挥发性防腐剂，如碘仿醚灌注，排除脓汁后，用浸有松碘油膏或磺胺碘甘油或0.1%雷佛奴耳液的纱布块放入脓肿腔内引流，以保证脓汁通畅排出和防止切口过早愈合，以后根据脓汁多少，及时更换引流物。

（4）全身疗法：根据脓肿的大小、感染程度，除局部处理外，要注意全身疗法，可用抗生素与磺胺疗法，碳酸氢钠疗法以及普鲁卡因封闭疗法等。

注意事项

1.选择脓肿成熟的病例，使同学亲自按压对波动的体会。

2.穿刺时，禁忌针头刺透对侧的制脓膜，以免引起组织感染。

3.切开脓肿时，勿伤对侧制脓膜，要彻底清除脓肿腔内的坏死组织。

实习报告 脓肿的诊断与治疗技术。

实习十三 眼病的检查及牙齿修整术

实习内容

1.眼的临床检查方法。

2.眼病的临床治疗技术。

3.牙齿修整术。

目的要求 使学生了解眼病的主要检查方法及常用的治疗方法和技术。掌握牙齿修整术的方法和要求。

设备与材料 患有眼病及牙齿磨损不整的老龄动物1—2头，检查眼病器械1套，治疗眼病用的器械一套，2%硼酸溶液、2%阿托品、2%可卡因、2%红汞、眼药膏、高锰酸钾等。牙科器械一套。

方法步骤 教师以实习动物讲解眼病的检查方法及治疗技术（示教），介绍检查眼病的器械及其使用方法。以病例介绍牙齿磨损不整的临床表现及治疗措施，教师示范操作，介绍常用牙科器械。

1.眼病诊断方法

（1）视力检查法：用1根1尺长的树枝从被检眼的后方

轻轻移到被检眼的前方，并进行上下摆动，观察其有无视力；或在道路上设置一障碍物，将被检动物牵行通过，观察其有无视力。

（2）焦点光照检查法：用具有10—15屈光度的双凸透镜，放在被检眼的前方或侧方，然后使光源通过双凸透镜在眼内形成焦点或用聚光好的手电筒照于眼内，即可清晰的观察到角膜、眼前膜、虹膜及晶状体等部的病变。

（3）普氏映像法：在暗室内散大瞳孔后进行检查，可判定晶状体混浊部位及有无晶状体。检查方法是取一支烛点燃后，将烛光置于被检眼前方 10—15cm 处，从侧方或前面观察，可见到眼内出现三个烛光映像：第一个是直像，明亮而清晰，是角膜前面反映出来的；第二个也是直像，不如第一个像明亮清晰，也较小，是晶状体后面反映出来的；第三个是倒像，不甚明亮，最小，是晶状体后面反映出来的。检查时可慢慢移动烛光，使映像有顺序的在角膜、晶状体的各部出现，即将烛光沿水平线转移时则前两个映像也随烛光向同一方向移动，而第三个映像则与此相反。正常情况下 3 个像在各个部位都明亮清晰，晶状体后面混浊时，第三个像不清晰，晶状体前有混浊，则第二个像到混浊处不清晰。当晶状体不清晰、溶化、脱落时，则第二个像及第三个像均消失。

（4）检眼镜检查法：可检查视网膜、脉络膜、视神经乳头及玻璃体部位病变（检眼镜构造有各种各样，其主要部分是一个中央带有小圆孔的反光镜和其后面附有可以回转的装有不同屈光度数的小透光镜，记有“+”“-”符号：“+”号的为凸透镜，可矫正远视眼；“-”号为凹透镜，可矫正近视眼，小镜边上的数字表视屈光度数。使用时，可根据检查者视力状态，适当调整使用）。

将被检动物在暗室内柱栏内保定，用0.5%阿托品溶液点眼使瞳孔散大，将检眼镜保持在被检眼前（越近越好），使检眼镜上反射的光线进入眼内，从中央的小孔，即可观察到眼内状态。

健康马的眼底状态如下：

①绿颤——位于眼底上部，其形状近似半圆形，在整个绿颤部分散布很多的暗色或紫色小斑点。绿颤为照膜的反映，其中散在的无数小斑点，为脉络膜血管的暗影。

②黑颤——位于眼底的下半部，呈暗黑色。黑颤的颜色为深层脉络膜的色素颜色。

③视神经乳头——位于眼底的下方绿颤与黑颤的交界部，多呈横椭圆形，在自然光线下，视乳头呈浅黄色或淡黄色，其周围部分的颜色比中心部分的颜色较鲜艳些，在视神经乳头的中央和边缘之间，有向周围分布的放射状小血管24—34条（视网膜中心静脉）。

2.眼病一般治疗技术

（1）洗眼法：

①洗眼壶法洗眼——一手的食指及拇指按在患眼下眼睑处，一手拿装有2%硼酸水的洗眼壶向眼内灌注药液，拇指及食指不断开闭眼睑使眼内异物随冲洗液流出（如无洗眼壶可用胶皮球或注射器吸取药液进行冲洗也可）。

②鼻泪管冲洗法——先用连接长胶皮管的鼻泪管洗涤器，从鼻孔前端插入鼻泪管开口处，然后由助手用100ml药液注射器抽取2%硼酸水从连接鼻泪管洗涤器的胶皮管注入，药液经鼻泪管从眼内流出，可将眼内异物冲洗干净（无鼻泪管洗涤器时，可用一个粗针头将其尖端磨成钝圆后即可使用）。

（2）点眼法：首先用2%硼酸溶液棉球清拭眼内分泌

物后，一手持吸有药液的点眼管，一手开张眼睑，将药液滴入结膜囊内，一次滴入3—4滴即可。

（3）软膏涂布法：先用硼酸棉球擦净眼内分泌物。用一根前端钝圆的细玻璃棒（其它细小的木棒或探针也可），沾取豆大的软膏，一手开张眼睑，一手持沾有软膏的玻璃棒与眼裂平行，将软膏放入结膜囊内，立即闭合眼睑，由外眼角抽出玻璃棒，轻轻按摩眼睑即可（如用牙膏式的眼药膏直接将眼药膏挤入眼内即可）。

（4）粉末吹入法：应用吹粉器，在其一端放入适量的粉剂后，另一端接上胶皮球，使放有粉剂一端垂直对着眼球，在患眼开张状态下，迅速按压胶皮球，使粉剂吹入眼内（如患眼闭合时，一手开张眼睑，一手将粉剂吹入。无吹粉器，可用硬纸卷成一个小纸卷，一端放入粉剂，一端接上胶皮球，也可将粉剂吹入眼内）。

3.牙齿整修术

（1）牙科器械识别及使用方法介绍：齿刨、齿锉、齿锯、齿剪、齿钳、拔牙钳等。

（2）锐齿及剪状齿截断术：患畜于六柱栏内站立保定，头部实行三角保定。装上开口器，将舌拉出于健侧口外。用齿刨的刃部对正牙齿的尖锐部位，用力冲击把柄，即可将锐齿尖端切除。或用齿剪剪除锐缘。然后用齿锉锉平，磨光滑。最后用生理盐水或0.05%的过锰酸钾溶液冲洗口腔。

注意事项

1.眼病的诊断，应认真细致地进行。要能准确判定各部病变，需要有比较全面的关于眼球解剖、生理知识。

2.检查眼内的病理变化时，如无暗室设备，可在晚间进行。

3.鼻泪管洗眼法，对化学物质如石灰等进入眼内时，能起到良好的冲洗作用，应作为重点内容实习。

4.牙齿修整刨齿要准确勿伤其它组织，锉的程度不要过甚，以免损坏牙齿咀嚼面。

实习报告 眼病诊断及牙齿修整术。

实习十四 圆锯术

实习内容

（一）观察马头骨标本，结合有关局部解剖，确定额窦、上额窦的位置及圆锯术的手术部位置。

（二）以马头骨标本为依据，在活体马头上确定圆锯孔的位置。

（三）按照选定的部位施行圆锯术。

目的要求

（一）使学生掌握选定额窦、上颌窦圆锯术施术部位的技术。

（二）使学生练习掌握额窦或上颌窦圆锯术的操作方法。

设备与材料 实习动物1头，圆锯器械一套，手术常规器械一套，术部常规处理器械一套，局部麻醉药品，常规消毒药品。马头骨一付。

方法步骤 教师结合头骨标本，挂图及动物讲解圆锯术的部位、保定、麻醉及手术程序。然后由教师示范实施圆锯术的操作。

（一）手术部位 马的额窦圆锯术可选用三个部位；上颌窦则有两个部位。

1.额窦后孔 在两眶上突后缘之间作一连线与正中线相

交，在其两个下角内可施行到达额窦后孔的圆锯术。

2.额窦中孔　由眼内眦向正中线作一垂线，此线正中央的一点即为圆锯孔的中心。

3.额窦前孔　由眶下孔上角至眼眶内缘作一连线，在此线的中央向正中线作一垂线，即在此线的中央点作为圆锯孔的中心。

4.上颌窦前孔　自眼内眦向前作一与面嵴的平行线，自面嵴末端向正中线作一垂线，再加上自内眦向面嵴所作的垂线，并以面嵴作为一个边，随构成一个矩形。此矩形被两条对角线划分为前后两个三角形。在前三角形的正中，为上颌窦前孔圆锯的部位。

5.上颌窦后孔　在上述矩形后三角区正中，即上颌窦后孔的圆锯部位。

若额窦与上颌窦需要同时作圆锯术时，可作额窦与上颌窦前孔即可。上颌窦中隔可以打通，以利注洗。

（二）保定　诊疗架内站立保定，并用三绳保定法固定头部。如为性情执拗的马匹，骚动不安，亦可倒卧保定，捆缚稳定后施术。

（三）手术部位进行常规处理并消毒。在圆锯开孔部位施行皮下浸润麻醉。

（四）术式　按具体部位进行操作。

1.作一开口向下的“U”字，行皮肤切口。切口应大于圆锯孔，切透皮肤至骨膜。

2.压迫止血或结扎止血。

3.分离“U”字形皮瓣，向上翻转，由助手用镊子夹持固定，或作一缝合固定。

4.将“U”字形切口的骨膜作“+”字形切开，用刀柄向外剥离骨膜。

5.收拾好圆锯，将圆心锥推出，使稍突出于圆锥齿约1/4cm，调节控制深度的外套部分，并置圆锯孔的中心点上，使圆锯在旋转时不致滑动。

6.旋转圆锯，锯出一个圆形槽沟后，将圆心锥退回，继续旋转直至将骨髂锯透。锯下的骨质小圆片常附着于圆锯筒内；如骨片落入窦腔内，则用镊子取出。

7.观察锯出的圆孔是否正确。

8.将骨膜展开，可加以必要的缝合。撒布一层磺胺粉，将“U”字形皮瓣复原，定位缝合切口。

9.术后注意护理和治疗。

注意事项

1.确实控制好圆锯的头部，使之不能自由活动。

2.应按局部解剖学正确地决定圆锯部位。

3.锯圆锯孔时，应垂直放置圆锯，并平均稳悉的贴在骨面上，不能摇摆。当马头活动时宜停止并移开圆锯，以免损坏锯齿。

4.注意术前检查并在施术前7天进行破伤风类毒素预防注射。

实习报告 圆锯术操作技术。

实习十五 跛行的检查方法

实习内容

1.观察健康动物的步幅。

2.观察患支跛、悬跛、混跛动物的步幅变化，辨明前方短步与后方短步的特点。确定跛行种类及程度。

3.观察患跛行动物的站立状态、运动检查要领及局部检验的操作技能。

4.观察点头运动及臀部升降运动。

5.促使跛行加重的措施 软硬地运动、圆圈运动、急转弯运动、上下坡运动等的检查方法。

目的要求 通过对支跛、悬跛、混跛病例的观察，使学生了解跛行的种类及特征、步幅的变化。并初步掌握四肢病诊断的顺序和判定患肢、患部的要领及实际操作技能。

设备与材料

1.患支跛、悬跛、混跛病畜3匹、实习动物3匹（头)(利用实习动物可人工造跛行：支跛可试用钉子刺入蹄底；悬跛可试用酒精 20—50ml 于实习前1—2小时注入肢体上部肌 肉内；混跛可于上部关节部打击或注入酒精)。

2.检蹄器4个、蹄刀4把、蹄迹步幅挂图。

3.跛行诊断场地，如上下坡路，软硬地等。

方法步骤 在教师指导下，按下列顺序进行观察。而后学生分为三组利用实习动物进行实习。

1.观察健康动物站立状态及在砂面上四肢运步的变化，从中弄清正常步幅，前半步及后半步。

2.观察患四肢病病畜站立状态与健康畜对比，从中找出异常现象，着眼点要注意：

（1)肢体各部有无外伤、肿胀、变形和肌肉萎缩等变化。

（2）四肢是否平均负重，注意一肢患病免负体重、减负体重及两肢患病时的站立姿势和负重状态。

（3）肢势变化和负重状态。

（4）注意观察两侧肢（趾）轴和蹄形是否一致，蹄的大小和角度如何?蹄铁磨灭状态和程度以及蹄壁有无角裂等。

（5）注意牛患四肢病时的站立状态。

3.运动检查要领　要在平坦宽广场地上，先慢后快的进行直线运动，注意患畜在运动中的异常现象。

4.患畜运动检查　着眼点观察肢的提举、伸扬与负重状态，从中看患支跛、悬跛、混跛的步幅变化，主要观察内容有：

（1）观察肢的提举、伸扬和落地负重状态，从中判定是前方短步，还是后方短步，进而确定跛行种类，并判定跛行程度。

（2）观察点头运动：一前肢患支跛的，当患肢着地，患畜头颈高举，健肢着地负重时，头颈低下，头部这样上下摆动现象，称为点头运动。即头低下地时，着地的肢是健肢，头高举时，着地的肢是患肢。

（3）观察臀部升降运动：当一后肢患支跛时，在前进中为了把身体重心移向对侧健肢，所以在健肢着地时，臀部显著下降；而在患肢着地时，臀部显著高举，这种现象称为臀部升降运动。即臀部下降时，着地的为健肢，臀部高举时，着地的肢为患肢。

5.促使跛行程度加重　当跛行较轻，用上述方法，不能确定患肢时，可采用下列措施，促使跛行明显即：

（1）圆圈运动；

（2）急速回转运动；

（3）软硬地运动；

（4）上下坡运动。

6.确定患部　站立检查、运动检查确定的患肢，只是疾病的外部现象，而不是疾病的本质，必须根据运动检查时所确定的跛行种类及程度，对患肢进行全面的、有步骤的、有重点的检查。

检查时，主要是对患肢各部进行触摸、压迫、牵引或被动运动，以确定局部的温度、疼痛、肿胀、移动性及摩擦音等，进而确定患部，主要重点检查：

（1）蹄部检查：①蹄的外部检查；②蹄温检查；③蹄内痛觉检查。

（2）肢体各部的触压检查。

（3）被动运动检查。

（4）传导麻醉检查（见教材）。

注意事项

1.着眼点要注意支跛、悬跛、混跛的步幅变化，特别要辨清前方短步与后方短步。

2.使跛行程度加重的措施及确定患部的检查方法，尽可能使同学们亲自动手操作和观察。以便较熟练掌握跛行诊断要领。

实习报告

1.支跛、悬跛的步幅变化蹄迹。

2.点头运动、臀部升降运动对确定患肢的根据。

3.促使跛行加重的措施。

4.患四肢病畜的站立检查、运动检查、局部检查的要点。

实习十六　四肢病的诊断与治疗

实习内容

1.急性系关节扭伤或屈腱炎病例。

2.跗关节浆液性滑膜炎或慢性关节周围炎病例。

3.肩胛上神经麻痹或桡神经麻痹病例。

目的要求 通过典型四肢病例的临床观察，应用跛行诊断知识，初步掌握四肢病诊断与治疗的技能。

设备与材料

1.病例 同实习内容的病例。

2.诊断用具 检蹄器、注射针头、注射器等。

3.治疗用药品及敷料 根据病例准备应用药品。

方法步骤 学生每组一个病例，按跛行诊断程序进行，然后各组讨论，提出诊断与治疗措施。

病例介绍

1.急性系关节扭伤：

（1）问诊：系关节扭伤多在使役或运动过程中突然发生跛行，而病情逐渐加重，跛行程度越走越重。因此问诊时要注意了解在使役中是否有失步蹬空、滑走、急跑突然停止或急转弯、跌倒、跳跃等情况。另外询问发病后的经过及跛行程度如何？作为判定病性的参考。

（2）现症检查：

站立：注意观察系关节站立状态，一般表现以蹄尖负重，患肢弯曲，系关节屈曲不敢下沉，系部直立。

运动：表现系关节屈伸不充分，不敢下沉，蹄负重面不全着地，常以蹄尖接地前进，表现明显的后方短步，而且越走越重。

局部变化：触诊关节内侧或外侧韧带，明显热痛、肿胀，被动运动时，疼痛剧烈，病畜反抗。

（3）诊断与治疗：根据检查结果，小组讨论提出诊断依据和治疗措施，而后由教师总结，并指导学生进行处理。

2.附关节浆液性滑膜炎

（1）问诊：本病多由于在不平道路上服重役，幼龄家畜过早使役，肢势不正或关节发育不良等而发生。关节扭伤、挫伤、脱臼等也可继发，因此问诊时要注意此情况。

（2）现症检查：本病多取慢性经过，检查时注意关节外形的改变，在关节内、外侧面及前面形成三个椭圆形凸出的柔软肿胀，压迫肿胀时，可感到其中有液体，而且来回流动，有明显波动，除急性者外，一般无痛无热，多数病例缺乏跛行。但滑膜囊高度肿胀时可出现跛行。

如为急性经过，肿胀、热痛明显，跛行显著，站立时患病关节有时不断屈曲和提肢。

（3）诊断与治疗：小组讨论提出诊断依据与方案（治疗方法见教材）。

3.肩胛上神经麻痹

（1）问诊：注意了解发病经过，一般多在蹬空、滑倒、冲撞、打击、蹴踢、倒马等情况下，而使肩胛上神经受到挫伤、牵张和断裂或挤压而引起麻痹。其次也要注意询问肩胛部发生过炎症没有？有无新生物、肿胀、异物等过程。

（2）现症检查：站立，肘关节高度向外突出，肩关节外偏，胸前有掌大凹陷。

运动：患肢提举前进时无任何障碍，当患肢着地负重瞬间，肩关节偏外方与胸壁离开，胸前出现掌大凹陷，明显支跛。

局部：一般2—3周后，冈上肌、冈下肌出现明显肌肉萎缩。

（3）诊断与治疗：小组讨论提出诊断依据与治疗方案（见教材）。

注意事项

1.四肢病实习，只提出此3个代表病例，根据本地情况，教师可灵活掌握，利用其他病例。

2.治疗问题，教师组织学生自己提出治疗方案。

3.根据学生提出的诊断与治疗方案，教师要进行总结。

实习报告 提出1例四肢病诊断与治疗的报告。

实习十七 观察胎膜的构造

实习内容 观察胎膜的构造。

目的要求 使学生正确认识各种家畜的胎膜构造、特点及其与胎儿的相互关系，为难产的助产打下良好的基础。

设备与材料

1.牛、羊、马、猪的胎膜各3个。挂图各3套，幻灯、录像。

2.牛、马的正常骨盆标本3个。

方法步骤 首先由教师用标本模型、幻灯、挂图或录像进行讲解，而后学生分成三组进行观察胎膜。

观察胎膜：通过观察牛、马、猪的胎膜，分清绒毛膜、羊膜、尿膜的构造特点及牛、马、猪胎膜的区别点。同时弄懂与胎儿、子宫之间的关系。为正常助产与难产的救助打下基础。

实习报告 胎膜构造。

实习十八 难产的救助

实习内容

1.识别产科常用器械。

2.胎儿异常引起的难产救助方法。

目的要求

1. 识别常用产科器械的种类及使用方法。

2. 使学生了解常见的胎儿异常难产引起难产的救助方法。

实习材料

1. 根据设备情况，骨盆腔、橡胶制的胎儿模型1—4套，或自制骨盆腔胎儿模型1—4个。

2. 牛、马、猪怀孕足月的胎儿标本各4个，或用橡胶制（或布制）胎儿标本若干个。

3. 各种胎儿姿势不正的挂图、幻灯片、录像带若干套。

方法步骤

1. 实习组织　先由教师用标本、模型、幻灯片、挂图或录像带进行示教；而后由学生分成四组进行观察识别产科器械，了解胎儿姿势异常引起难产的救助方法，为今后临床实践打下基础。最后教示抽查演示、考核、小结及布置作业。

2. 识别产科器械　在难产的救助中，有时仅用手操作往往达不到目的，还必须借助器械的帮助才能达到目的。常用的产科器械有：①拉出胎儿器械；②推退胎儿器械；③肢解胎儿器械。种类名称、形态特征、使用方法，详见教材有关部分。

3. 胎儿姿势异常引起难产的救助　可在骨盆腔模型内，把橡胶（或布）制胎儿摆成异常姿势，使学生运用所学知识，进行矫正，练习助产技术。

（1）强行拉出：胎儿过大或母畜阵缩和努责微弱时，而且胎儿姿势正常，必须进行强行拉出。

（2）胎儿姿势异常的矫正和拉出，主要实习下列内容：①胎头侧转、后仰、下弯及头颈扭转时的矫正和拉出方法。②胎儿前肢不正的矫正和拉出方法，如腕关节屈曲、肩关节屈曲和肘关节屈曲或两前肢置于头上等。③胎儿后肢不正的矫正和拉出方法，如跗关节、髋关节屈曲的矫正。④主要常见的截胎术，如不正头颈的截断术，正常前肢截断术，屈曲前肢截断术等。

注意事项

1.在助产前，要先进行母畜和胎儿的仔细检查，确定难产的原因及发生的部位，再着手进行异常姿势的矫正，待完全符合顺产的姿势时，再进行拉出。

2.在进行产道检查和矫正异常胎势之前，必须向产道内灌注润滑油剂，以润滑产道。

3.使用产科器械，特别是尖锐器械（如刀、钩、剪等）时，必须注意不要损伤产道，以免引起感染。

4.在强行拉出胎儿时，必须在母畜努责时随努责牵拉，切忌粗暴，以免损伤母子，或将子宫一起拉出而造成不良后果。

5.在矫正时，必须使母畜处于前低后高的姿势，并将胎儿推回子宫内，腾出较大的空间，以利矫正的操作。

6.在检查和矫正过程中，操作应尽量做到迅速准确；否则操作时间过久，手臂在产道内出入次数太多，常造成产道水肿或损伤，妨碍矫正工作的顺利进行。

实习报告 写出本次实习的心得体会。

实习十九　剖腹产术

目的要求 使学生基本掌握剖腹产的手术方法和技术以及术后措施和护理。

设备与材料

1. 怀孕羊3—4只，或临床难产病例。

2. 器械及药品同开腹术，准备3套。止血药、产科用药、输液药品等。

方法步骤 先由教师示教讲解操作过程及注意问题，而后分成三组，部分同学进行操作，其他同学观察并做好手术记录。术后组织讨论，教师再进行总结。

1. 保定 在手术台或地面上行左侧或右侧卧保定。同时要铺上大塑料布或油布。

2. 麻醉 二甲苯胺噻唑肌肉注射，每千克体重0.2—0.6mg 或腰旁麻醉。

3. 术部常规处理。

4. 手术部位 在侧腹壁切开，于左或右髋结节下角与脐部之间的假想线上，切口越靠下越好，但不要切至乳静脉。

5. 手术方法

（1）切开腹壁：同开腹术，羊切开 15—20cm 的切口，开腹后如腹压较高，助手可用大块纱布或手，覆盖压迫切口两侧，防止网膜及肠管脱出。

（2）拉出子宫：双手伸入腹腔，拔开网膜与肠管，摸到孕角，再将手伸入子宫下，隔着子宫壁握住胎儿弯曲的两前肢腕部，缓慢地将子宫角大弯的一部分及胎儿拉至切口外约 5—6cm，然后在子宫和切口之间塞上大块生理盐水纱布，或用一块薄塑料布上，中央作一切口，套在拉出的子宫角上，而后将切口边缘缝在子宫切线的周围，以防肠管脱出和胎水流入腹腔。

（3）切开子宫：沿子宫角大弯避开母体子叶切开10—15cm，一般活胎儿切口出血较多，要边切边止血，防止失血过多。

（4）拉出胎儿：切开子宫后，助手固定子宫切口两侧，术者撕破胎膜，排出胎水，严防流入腹腔，然后用手握头及前肢慢慢拉出胎儿，扯断脐带，交助手处理。

（5）剥离胎衣：羊的胎儿胎盘和母体粘连紧密，剥离时要慢慢进行，防止强行拉扯，必要时可注射脑垂体后叶素。

（6）缝合子宫：先把子宫内胎水洗净，再用青霉素生理盐水洗净切口，防止强行拉扯，速用螺旋形缝合法缝合子宫切口全层，缝到最后1—2针时，要向子宫内撒布四环素粉2g或金霉素胶囊2—3个。最后用伦贝特氏或库兴氏缝合法，缝合子宫浆膜及肌层，用温生理盐水充分洗净子宫壁，再于切口上涂油剂青霉素，将子宫送回腹腔复位。

（7）缝合腹壁：同开腹术。

注意事项

1.由于本实习所用器械数量较多，故在腹前术后都必须清点器械数目，以免术后遗留于腹腔或子宫内，造成不良后果。

2.操作时，要胆大心细，彻底止血，迅速准确，严密消毒，同时注意观察病畜变化，必要时可进行强行输液。

3.术后指定学生负责检查病畜全身情况，必要时给以静注5%葡萄糖氯化钠液或抗生素等疗法，同时注意术部的清洁，防止感染，争取术后第一期愈合。

实习报告 写出手术记录及术后经过的报告。

实习二十 乳房炎的实验室诊断

目的要求 通过实习使学生掌握诊断牛乳房炎的一些常用的牛乳化学检验法。

实习材料

1.健康牛或乳房炎患牛的新鲜奶样若干份，每份100ml。

2.10ml试管；载玻片，5ml吸管，1ml吸管，深1.5cm，直径5cm的白色塑料皿（乳白色玻皿或瓷皿亦可）；试剂（详见各检验法项下）。

实习内容及方法

1.过氧化氢（H_2O_2）玻片法（过氧化氢酶试验法） 大多数活细胞包括白细胞都含有过氧化氢酶，能分解过氧化氢而产生氧。但正常乳中的白细胞少，过氧化氢酶很少；乳房炎时，白细胞增多，故过氧化氢酶也增多，放出的氧也多。

（1）试剂：取双氧水（30% H_2O_2），按1:2.33—4的比例加入中性蒸馏水，配成6—9%过氧化氢试剂待用。

（2）方法：将载玻片置于白色衬垫物上，滴被检乳1滴，再加过氧化氢试剂1滴，混合均匀，静置2分钟后观察。

（3）判定标准

被检乳	反应	判定符号
正常乳	液面中心无气泡，或有小如针尖的气泡聚积	−
可疑乳	液面中心有少量大如粟粒的气泡聚集	±
感染乳	液面中心布满或有大量粟粒大的气泡聚集	+

2.氢氧化钠凝乳检验法 正常乳加药后无变化，有乳房炎的乳汁，混合后变为粘稠或絮片。但不适用于初乳及末期乳的检验。

（1）试剂：4%苛性钠溶液。

（2）方法：将载玻片置于黑色衬垫物上，先加被检乳

5滴，再加试剂2滴。用细玻棒或火柴杆迅速将其扩展成直径2.5cm 的圆形，并继续搅20秒钟，观察。如乳样事先经冷藏保存，则只加试剂 1 滴。

（3）判定标准。

（单位：白细胞总数为万个/ml）

被检乳	乳 汁 反 应	判定符号	推算细胞总数
阳 性	无变化，无凝乳现象	－	50以下
可 疑	出现细小凝乳块	±	50—100
弱阳性	有较大凝乳块，乳汁略微透明	＋	100—200
阳 性	乳凝块大，搅拌混合时有丝状凝结物形成，全乳略呈水样透明	++	200以上
强阳性	大凝块，有时全部形成凝块，完全透明	+++	500—600

3.溴麝香草酚蓝（B.T.B）检验法 是一种较简单常用的方法，测定乳汁的 pH 值变化。健康牛乳呈弱酸性，pH6.0—6.5；乳房炎乳为碱性，其增高的程度依炎症的轻重而不同。

（1）试剂：47.4％酒精 500ml 加 B.T.B 1g，再加 5％苛性钠溶液 1.3—1.5ml，三者混合均匀，试剂呈微绿色。如偏酸时，滴碳酸氢钠液；如偏碱时，滴加盐酸，校正成中性。

（2）方法：

试管法：首先在 10ml 试管中加入 B.T.B 试剂 1ml，再加入被检乳 5ml，混合均匀后静置1分钟观察。

或者首先在 10ml 试管中加入被检乳 5ml，然后用 2ml 吸管吸取 B.T.B 试剂 1ml，沿试管壁缓慢滴入被检乳中，观察被检乳与试剂接触的变化。

玻片法：将载玻片置于白色衬垫物上，滴被检乳1滴，再加B.T.B试剂一滴，混合观察。

（3）判定标准。

被检乳	颜色反应	pH	判定符号
正常乳	黄绿色	6—6.5	−
可疑乳	绿色	6.6	±
感染乳	蓝绿至青绿色	6.6以上	+

4.C.M.T试验法（烷基硫酸盐检验法） 是通过测定DNA的量来估测乳中白细胞数的方法，试剂是一种阳离子表面活性剂（烷基丙烯硫酸钠）和一种指示剂（溴甲酚紫）。但对初乳期和末期的牛乳不适用。

（1）试剂：苛性钠15g，烷基硫酸钠30—50g（烷基硫酸钾、烷基烯丙基硫酸钠、烷基烯丙基硫酸钾亦可代用），溴甲酚紫（B.C.P）0.1g，蒸馏水1000ml，混合为溶液。

（2）方法：先将被检乳2ml置于深1.5cm，直径5cm的乳白色塑料皿中，再加入试剂2ml，缓慢作同心圆搅拌15秒，观察结果。

（3）判定标准。

被检乳	乳汁反应	判定符号
阴性	液状无变化	−
可疑	有微量沉淀物，但不久即消失	±

（续）

被检乳	乳汁反应	判断符号
弱阳性	部分形成凝胶状沉淀物	+
阳性	全部形成凝胶状，回转搅动时向心集中，停止搅动时则凝块呈凸凹附着皿底	++
强阳性	全部呈凝胶状，回转时向心集中，停止搅动则回复原状，并附着于皿底	+++
酸性乳 pH2.5以下	由于乳酸分解，液体变黄色	酸性乳
碱性乳	呈深黄色，为接近干乳期，感染乳房炎，泌乳量降低的现象	碱性乳

注意事项

1.奶样应保持新鲜，如采集时间已久，既使冷藏保存也可能变质而影响检验结果；特别是B.T.B检验法，对奶样的要求更加严格，奶汁pH值发生变化，判断的结果则不准确。

2.配制试剂的各药品均应为化学纯的，所用的各种器皿（试管、吸管、塑料皿等）用前均须用中性蒸馏水冲洗干净，否则会影响准确性。

3.为了增加学生操作机会及熟悉各种不同奶样（正常的及感染的）反应现象，可根据实习时间或教学实习时间，尽可能收集足够数量和质量的奶样，进行对照检验。

实习报告 将检验结果填于表中（另制）。

被检奶样编号	H_2O_2检验法		苛性钠凝乳检验法		B.T.B检验法		C.M.T检验法	
	反应	判断	反应	判断	反应	判断	反应	判断
1号								
2号								
⋮								

实践技能考核项目

序号	考核项目	考核要点	评优标准
一	保定	1.马、牛柱栏保定 2.头部保定 3.四肢转位保定	操作方法正确,保定效果确实可靠
		1.单侧绳倒牛法 2.单套绳双套绳倒马法	操作方法正确,一次倒卧成功,结绳方法正确,捆缚可靠,解脱方便、容易
二	消毒	敷料制备与消毒	绵球止血纱布、吸水棉球、吸水巾,制作方法正确操作熟练,消毒方法正确可靠,会使用各种敷料
		1.煮沸灭菌方法 2.高压蒸气灭菌方法 3.化学灭菌方法	器械准备周全、摆放正确、消毒、灭菌方法选择正确,操作熟练,灭菌后能遵守无菌规则,手术后正确清洗、干燥、保藏
		手术部位的消毒	剪毛、剃毛、清洗消毒方法正确,符合施术标准
		术者手臂消毒	消毒前的各项准备、消毒程序,方法正确
三	缝合	1.单手打结 2.双手打结 3.持钳式打结	操作方法正确、熟练,结扣平整可靠无滑脱现象,缝线无浪费
		1.连续缝合 2.间断缝合 3.特殊缝合	选择缝合器材正确,操作规范、技术熟练、针距间距适当,无内翻、外翻、皱折缝合严密,美观
		折线技术	正规操作,方法正确熟练

（续）

序号	考核项目	考核要点	评优标准
四	绷带	1.螺旋绷带 2.交叉绷带 3.折转绷带 4.蹄绷带 5.结系绷带 6.夹板绷带 7.石膏绷带	绷带材料选料精良，加工制作方法正确、熟练 绷带缠绕方法正确、熟练、效果可靠
五	外产科器械	1.外科器械及其使用方法 2.产科器械及其使用方法	各种器械的名称、使用方法正确、器械的用途 清洗、干燥、涂油、保藏方法规范，正确
六	外科手术	1.腹壁切开方法	执刀方法正确、皮肤、肌肉、腹膜切开、分离方法运用正确，操作熟练
		2.手术创闭合方法	腹膜肌肉、皮肤、缝合方法选择得当，缝针、缝线型号合适，操作熟练，效果可靠
		3.瘤胃切开 4.真胃切开 5.肠切开 6.肠吻合 7.公畜去势 8.小母猪去势	保定方法正确、可靠，切口部位正确，切开方法得当，清除内容物，切除病变组织方法正规缝合方法正确，规范
七	创伤	1.创伤检查	正确使用检查器械，检查方法正确规范，能正确记录检查结果
		2.创伤治疗	能识别创伤的各个不同阶段，提出治疗措施，用药基本合理，能正确使用冲洗、敷药、填塞、引流技术

主 要 参 考 书

1.黑龙江省畜牧兽医学校主编，家畜外科及产科病学，农业出版社，1979。

2.山东畜牧兽医学校、黑龙江省畜牧兽医学校主编，临床兽医学，农业出版社，1990。

3.北京农业大学、东北农学院主编，家畜外科学（上册），农业出版社，1980。

4.甘肃农业大学主编，家畜产科学，农业出版社，1980。

5.张朝崑主编，实用家畜产科学，上海科技出版社，1980。

6.吴学聪主编，母畜的分娩与产科病防治，农业出版社，1978。

7.汪世昌　刘振忠主编，兽医临床治疗学，黑龙江科技出版社，1990。

8.西北农学院编，家畜手术图解，农业出版社，1976。

9.王强华编，家畜外科手术图解，农业出版社，1984。

10.黑龙江省畜牧兽医学校主编，家畜外科及产科病学实习指导，农业出版社，1981。